WEALTH OF WISDOM

THE TOP 50 QUESTIONS WEALTHY FAMILIES ASK

家庭财富传承

50问

（美）汤姆·麦卡洛（Tom McCULLOUGH）
（美）凯斯·惠特克（Dr. KEITH WHITAKER） / 著

翁舒颖 周 萍 丘 琼 / 译

WILEY 中国金融出版社

责任编辑：王雪珂
责任校对：刘 明
责任印制：程 颖

北京版权合同登记图字 01 - 2019 - 4684

图书在版编目（CIP）数据

家庭财富传承 50 问/（美）汤姆·麦卡洛（Tom McCullough），（美）凯斯·惠特克（Keith Whitaker）著；周萍，丘琼，翁舒颖译 .—北京：中国金融出版社，2020.7
　书名原文：Wealth of Wisdom
　ISBN 978 - 7 - 5220 - 0545 - 4

　Ⅰ.①家…　Ⅱ.①汤…②凯…③周…④丘…⑤翁…　Ⅲ.①家庭财产—财务管理　Ⅳ.①TS976.15

中国版本图书馆 CIP 数据核字（2020）第 039185 号

家庭财富传承 50 问
JIATING CAIFU CHUANCHENG 50 WEN
出版
发行　**中国金融出版社**
社址　北京市丰台区益泽路 2 号
市场开发部　（010）66024766，63805472，63439533（传真）
网上书店　http://www.chinafph.com
　　　　　（010）66024766，63372837（传真）
读者服务部　（010）66070833，62568380
邮编　100071
经销　新华书店
印刷　保利达印务有限公司
尺寸　169 毫米 × 239 毫米
印张　28
字数　380 千
版次　2020 年 7 月第 1 版
印次　2020 年 7 月第 1 次印刷
定价　96.00 元
ISBN 978 - 7 - 5220 - 0545 - 4
如出现印装错误本社负责调换　联系电话（010）63263947

Tom 谨将此书献给 Karen、Kate、Ben 和 Miranda。

Keith 谨将此书献给在过去二十年间与他真诚分享"服务进取型家庭之旅"的顾问们。

序　言

Pitcairn 公司主席 Dirk Jungé

对家长而言，为后代创造更美好的生活是一件无比重要的事，尤其是那些通过家族企业或投资创造出了可观财富的家庭，这个目标也同时伴随着独特的机遇和挑战。财富创造者不仅有机会把家庭财富延续下去，而且有机会向后代输出价值观及提供后代所需要的各类教育，以成功实现人生目标。但财富也是一切事物的放大器，这些让家族财富代代相传的资源，若运用不当也可能让一切毁于一旦。

正如作者 Tom McCullough、Keith Whitaker 和其他作者在本书中所揭示的，对传承的内容进行规划，不只是简单地把资产移交给后代，而是需要持续不断地培养后代，包括与他们进行顺畅的交流，对他们进行良好的管理，提供有效的教育，并建立共同的价值观，这并不意味着为后代奉上财务独立，而是赋予他们获得真正独立的能力。

非常幸运的是，我从小成长在一个重视培养独立性的家庭。我父亲的孩提时代是在大萧条时期度过的，他在花园里植树、播种、浇水，并收获果实，在此过程中他学会了努力工作。在我 12 岁时，他就开始逐渐传授我这个道理。我家在 Catskill 山上有一间夏日度假小屋，父母为了让我给小花园投资资本，提前给了我一笔零花钱。之后，我便从褐色的硬土和底下布满无数岩石的泥土里开挖，几个星期后，便完成了种植前的准备工作。我给这块小小的菜地取名为——岩石园。

第一个夏天，我不断收获各种蔬菜和水果——玉米、茄子、南瓜、黄瓜、生菜、番茄——至今我都记忆犹新。不久，我在花园里的收获便更加丰硕了，于是，我开始向邻居和朋友们出售我的产品。初夏时节，当我还在田里除草，望着伙伴们欢乐地从市场买了冰棍和糖果迈向游泳池时，心中还真不是滋味。但进入 8 月以后，看到在岩石园投入的时间获得了丰厚的回报，我深感整整一个夏天的投入是值得的。

上述经历所带来的收获超出我的预想。直到几十年后，我有了自己的孩子，并对家庭的看法出现改变之后，才进一步领会其中的内涵。父亲让我走上了一条以价值观铺就的道路，正是它们让父亲获得了成功，并在家族中代代相传。这些来之不易的道理都是我工作中的无价之宝，包括涉及工作伦理、耐心处事、企业经营等方面的知识，它们都对实现家庭财富的保值增值大有裨益。40 多年来，借助 Pitcairn 公司平台，我得以第一时间了解财富是如何影响家庭的，既包括我自己的家庭，也包括在这个"多家族理财室"中我们服务的所有家庭。

那个洒满了辛勤汗水的夏季具有难以替代的价值，而本书中的许多内容与大量真知灼见也同样具有极高的价值。作者 Tom 和 Keith 基于其卓越的职业生涯经验，提炼出家庭最关心的各类重要问题，他们还汇集了一批专家分享各类经验，这一点更增添了本书独特的价值。他们从那里甄选出现实中的最佳实践，并让在家庭理财领域具有杰出贡献的思想家和顾问们大胆提出创新性想法，其中涉及家庭传承规划方面的许多经验与操作建议都相当简练，操作性强。

两位作者作为重要的引领者，将上述内容汇编成册，其观点和方法的精湛将这部作品提升到新的高度——一套基于几十年经验和几代人智慧的实现家庭财富持续发展的大师级课程。

当我阅读此书时，我时常发现自己在整段地划重点，并贴上书页标签，未来可与同事和家人分享。很多内容都令我迫不及待地希望告诉别人，并立即付诸实践。在这个日新月异的时代，每个家庭都可从以下三个方面获取价值，本书的许多内容都围绕着三个主题展开。

一是人口的持续变迁及其对家庭动力学的影响。个人（尤其是富人）寿命日益延长，改变了人们对生活方式和遗产的预期。在此背景下，无论是老一代的财富创造者，还是后代们都面临着新的机遇与挑战。现实状况促使家庭对各类困难展开有意义的讨论。本书从多个角度就如何解决长寿带来的新问题进行了深入分析，同时为这些探索指明了方向。

二是投资在家庭结构中的作用正在经历转变。对许多家庭而言，结构完善的资产组合作为基本金融工具，其重要意义如何强调都不为过。但正如两位作者和其他专家所揭示的，当前一些新出现的方法，包括基于目标的投资，创造出了一种方法能同时兼顾家庭优先事项与财务策略。投资能够成为教育后代与确立家庭价值观的强大工具，并用于维持家族财富。

三是当家庭为更长的预期寿命感到欢欣鼓舞，并着手打造一份价值投资决策时，找到一位值得信赖的顾问非常重要。每个家庭不仅需要专家的指导和相关信息，而且需要有人讲出真相，提出有价值的问题。

在本书中，Tom 和 Keith 为读者提供了大量有价值的服务。很重要的是，他们不仅对富裕家庭面临的问题提出了具有一定思想的见解，而且还邀请了一批精心挑选出的家庭理财专家团队为大家提供操作建议和练习方法，从而帮助每个家庭保持财富的长久性。书中的每一章还列出各专题中需进一步思考的问题，自然引导家庭成员深化对这些问题的探讨。

问题讨论对家庭具有积极影响，它是年轻一代了解家庭传统的渠道，也有利于设定事项的优先顺序，既是决策的方式，又是发现矛盾和解决矛盾的手段。为迎接共同的挑战，《家庭财富传承 50 问》通过向家庭提供切实可行的操作方法和各类优质资源，为家庭提供个性化解决方案，最终通过互动式框架，促进和谐的家庭关系，实现财富的代代相传。

本书的两位作者 Tom 和 Keith 愿用毕生精力，致力于帮助所有家庭把来之不易的成功与宝贵的价值观代代相传，他们对这份事业的热情在开篇几页的内容中已一览无余。他们希望通过这份事业能够帮助所有家庭实现梦想，这种决心和感受贯穿于本书始终。在这本书中，两位作者和所有专家们为每个家庭献上诸多工具与资源，帮助这些家庭能够更加坚定、自信、安全地走向未来。

阅读本书的家庭将获得一份创造后代美好未来的最有价值的理念与策略，并让传承与美好源远流长。

致 谢

来自 Tom 和 Keith 的致谢

这本书内容非常丰富，实在难以逐一罗列所有为这本书贡献了理念和素材的人，并对他们致以衷心的感谢。

可以说，有不计其数的人——直接或间接地——以其特有的方式给予了我们灵感、勇气、智慧和理念。对于他们为这部爱的作品所作出的贡献，我们表示由衷感谢，这本书将使全世界的富裕家庭受益。

我们要特别感谢撰写每章内容的作者们。作为各自领域的知名专家，他们分享了大量宝贵的经验，对此我们倍感幸运。其中，有的是家庭成员、家庭顾问、作者、演说家，有的是继承人、企业家、教授、实干家、投资人、创始人、导师与智者。感谢他们无私地分享智慧，帮助解决无数家庭长期困扰的问题，并为他们提供切实可行的方案。

我们由衷地感谢：Patricia Angus，Patricia Annino，Josh Baron，Doug Baumoel，Christopher Brigntman，Jean Brunel，Ashvin Chhabra，Randolph Cohen，Charles Collier，Robert Dannhauser，John Davis，Fernando del Pino，Heidi Druckemiller，Mary Duke，Jennifer East，Coventry Edwards – Pitt，Charles Ellis，Peter Evans，Jamie Forbes，Dean Fowler，James Garland，Kelin Gersick，Hartley Goldstone，Katherine Grady，James Grubman，Alasdair Halliday，Barbara Hauser，Lee Hausner，Scott Hayman，Andrew Hier，Stephen Horan，James Hughes，Dennis Jaffe，Nina Kumar，Rob Lachenauer，Ivan Lansberg，Suniya Luthar，Philip Marcovici，Howard Marks，Barnaby

Marsh, Susan Massenzio, Robert Maynard, Greg McCann, Anne Mc-Clintock, Scotty McLennan, Lisa Parker, Ellen Miley Perry, Ellen Remmer, Kirby Rosplock, Paul Schervish, Alex Scott, Jill Shipley, Meir Statman, Christian Stewart, Blair Trippe, Thayer Willis 和 Kathy Wiseman。我们向 Christine Lagarde 致以特别谢意,她同意我们选用她的一次著名演讲的精华版。

来自 Tom 的致谢

我想对 Northwood 家庭理财室的所有合伙人和同事们表示诚挚的谢意!他们为理解和解决家庭客户所面临的问题忘我地工作。我也要感谢所有信赖并把生活理财的重任托付给 Northwood 的客户们,尤其感谢 Scott Dickenson 和 Mia Cassidy 协助本书完稿。

此外,我还要感谢各位从事私人财富管理的同行们,尽管不能一一列举你们的名字,但正是你们为这些家庭问题、财富问题以及两者的智慧管理出谋划策,使我找到了一条名副其实把家庭及其目标置于核心的家庭理财之道。

我想真诚地感谢 Rotman 管理学院的同事们,他们富有远见地在多伦多大学 MBA 课程中开设了专业性强、综合性高的私人财富管理课程,同时也要向参与上述课程的同学们致谢。

我还要向本书的合编者 Keith Whitaker 表达谢意。作为一名极富经验的作家与家庭顾问,他将智慧、理念、博爱、真诚与快乐融入了这本富有挑战又振奋人心的著作。

最后,我要将爱与感激给予 Karen、Kate、Ben 和 Miranda,感谢他们的支持与鼓励——并给予我追求梦想的自由,撰写本书即是其一。

来自 Keith 的致谢

我想首先对合编者 Tom 表示感谢。他邀请我参与编写本书,并让我享受了这个过程——我想再也找不到比他更好的合作伙伴来完成这项任务了。

我也要感谢在 Wise Counsel Research 工作的同事们，他们一再地提醒我不要只考虑最好的答案，而要首先提出好的问题。

我想特别感谢我的家人和我的伴侣，他们一直鼓励我，并愿意和我分享他们的金钱、财富与生活之旅。

最后，我还要深深地感谢所有启迪我写下这些文字的家庭，以及读者们，祝愿每一个人获得最适合你的一切，而非你所祈望的一切。

前　言

本书缘起

管理可观的家庭财富是一件复杂的事，既有机遇，又面临挑战。同时，诸多因素令这项挑战变得日益艰巨，包括无经验可循的财富代际传承、关于家庭概念的变迁、全球化的推进、家庭动力学的发展、人们寿命的延长、处于历史低位的利率环境、不断高企的税负压力，以及巨额的财富创造等。

许多家族领导者尚未对财富管理或家庭事务做好充分准备，因为这通常不是他们的全职工作，此外，他们也很少有机会接受相关的培训。即使已经拥有一些技能（如投资、税务、法律或商务），他们也会对处理大量非技术性的"柔性"问题感到力不从心（例如价值观、家庭关系、继承与决策等），这种挑战对于家庭顾问也同样存在。

我们走遍全球，与数千位富有的家庭成员及其顾问进行了交谈，从中听到了大量日常问题，这些问题常常让人感到无所适从。而这种现象恰恰体现了提问者曾无数次探寻这些问题的答案，然而却一无所获。正是这些问题，激发了我们撰写此书的灵感，这些问题包括：

- 我们应当留给孩子多少钱？从何时开始准备？
- 我们如何培养出一个责任心强、独立性强、学有所成的孩子（而不是所谓的"富二代"）？
- 我们如何处理家庭矛盾？
- 我们如何确保后代成功？

- 婚前最应当把哪些问题考虑清楚？
- 我们应对投资抱有怎样切实可行的预期？
- 我们向后代传承怎样的价值观？

当一再地被问及上述问题时，我们便开始思考如何为这些家庭提供简单易懂、切实可行的答案。其中一些问题或许能在书中找到答案（而另一些内容却少得可怜），或许笼统地说是"难以找到"，准确地说，应当是"难以在一个地方找到全部答案"。于是，我们决定将这些问题的解答编辑成册，这样家长、家庭成员或家庭顾问就能比较方便地一次了解全部内容。

给出答案的人

但是谁来回答这 50 个问题呢？我们原本可以自己来为每个问题作答，然而我们更希望提供多维的角度、观点和经验。在准备过程中，我们很荣幸地与许多长期为富裕家庭提供服务的专业人士进行交流，这些思想领袖、实干家、顾问、作家和教授是全世界对富裕家庭问题最有研究的专家，他们不仅对所面临的问题和挑战有深刻的见解，而且能切身体会到解决问题的难点所在。

因此，我们为每个问题找到了 1 至 2 位极其富有智慧与经验的专家。其中，有些是业务顾问、教授、咨询顾问、演说家，同时他们自身也是家庭中的一员，他们是各领域的领袖，拥有丰富的经验，获得了同行的赞誉、家庭的认可。多年来，许多家庭得到了这些专家指点，都受益良多。

我们花了整整一年时间，研究、甄选并最终确定富裕家庭面临的最重要的共同问题。同时，锲而不舍地为问题寻找最好的解答者，与他们共同研究和提炼，力求使每个回答都能切实解决实际问题。

此外，我们还要求每位解答者在篇章最后附上需要进一步思考的问题，以鼓励读者们继续深入探索，将所学方法尽量运用于自己的家庭。这些文章和问题也可用于家庭讨论。同时，我们还让解答者提供相关书单和文章，以便于读者根据需要进行拓展学习。

成果如何呢？这本汇集富裕家庭最关心的50个问题之答案的著作终于成功问世了！而且它是由世界上最富有思想、经验和智慧的家庭理财专家所撰写的！

涵盖哪些问题？

我们仔细研究了这50个问题，发现可分为下述9类：

1. 思考什么是最重要的事。这部分主要讨论生活和财富的基本问题，我们希望读者能够在阅读这些文章后，将所学应用于自己的家庭。这些问题涉及财富的定义、高品质生活的内涵、家族历史对我们的影响、如何传承价值观、如何为后代留下遗产等，我们从如何定义一个家庭或一个共同体开始我们的讨论，我们相信这是回答后面所有问题的基石和基点。

2. 全面规划。这部分将探讨每个家庭在进行规划时会遇到的各类问题，涉及不同的人生阶段——分别为顺利的阶段与艰难的阶段进行规划，包括看着孩子们步入婚姻、改造农场或乡村别墅、退休、安享晚年（既有令人向往的时光，又有令人忧虑的时光）、最后离开人世。财富能在这些关键的人生阶段提升生活的舒适感，但复杂性也随之增加，因此，许多家庭渴望了解如何在这些重要时刻来临之前进行合理规划，并妥善应对。

3. 明智投资。这部分将帮助富裕家庭思考投资及其风险的最重要的问题，我们将首先探讨如何明确目标并对目标进行量化，讨论什么是合理的市场回报预期，如何结合上述这些因素用于实际资产组合与投资组合。许多投资者由于某种原因偏爱复杂性高的投资，但大多数家庭并不喜欢，为此，我们提供了一些较为简易的投资理念。此外，我们还回答了家庭投资的风险问题，并分别讨论投资者是否应采用主动型投资经理，还是采用指数型投资。

4. 培养崛起的一代。家庭最关注的领域是孩子、财富与传承，大家渴望把孩子培养成责任心强、独立性强、有成就的一代，而非所谓的"富二代"。在一个如此推崇成功的世界里，许多家庭对培养孩子深感忧虑，不知应当为孩子留下多少财富，何时给予这笔财富，以及这份厚礼究竟会对孩子产生怎样的影响。我们不仅解答了上述所有问题，而且回答了如何在一个良好的家庭氛围中就财富继承、金融知识等方面进行交流沟通，帮助孩子既保持独立性，又保持与家庭的联系。

5. 共同决策。由于富裕家庭的财富常常汇集在一起或共享商业所有权和资产，因此比其他家庭面临更多的共同决策问题。无论创建者是否参与，处理这些问题常常面临多重困难。在这部分里，我们将为读者解答作为一个集体如何进行决策、如何加强沟通、如何采取切实有效的方法构建健康的家庭。我们还就家庭治理、家庭会议、冲突管理等问题进行探讨，回答了在一个家庭中，人们是否应当把资产集中在一起，或是应当分开管理等问题。

6. 整合家族与企业。许多富裕家庭拥有经营性业务，或者家庭的主要财富来源于之前出售的某家公司，这些公司业务贯穿于整个家族历史，并与家族关系、重要决策息息相关。许多家庭仍保持着某种形式的家族"企业"，或许是一家公司、一个投资池，也可能是一个信托或基金。理解家庭角色、所有权以及相关管理问题并对其进行有机整合，是一项巨大的挑战，经典的"三圆模型"即是典型代表①。在这部分中，我们将讨论如何让孩子参与到家族企业中，如何培养一名领袖，并让后代获得成功，解释了团结对于拥有企业家族的重要意义。我们也指出所有者失去对企业控制权的征兆，讨论在企业出售后，一个家族是否仍然具有凝聚力。即使对于无家族企业的读者而言，了解上述问题的答

---

① Renato Tagiuri 和 John Davis，《家族企业的二元性》，Family Business Review 9，No. 2（Summer 1996）：199 – 208。

案也是颇有裨益的。

7. 合理赠予。对大多数富裕家庭而言，慈善是生活中一项重要组成部分，由于这些家庭拥有大量超出个人需要的额外资金，慈善捐助成为一个自然选择。然而，不仅限于此，慈善行为更体现了他们的价值观、理念以及对社会的承诺。在这部分中，我们将讨论如何做出慈善决定的决策问题，以及如何顺利实现慈善目标的实际操作问题——赠予、投资还是两者的结合。我们还将回答下面这个重要问题：如何鼓励后人慷慨地给予？如何让子孙后代参与到慈善活动中来？

8. 寻求合理建议。管理家庭和财富并不容易，如果想事事躬亲，必定难上加难。有鉴于此，许多富有的家庭会寻求建议，但令人满意的顾问真是可遇而不可求。在这部分里，我们将讨论与顾问相关的一些话题，包括你应当考虑寻找哪一类的顾问，你如何才能找到具有合格资质的、值得信赖的顾问，远离不理想的顾问。我们还会讨论一个家庭是否应选择单一家庭理财室，还是多家庭理财室，如何挑选优秀的托管人。

9. 面向未来。最后，我们将讨论富裕家庭如何面对未来。经验告诉我们，未来具有不确定性，现在看来理所当然的事可能在 5 年、10 年或 20 年之后变得截然不同，这一发现同样适用于我们的世界、家族企业所经营的市场、资本市场、全球平等与不平等问题以及家庭本身，它也同样适用于你如何看待自己的人生目标和梦想。上述问题不仅没有确定的（或普遍适用的）答案，而且它们常常激发家庭进行思考和讨论，帮助你实现每代人家庭稳定与抗风险之间的平衡。

如何使用此书

无论你在家庭里扮演何种角色——父母、子女、兄妹、甥侄、股东、托管人、受益人或顾问——这本书都可以实现引发思考、深化理解，并使你的决策更为理性化的基本目的。

你并不需要像读小说一样阅读本书。每个部分、每篇短文都独立成章，你可以先花点时间想一想你最关心什么问题，然后浏览一下目录，找到与你的疑问最相关的章节。此外，你也可以随意翻阅那些你不太关注的问题。如果你对投资和规划领域有比较深入的了解，不妨尝试阅读"培养成长中的下一代"或"作出共同的决策"的内容。我们希望这本书的内容，即使对于最富经验的读者，也能让他获得意想不到的收获。

除了激发个人的思考，这些篇章还能引发家庭讨论，这种情况最有可能通过以下两种方式发生：一是我们希望你能与一位或多位家人（例如你的爱人、亲戚或侄子侄女）分享书中令你感到有意义的内容，然后一起定个时间讨论各自学到了什么，有没有在学习中出现新的问题，如何将所学的内容在家庭中付诸实践。

二是这些文章都非常简短，尤其是那些在文末附上思考题的章节，因此可以作为家庭讨论的基础材料（例如用于家庭会议）。许多家庭常常不愿意召开家庭会议，担心彼此之间缺乏共同语言——这样的会议对某些家人而言困难重重，而对另一些人来说则轻而易举。

如果你正面临着一些家庭特有的问题——例如，关于家族企业的经营，或是你准备购买一栋度假别墅，或是你正在对投资经理做评价——不妨利用书中的一篇或几篇文章，让它为你们提供一个共同的出发点。在家庭会议前，可先请家庭成员把这些文章读一下，在会上可以为大家准备一份大纲，然后每个人讨论各自体会。即使你没有立即解决当下所面临的问题，但也能使每个人在一些重要议题上得到教育，更重要的是，这种方式还能增进彼此的了解。

对于那些担任理财顾问的读者，我们希望你可以自由借鉴作者们提供的建议，将他们的经验运用到客户身上。我们也建议你可以在一些议题上，利用某些章节与你的客户进行对话。即使你不赞同其中的一些建议，或者文中的结论不适用于你的客户，这样的讨论也能够增进你对客户的理解，客户也会对你充满感激。

最后，我们在每章的篇末为家庭和理财顾问们附上作者简介。如果他们的思想对你有益，你可随时联系他们，和他们交流或进行咨询。作为这片果园的栽种者，我们也同样非常愿意与某个家庭或许多家庭一起分享劳动成果——你们的最佳做法和你们获得的经验教训。

总结

本书旨在为每一个富裕家庭回答经常面对的重要问题，提供切实可行的指引，分享共同的经验教训，并给予最实际、能够立即付诸实施的操作步骤，本书凝聚了全球家庭与理财领域最杰出专家们的创新理念与智慧思想，还为读者们提供了额外资源，以进一步深化相关专题的学习。

我们希望你能尽情享用这本书，正如我们在创造它时已经享受到的。

附言：有心的读者会发现，尽管这本书用以回答富裕家庭最关心的50个问题，但书中内容却有53章，这是因为其中有两章（第17和第18章）讨论如何界定投资风险问题，以及有两章（第19和第20章）讨论是采用主动投资策略还是被动投资策略，由于在这些问题上存在很多争论，因此我们在书中为读者提供至少两种观点，即使我们从原来回答50个问题变为53个问题，需要比之前付出更多，但我们认为这样的安排对读者是有益的。

目　录

第五部分　共同决策

第九部分　面向未来

第一部分　思考什么是最重要的事

Scotty McLennan 是本书作者之一，他在担任斯坦福大学宗教研究院院长期间曾在全校举办了一场讲座，主题为"您心目中最重要的事及其原因"，并邀请了许多嘉宾共同参与演讲，这些嘉宾都是各领域享有盛名的成功人士。每当谈起这次活动，他们总是感慨这是亲身经历的所有讲座中最具挑战性也是最有收获的一次讲座。

本着同样的精神，我们开始编写这本书。我们的关注点不是专家和答案，而是你，我们的读者，以及你所关心的各类问题。企业、财富、家庭和生活自身都以其独特的方式让我们只关注眼下重要的事，而无暇顾及最重要的事，仅仅关注最紧急的事，而无暇顾及重要的事。第一部分的这些文章能够帮助我们改变这种自然倾向。

Patricia Angus 从一个问题开始她的探索——你感到自己富有吗？你可能觉得这个问题不难回答，不过是一个数量问题，但毫无疑问，这个问题的回答取决于你如何定义"富有"这两个字。她请读者从多个角度思考这个问题，不仅是金钱，还涵盖我们对周围世界的影响力。

Scotty McLennan 提供了另一种方法探索这样的大问题：与严肃的文学作品进行交流，他分享了几个与亲子关系、工作意义以及死亡相关的案例，最后他还总结了几十年来通过阅读文学著作研究"美好生活要素"的所思所感。

后面两篇文章更深入地关注在拥有大量财富条件下，什么才是最重要的。Thayer Willis 从精神遗产的视角出发，向读者提出"你期待的精神遗产是什么？"这个问题，随后她为读者提供了一套切实可行的方法来回答涉及读者自身的问题，首先要明确你的价值观，然后与你的后代沟通你的价值观。通过这种方法，Ellen Miley Perry 为你提供了与你的孩子和孙辈传递价值观的五个要点，包括为目标行为设立榜样、讲故事、关注人力资本的增值等内容。

在第 5 篇文章中，Paul Schervish 向读者介绍了"灵性洞察法"的具体方法，有许多人拥有的财富已大大超出个人所需，当他们面对重要问题时，上述方法能够提供一种理性思考（与感知）的框架，这些问题可能涉及应当为慈善事业贡献多少财富？应当为子孙后代留下多少财富？

最后，对所有人而言，回答"什么是最重要的"不仅取决于"我们将走向何方"，而且还取决于"我们来自哪里"，当涉及家庭时，上述层面的内容更加不能忽略。Heidi Druckemiller 研究了故事在构建精神财富和加强家庭代际联系中的重要意义——尤其是逆境故事和遭受损失的故事。诚然，这些故事或许将成为一个人所拥有的真正财富中价值最高的资产类别之一。

第 1 章　你富有吗？

Patricia Angus

我与全球最富有的家庭打了三十多年交道，如果可以总结出一条真理的话，那就是你问的问题比你可能找到的答案更为重要。确实，人们日益发现，智慧体现在提出正确的问题、知道什么问题可以回答以及对不能回答的问题处之泰然。尽管这一点不言自明，可一旦涉及"财富管理"，上述道理常常被忽略或遭受冷遇。在我们面对日益严重的收入与财富差距背景下，直面上述现实显得更为重要。

当我的客户遇到一些难以简单回答的问题时，告诉他们其他人也面临一样的问题是很有用的。事实上，其中很多问题从远古时代起就被哲学家、宗教思想家和灵性探索者问及，因此，如果发现这些问题难以用一种简单或明确量化的方法来回答，也不用感到奇怪，认清现实是迈向"富裕生活"的第一步。以下是我基于研究、阅读和客户服务工作探索出的一些观点。

什么是财富？

每当接触到新的家庭，我都会问许多问题来了解每一个家庭成员，常常最先问的是："你如何定义财富？"他们的回答都颇有启发性，很少有人直截了当地回答"金钱"，我听到的答案中，有"爱""健康""家庭"和"幸福"，我也会碰到沉默、犹豫或更多的问题，即使也有一些人会把财富等同于金钱或物质资源，但他们很快会意识到"财富"的概念不仅限于此，这些思考能够通过更深层次的对话，探讨意义与目的。

尽管"财富"这个词常常与金钱交叉使用，但词源学研究表明，它来源于幸福，而非物质资源，[①] 并且这个概念本身一直是全世界各宗教、灵性传统、文学和哲学探索的对象。我发现一件很重要的事情——询问家庭成员是什么形成了他们对财富的看法？一些人回答说是《旧约》中的《摩西五经》，或《圣经》给了他们关于财富的智慧，而另一些人则认为财富与精神相关，其智慧可能来源于道教、儒教、印度教或佛教，许多人会追溯儿童时期家庭给予的相关信息。财富的概念来源于哪里不是最重要的，但个人如何定义财富却至关重要。尽管现今私人财富管理专家与机构可能强调财富的复杂性，并运用一系列比喻来解释，比如各种资本（如人力资本、智力资本、财务资本、社会资本等），但我认为每个人都必须进行一场自我探索，找到能与自己产生共鸣的财富内涵，因此，不妨先提问："财富对你意味着什么？"然后就从这里起步。

你富有吗？

几年前，我参加了一个大会，关于"富裕"家庭面临的机遇与挑战。各领域咨询师、律师、会计师和金融高管连续数日共同探讨拥有巨额财产、显赫企业与丰裕慈善资源的家庭如何确保上述"财富"能代代相传。当讨论转向"拥有多少财富才算足够？"以及"我们如何确保财富不会对后代产生负面影响"时，一种不适感油然而生，这些问题其实并不深奥，但其中的隐含假设仍然值得我们去辨别，确保财富能够长期掌握在一小部分人手里，会涉及很多伦理道德和社会问题。独自思考着上述问题，我深感焦虑。

我坐在出租车后座上，思索着这些萦绕心际的问题。司机打破了沉寂，让我注意前方即将经过的一栋高楼，随后他和我分享了一个故事。不久前，他的儿子问他："爸爸，有没有人拥有这栋楼？"爸爸回答说：

---

① 详见《牛津英语辞典》。

"是的，孩子。"儿子继续问道："爸爸，您认为这个人幸福吗？父亲柔和地回答道："我觉得不一定。"并问他的孩子："你觉得我幸福吗？"儿子不假思索地说："当然，我觉得你特别幸福！"父亲说："是啊，我感觉自己很幸福！"

随后，这位出租车司机和我分享了他为何感到幸福和"富足"，以及如何实现幸福和"富足"。年轻的时候，他的家庭很富有，但他背井离乡开创自己的生活，他开出租车为生，两位孩子已成功获得了硕士学位，他说："我是一个非常富有的人，我有一个用来睡觉的枕头、一位结发32年的太太、心爱的孩子们，我和他们经常一起聊天。我真是一个富有的人！"

没有比这场对话更好的解答了。之后，我和他一起讨论了家庭与财富的本质，以及面临的机遇与挑战。真正的"富有"到底意味着什么？我和他一起坦诚地讨论了这个问题。这不仅是简单的"穷人如何比富人富有"的问题，更提醒了我，财富管理专家一直忽视了这些最重要的问题，尤其是那些常年为掌握着全球大量资源最富裕的家庭提供服务的理财专家。"你富有吗？"这是个很少被问及的问题，而我的同行人却为我打开了这一扇从未企及的门。

和他对话之后，我回想了所有曾经读过的此类书籍。记得 F. Scott Fitzgerald 曾写道："他想起了贫穷的 Julian、他对富人的崇拜，以及之后的故事。'那些富人和你我不同'，一个人告诉 Julian：'是，他们钱更多。'"[1] 我又想起了《圣经》中的一句话："让一头骆驼穿过针眼，比让一位富人进入神的王国更容易。"[2] 我知道变得富裕有多难——复杂的财产问题、认同感与信任问题、家庭动力问题、压力问题以及责任问题。我想起了一个假设，私人所有权较之政府能更好地分配资源，但这种私

----

① Ernest Hemingway, "The Snows of Kilimanjoro", in The Fifth Column and the First Forty-nine Stories（New York：Scribner's, 1938）.

② King James Bible, Matthew 19：24.

人控制对社会契约①具有与生俱来的威胁性。我想知道，面对如此不平等的所有权世界和资源控制，一个人能变得富有吗？我对此很怀疑。

拥有财富是为了什么？

一谈到"财富"，人们便会问拥有财富到底是为了什么？或者拥有这么多物质资源是为了什么？如果一个家庭刚出售一家企业或突然意识到自己累积的金融财富已远远超出余生所需，甚至孩子和孙辈一生所需，那么这些家庭常常会问"这样又如何呢？"赚钱已经不再成为主要动力，当一些人从父母、爱人或前辈那里继承了信托、财产之后，也会有同感。看着银行账户上的数字、奢华的房子，人们一边想着自己的需要，一边不禁要问："这些可以用来做什么呢？"

这些问题被再一次提及，不仅仅是那些资源富足的人，这是作为一个人必须面对的问题，其核心在于如何创造一个富有目标、拥有连接，以及充满意义的生活。既然这些道理自古有之，那么哲人们和典籍都是如何回答的呢？

犹太教、基督教和伊斯兰教都有一条金律："你希望别人如何对待你，就用这种方式来对待别人"，这是我们获得美好生活的基本原则与指南，这与你拥有多少金银、累积了多少物质资源没有任何关系。然而，根据我的经验，私人资产管理的从业者反而时常调侃"有钱人制定规则"，尽管听上去有点幽默，但在这种观念下，一个人在世界中的重要意义、与他人的联系、对人类的责任都被置之一边。佛教起源的故事也极富启示，佛陀出生富贵，但决定离家探寻生命的真谛，在他的人生旅途中发现了人类的痛苦，佛陀用他的余生思索如何应对人类的这种处境，他认为最好的方法是承认痛苦的存在，远离执着，并努力化解众生的痛苦。

---

① Jean-Jacques Rousseau, The Social Contract; or, Principles of Political Right (1762).

　　《圣经》中也有很多段落阐述财富与金钱。其中有一段告诫人们不要为物质财富祈祷，并直言不讳地指出："爱财是万恶之源"。[1] 在传统意义上，金钱本身并不罪恶，关键是人们对金钱的想法与行为。在这些宗教典籍中，我们找到了能帮助我们探索人生目的与意义的问题，在你的生命中拥有财富是为了什么？

　　哲学能为此提供部分答案，尤其是对于这些涉及人类生存最重要的问题：我们如何看待道德？在公元前545年，Theognis曾警示我们："无人能将金银财宝带到阎王那里。"[2]

　　因此，物质财富对人而言有什么用？在这方面，我发现研究生院的学生们（其中许多都是价值驱动的跨世纪年轻人）特别崇尚这句话："金钱如粪土，只有把它们撒掉才好。"[3] 然而，现实生活中大部分的财富都与责任相联系，金钱是用来服务他人的，甚至在——尤其在——超出个人所需的财富累积过程中，这个问题没有简单的答案，兼顾慈善冲动与社会契约要求也绝非易事。

　　财富与家庭是人类所面对的重大复杂核心问题之一。我希望所有客户与读者都能扪心自问这些有难度的问题，能敞开心扉地探寻。我发现，那些我所认识的最富有的人都非常关心社会，并关注世界财富的平衡，他们一直在问自己以下这些问题：

- 财富究竟是什么？
- 我富有吗？
- 拥有财富的目的究竟是什么？
- 我的生活、社区与世界三者之间，是否取得了平衡？
- 这个世界富有吗？
- 如果我身边的人不富有，我能富有吗？

---

[1]　King James Bible, 1 Timothy 6：10.

[2]　Theognis. Elegies, 1. 725.

[3]　Francis Bacon, Essays. *Of Seditions and Troubles*（1625）.

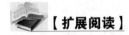【扩展阅读】

Philip Novak, *The World's Wisdom：Sacred Texts of the World's Religions*（New York：Harper One, 1995）.

Luc Ferry, *A Brief History of Thought：a Philosophical Guide to Living*（New York：Harper Perennial, 2011）.

Mary Catherine Bateson, *Composing a Life*（New York：Grove Press, 2011）.

【作者简介】

Patricia Angus 是 Angus 咨询集团的创始人与首席执行官，该集团主要从事家族企业咨询业务，她同时担任哥伦比亚大学商学院研究生院兼职教授，并创设了家族企业项目并任负责人。近 30 年来，她为全球拥有巨额资产的家庭提供咨询服务，涉及遗产规划、继承、治理、财富管理、战略规划、代际传承与社区参与等领域。她曾撰写大量文章和案例研究，并著有《托管人入门指南》一书。她被誉为全球思想领袖，以其批判性分析、战略规划和提供切实适合客户需要的指引著称。

第 2 章　高品质生活的要素是什么？

Scotty McLennan

名著是我们探索高品质生活要素的极好素材。我在斯坦福大学近 20
年间，有机会为本科生、研究生以及继续教育课程的年长学生上一门课，
其名称通俗地讲叫"人生意义"课程。在这门课上，我带着学生们通过
研究小说、戏剧、短篇故事来揭示伟大作家笔下所虚构的主人公如何通
过努力实现精彩的人生——即获得各层面的成功。经过对过去 10 多年间
对 50 部文学作品的探索，我相信有能力找到使人生富有意义的要素。

莎士比亚的《李尔王》深刻地揭示了家庭之爱，尤其是父母和子
女间的感情。剧中，英国国王拥有三个女儿：Goneril、Regan 与 Corde-
lia。李尔王问三位女儿，谁最爱他，并以此决定当他年老体迈时，如何
将国土分给孩子们，这正是一个家长不幸的开始。无条件的父母之爱没
有所谓的"最"，不应当期待所谓的"最"。Goneril 回答道："我对您
的爱胜过一切语言可以表达的……正如儿之所爱，父之所感，难以用言
语表达。"① 随后，Regan 说道："姐姐的说法远远不够，我宣布我将与
其他一切乐事为敌……只有我为陛下的爱欢欣鼓舞。"只有 Cordelia 坦
诚地说道："我的陛下，您为我父，养育我，爱我。于我而言，以孝敬
您的责任来报答给您将是最适宜的，我将遵从您、爱戴您、尊敬您。但
是，如果姐姐们说她们只爱您，那她们为什么还有丈夫呢？或许当我结
婚时，那位与我同甘共苦的人将带走我一半的爱、一半的照顾、一半的

---

① 引自 William Shakespeare, King Lear（New York：Washington Square Press, 1957）。

责任。"李尔王闻之立即剥夺了 Cordelia 的继承权，并说道："就这样吧，根据真实情况来安排嫁妆！……我不再给予她父亲的关照……她在我内心就如同陌生人一般，永远如是。"

当然，最后事实证明 Cordelia 才是真正爱父亲的女儿。相反，Goneril 和 Regan 夺走了父亲的一切，甚至他身上所有的权威标志。剧终，李尔王在狂风暴雨中步履蹒跚，变成了疯子，但他之后一直被 Cordelia 温柔地照顾，并在悲剧般的死亡面前与女儿和解。Cordelia 自始至终都没有动摇过她对父亲无条件的爱，这也正是孩子希望从父母那里得到的。

在 Arthur Miller 的《推销员之死》这部戏中，Willie Loman 看上去极为宠爱他的儿子 Biff，至少在他就读高中期间（较之他的小儿子 Happy，他更爱这位大儿子）。他深信 Biff 极富潜质：体育上能成为足球明星，学习上能进入 Virginia 大学，外形上像美男子 Adonis，此外，儿子还像独领风骚的商界领袖[1]，他认为 Biff 也很崇拜自己——因为儿子认为父亲是城里有名的旅游销售。但是最终，Biff 却不想再模仿他的父亲。

他住在纽约，却一路往西走——直到三十多岁，还一直在农场里做着户外工人——这样，严重的亲子冲突便爆发了。Biff 意识到他生来不是城市白领的料，想做真正的自己，而不是把自己往一个不适合的模子里塞。在父母对孩子怀有强烈的预期，但孩子努力寻找真正的自己和适合的职业时，这种典型的亲子冲突常常会发生。经常看到很多家长望子成龙、望女成凤，却一直担心孩子偏离正轨，不能实现潜质，事实上，这些父母在长期内也不能一直供养家庭。

作为这部剧的读者或观众，我们发现父亲 Willie 存在明显的问题。首先，他本身并不适合从商，这一点和他的儿子一样，主要的热情在于从事动手性的工作，比如在花团里做一个勤杂工，或许他本应做一个承

---

[1]　引自 Arthur Miller, Death of a Salesman (New York：Penguin Books, 1988)。

包商，63 岁时他被解雇了，但很骄傲地接受了最好朋友为他提供的职位。由于他对自己的精神状况进行深刻分析的能力很有限，因此，儿子 Biff 曾说，父亲在他小时候喜欢自我吹嘘，而成人后却迷失了方向。剧情末了，Biff 站在他父亲的墓边回忆往事，认为父亲就是一个抱有错误梦想，但从未真正认识自己的一个人。尽管如此，Biff 仍深爱他的父亲。父亲也在生命的尽头感受到了这一份爱，并回报了这份爱。

作家 Leo Tolstoy 的小说《伊万·伊里奇之死》向我们讲述了一个相反的职业成功案例——俄国革命前，一位律师如何从学校的优秀学生，然后担任文员，最后成为一名法官的故事。主人公 Ivan 不仅工作能力强，同时拥有良好的职业操守，不滥用权力，他的太太很有魅力，家境良好，他深爱他的太太，两个孩子都看上去很健康。Ivan 在圣彼得堡拥有很高的社会地位，职位令人羡慕，但他在 40 多岁时罹患绝症，并在两年后离开人世。

非常不幸的是，他的死亡漫长而痛苦，因此有大量时间回顾过去，思考自己的一生是否活得真实，他意识到自己所走的这条社会与职业的道路是正确的，他做的都是"应该做的事"。但事实上，他只是过着一种肤浅的生活，没有触及生活的精髓，直到有一天，他已病入膏肓，在床上痛苦地挣扎呻吟，儿子来到他的床前，握着他的手亲吻了一下，他才终于理解什么是生活的精髓。小说的旁白告诉我们，"在那一刻，他终于明白了，他的生活并没有体现出生活该有的样子，而他原本是可以改变这一切的。"[①] 现在对他而言，最真实的东西就是对其他人主动和无条件的爱，因为他一直忙于公务，很少把这样的爱给予家人。在生命的最后时刻，他躺在床上为自己的儿子和太太感到悲伤，想到两人分别失去了父亲和丈夫，他希望得到他们的原谅。

通过阅读这样的小说以及和大家一起讨论，我们能够通过一种极

---

① 引自 Leo Tolstoy, The Death of Ivan Ilyich（New York：Bantam Books, 1981）。

好的方式来发现什么是美好生活里最重要的内容。我曾在一次课上问学生，阅读了《伊万·伊里奇之死》后，他们认为"真正的生活"究竟是怎样的？以下是他们的一些答案：（1）在生活中努力变得优秀，不做平庸之人，充满激情地生活。（2）不要只顾追求成功，要享受并感激每日生活的每个细节。（3）追求你的生命角色，不要执着于表面的东西。（4）形成自己的价值观，并依靠它们真正地生活，不要竭力满足传统社会的期待。（5）只有自律的生活才是有价值的，制订一套养生计划，时常进行自查，并认识你自己。（6）将痛苦经历看作个人成长与增进智慧的积极力量。

　　这些学生很认真地思考了上述问题，我会给他们 A 的成绩。同时，我认为美好生活的要素还有许多其他方面，其中，有一些更为重要。可以看到，Ivan 穷其一生都没有真正地了解如何走出自我来爱别人，最终，是儿子教了他这一课。到那时，他才学会了超越自我，关心身边人。班上还有一些同学作了补充：（7）做一个无私的人，首先要考虑他人的需求，要为子孙后代造福。（8）最重要的事是与他人发展深层次的关系。（9）在别人需要拥抱的时候，去拥抱他们，就如 Ivan 的儿子握住他的手一样。（10）发展精神生活，寻找自身以外的光明。

　　好好阅读，好好生活。

供进一步思考的问题

　　1. 在努力创造美好生活的过程中，自然的力量与养育的力量分别扮演何种角色？

　　2. 正如 David Brooks 曾经问过的：简历上的优秀与悼词上的优秀，有何差异？

　　3. 我们为什么在此地？

　　4. 我们是如何看待死亡的，这一点重不重要？

　　5. 如果人生没有绝对的压倒一切的意义，你会如何生活？

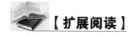**【扩展阅读】**

Joseph L. Badaracco, Jr., *Questions of Character*: *IUuminating the Heart of Leadership Through Literature* (Boston: Harvard Business Review Press, 2006).

Robert Coles, *The Call of Stories*: *Teaching and the Moral Imagination* (Boston: Houghton Mifflin, 2006).

Hubert Dreyfus and Sean Dorrance Kelly, *All Things Shining*: *Reading the Western Classics to Find Meaning in a Secular Age* (New York: Free Press, 2011).

【作者简介】

Scotty McLennan 是斯坦福研究生商学院（GSB）政治经济学专业讲师，教授商业伦理及商业与精神课程。2000 年至 2014 年，他担任斯坦福大学宗教生活系主任，2003 年任 GSB 讲师。1984 年至 2000 年，他担任塔夫茨大学牧师，其中曾担任 10 年哈佛商学院讲师。

1970 年，他获得耶鲁大学文学学士，并担任众议院计算机与意识领域学者。1975 年，他分别获得哈佛神学院与法学院的神学硕士学位与法学博士学位。同年，他授任牧师（唯一神教），并在马萨诸塞律师组织担任律师。

1975 年至 1984 年，他负责波士顿多切斯特地区由教会支持的贫困法的实施，他代表广大低收入人群从事各类法律工作，涉及消费者、房东与承租人、政府福利、移民、家庭与刑法等领域。

在斯坦福大学，他通过各种社会项目（包括"伦理与职业""生命的意义"）教授本科生伦理学，并从事城市研究（"精神与非暴力社会转型"）、自由文学硕士项目（"生命的意义"）、继续教育研究（"探索自由派基督教"）和研究生商学院研究工作（"商业世界：以文学作品进行道德和精神探求""在工作中发现精神意义：商业模范""全球商务：游戏中的无名规则"）。

他与 Laura Nash 合著了《周日教堂，周一工作：以商务生活熔断基督教价值观之挑战》（Jossey-Bass，2001）一书，著有《找到你的宗教：当伴随你成长的信仰失去其价值》（San Francisco：Harper，1999）及《耶稣是一个自由主义者：为所有人再造基督教》（Palgrave Macmillan，2009）。

第 3 章　打造精神遗产时
首要考虑的是什么?

Thayer Willis

你是否已经创造了属于自己的精神遗产? 你将如何被人们记住? 你喜欢他们如此记住你吗?

为何要关心自己的精神遗产呢? 因为, 你总有一天会离开人世, 对吗? 当你辞世之后, 很可能你的精神遗产就成为焦点。因此, 想到自己的精神遗产时, 你最关心的是什么呢?

几乎对所有人而言, 最关心的可能是"价值"。许多人都热切地希望自己的价值能够代代相传。如果我们能把一大笔可观的金融财富传给后代, 这便体现了我们的价值, 如果我们有意识地把自己的价值观与金融财富联系起来, 并把这些价值观传承下去, 那样就更好了。事实上, 许多人认为, 这些价值观比金融遗产更重要, 无论是努力工作的理念、企业家精神、热爱学习、家庭和睦、为上帝服务、为他人服务、喜欢研究数字或文字, 或者任何一项你特别看重的内容, 如此你就找到了自己关注的方向。

你如何打造自己的精神遗产, 更好地体现你的价值与优先考虑的事项? 许多年以前, 当我教授压力管理课程时, 我学习了医学博士 Emmett Miller 提出的几个最基本的定义: (1) 明确你的价值观; (2) 将其进行排序; (3) 基于你的排序行事。

上述"三步法"是一套完美的步骤, 帮助你明确对你而言什么最重要, 并启动你的精神遗产管理。从互联网上, 你可以找到很多练习帮助你找到并明确自己的价值观，其中有许多都非常简易可行。在我撰写的《超越黄金：继承者的真正财富》一书第 33～34 页，提供了一套非常实用的"寻找并确认价值观的练习"，您可以用来尝试一下（详见练习 3.1）。

练习 3.1　寻找并确认价值观的练习

这是一项非常有效的帮助你找到价值观的练习，请仔细阅读下述练习要求，然后在价值观一览表中找到你的答案。

1. 把你人生中最重要的价值观圈出来。不要进行太多分析，只需对那些一看就内心产生共鸣的内容作上标记，在选择对你最有意义的价值观时，请尽量用你的心来作答，不是用你的头脑。如果您最看重的价值观未列在表里，也可以自己添进去。

2. 为您认为最重要的 10 个价值观画上星号，这些价值观对您而言非常重要，如果没有它们，您将会感到极度失望。如果您希望进行进一步分析，可以对这 10 个价值观进行排序。

3. 最后为那些您还没有充分培养，但您很希望自己有所发展的价值观画上下划线，这些词语描述了你希望成为的样子，其中有一些可能是您已经具备的，已被圈上或打上星号，你也可以给它们画上下划线。或许，您已经拥有了一种价值观，同时有志于发展这个价值观，例如正直，您或许已在很多方面做到了正直，但您希望在其他一些方面继续追求正直。

丰富	控制	上帝	知识
接纳	勇气	优雅	欢笑
成就	创造力	感激	领导力
探险	奉献	健康	学习
感情	可靠性	健康的生活方式	爱

续表

热爱运动	享受	助人	忠诚
真实	平等	诚实	仁慈
美貌	伦理	荣誉	克制
户外活动	出色	希望	道德
归属感	专业能力	谦卑	客观
直率	信仰	幽默	开放的思想
有挑战的工作	家庭	无可挑剔	原创
慈善	金融财富	包容	热情
交流沟通	宽容	独立	耐心
社区	毅力	正直	平和
同情	自由	智力	完美
竞争力	友好	欢乐	个人成长
竞赛	慷慨	公正	博爱
贡献	有教养	善良	权力
理性	自律	地位	无我
放松	自强	成功	弱点
宗教	目的性	支持	智慧
韧性	敏感	服从	独立工作
尊重	感官享受	担当	合作工作
责任	重要性	坚持、固执	年轻
风险	灵性、精神性	传统	—
人身安全	自然自发	信任	—
安全感	稳定	真实	—

花一些时间，审视你选出的这三组词。你会对自己的选择感到惊讶。

或许有一种方法能够让你在面对自己选出这三组词时缓解一些压力，即你意识到这些选择只体现你当下的状况，如果过一天或过一年再做，选出的价值观会有所不同，但大部分内容会重复出现。随着年岁增长，一些词语会变化，但大部分都不会变，特别是排名前三的词，有些词永远会出现在你前十位的名单里。

　　在你挑选好并明确了这些价值观后，就可以开始着手撰写"个人使命书"。当你完成了这份使命书，你会发现最重要的价值观已跃然纸上，有了它，你便能特别清楚什么对你而言最重要，最值得你付出宝贵的时间。

　　上述明确你的价值观及撰写你的个人使命书的步骤，将帮助你了解自己还需要付出多少努力来打造你的精神遗产。

　　你的精神遗产就是，当人们想起你时，脑海中所浮现出的性格、品质和德行。你的精神遗产与你的遗产规划是两个概念，所谓遗产规划是指你在离世后，关于你的资产如何移交给他人的一种法律与财务安排，你可以让遗产规划支持并体现你的精神遗产所崇尚的内容，从而实现你对精神遗产的管理。

　　为了证明这些事很容易做不对，让我们来举个例子。假设你一辈子勤勤恳恳工作，并以公平的态度对待自己的孩子，你对他们各自的希望和梦想给予同等的支持，你的女儿浪费了不少很好的机会，她为人虚伪，未能遵行你的价值观，而你的儿子品行端正，能够抓住每一次良机，他心怀感恩，为人坦诚，遵行你推崇的生活方式。于是，你决定把自己拥有的一切给女儿，因为她需要帮助，你不准备留给儿子任何东西，因为他已经能够完全自立，如此一来，你的遗产规划就不能体现你的价值观，以及你希望推崇的平等观。事实上，大部分人不希望奖励坏人，惩罚好人。

　　关于遗产规划不能体现你价值观的另一个例子是，你教导孩子们要完成学业和相关培训，在世界上找到自己的路，能够自食其力，过上有意义的生活，然后，在他们 20 多岁时，你把一大笔金融财富交到他们手中。很多年轻人并不能承受这份恩赐，这样的做法是与你之前所宣称的相互矛盾。这种做法的最好结果，或许是让人觉得有点难以理解，而最坏的结果则会导致自我毁灭，这是因为这种做法直接与你崇尚的精神遗产相背离。

我曾见过一些成功的年轻继承人在20多岁时获得了大笔金融财富，其中最有智慧的几个人建立了一个基金会，然后从事这份他们热爱的事业，但这样的例子极为少见，也不可能是授意行事。你的遗产规划并不会创造你的精神遗产，你必须自己担当起创造精神财富的责任，然后让遗产规划来支持你的精神遗产。

如果你像很多其他人一样，发现自己需要为打造自己的精神遗产做一些工作，你可以考虑以下几个问题：

请你和每一位继承人作一次单独谈话。

1. 请每一个继承人描述你的精神遗产。你对他们的回答作何感想？如果你认为不错，那很好。如果你认为不太理想，那就作出一些改变（请看以下步骤）。

2. 请每一个继承人回答："你的梦想和愿望是什么？"你的精神遗产有助于他们实现梦想和愿望吗？这是一个值得深入探讨的问题。不妨考虑，"我将如何利用遗产规划来激励他/她实现梦想？"和每个人讨论该问题，将使你有机会检验自己能够通过何种方式让精神遗产与遗产规划对他们产生影响。

3. 请自问："我是否在以某种方式损害继承人的创新想法？"如果你对此的回答是肯定的，那就请你修改遗产规划。

请将你希望拥有的态度和行为添加到精神财富中去。增加上述内容比删减更容易，所以请你先做加法。如果发现有一些渴望拥有的品质并未在你已列出的精神财富里，请你把它们加上去，例如，如果你特别重视与家庭成员的关系，那就请你确保自己的所作所为体现了这一点。

请将你希望去除的态度和行为从精神遗产中删除，一旦做了一些添加，删除将变得更为容易。

请询问自己："我是否通过法律和（或）财务关系，把后代联系在了一起？是否有人不喜欢这样的限制性安排？"如果他们不喜欢，请你不要这样做。常常见到财富创造者及其后代将后续几代人作了财务或法律上的关联，例如这种关联可以是一个家族企业、一个家庭的房地产投资或者一个家族基金会。

　　这往往是一个糟糕的想法。虽然听上去不错，或许是财富创造者的一个梦想，但未来的未知变量太多了，唯一例外情况是后代们已合作得非常融洽，你能看到把资源集中到一起的好处，同时存在充分事实表明他们可以协调好彼此的差异。

　　创造性地看待你精神遗产的负面内容。如果一个人希望独处或做一些破坏性的事，你无法强迫他一直保持良好状态或是一直拥有积极的关系。无记录的贷款和馈赠可能把事情搅浑，导致精神遗产与遗产规划的不平衡，后代反而容易因此产生仇恨与敌意。通过对资产和交易活动作详细的记录，这个问题就能得到很好的管理。

　　如果不确定，那就应当将每一个后代独立对待，保持清晰透明的记录，对从事负面行为的人仅给予有限的资源，你没有办法迫使一个不想工作的人工作，尽量让后代发现各自的优势，并尽情享受这些优势。如果你发现家庭在精神遗产方面存在破坏性的负面内容——例如一些家人不愿意与他人交流、毒品或酒精上瘾、不思进取、不想工作、持续消耗家庭资源、走高端路线、依赖你来支持家庭，你一定记得迷途羔羊的寓言，你务必确保那只"羔羊"知道你一直在他（她）身边，找寻帮助他（她）的方法，请永远不要说放弃。

　　如果你更愿意把未婚和无孩继承者所继承的遗产给予正在成长中的后代、侄子、侄女、外甥、甥女、表兄弟姐妹或堂兄弟姐妹，那就把你的想法告诉他们，在必要的时候，可以聘用一位有耐心的咨询师来协助理顺关系。没有人能够准确预测未来，如果除了遗产规划的安排外，你还有一些分配资产的偏好，建议你把它们说出来，事实上，如果你没有特别的偏好，最好也把这一点说出来，对于关系不是很近的人，也请尽量保持善意，可以帮忙的地方就尽量帮一把，或者请其他人来帮忙。

　　建议你找一位有创见的资深税务与遗产律师进行咨询，帮助你对精神遗产和遗产规划进行协调。这一步非常关键，会对你的精神遗产具有重要影响。

在此，再概括以下要点：

1. 明确你的价值观。

2. 写下你的个人使命书。

3. 和你的每一个继承者进行一对一、面对面的交谈。

4. 将你希望拥有的态度与行为添加到你的精神遗产列表中。

5. 将你不希望拥有的态度与行为从你的精神遗产列表中删除。

6. 询问自己："我希望后代们在法律或（与）财务上有联结吗？有没有人不喜欢这种约束性的安排？"如果有人不喜欢，就不要这么做。

7. 对于你精神遗产中的负面内容，不妨创造性地看待。

8. 如果你更愿意把未婚和无孩继承者所继承的遗产给予正在成长中的后代、侄子、侄女、外甥、甥女、表兄弟姐妹或堂兄弟姐妹，那就把你的想法告诉他们。

9. 建议你找一位有创见的资深税务与遗产律师作咨询，让他帮助你对精神遗产和遗产规划进行协调。

许多人想到自己将来遗留给后代的印象就会泪流满面，或许，我们希望展现出的某些精神遗产，并没有被人真正理解或者遭到了别人的反对。因此，提升你的精神遗产则显得更为重要，如果你充满激情地播种，甚至把自己感动到落泪，那么你也会拥有丰收的喜悦，首要的目标就是要保持善意。

正如 James Hughes 多次提到的，我们希望提升后代的生活，而不是在哪一方面伤害他们，但同时也有个限制条件，为了提升他们的生活，我们常常需要付出大量的时间和关注，而且道路崎岖，但最终你会明白，为此投入的一切都是值得的。

你必须为自己的精神遗产管理负起全部责任，你没有理由对此拖延。想一想先前的这些步骤，你就知道从哪里起步。请确保你的精神财富是以你的价值观为基础，并且是你的真心追求。

供进一步思考的问题

1. 在精神遗产方面，我需要做什么功课？
2. 我应当先对哪一方面进行调整？
3. 面对无数的选择，我希望给自己的精神遗产添加哪些新品质？

【扩展阅读】

Thayer Willis, *Navigating the Dark Side of Wealth*: *A Life Guide for Inheritors* (Portland, OR: New Concord Press, 2003).

Thayer Willis, *Beyond Gold*: *True Wealth for Inheritors* (Portland, OR: New Concord Press, 2012).

Jim Srovell, *The Ultimate Gift* (Colorado Springs, CO: David C Cook, 2007).

【作者简介】

Thayer Willis 是国际著名作家、教育家、演说家和财富咨询领域的权威人物。1990 年起，她持有精神治疗医师执照，并从事相关工作，她主要的关注领域是帮助继承者及其家庭面对由财富引发的心理问题。她出生在富裕家庭，其家族创建了 Georgia-Pacific 跨国公司，她从一个局内人的独特角度出发，在上述领域研究了如何面对由财富带来的精神与情绪问题。

她获得俄勒冈大学文学硕士学位和波特兰州立大学社会工作硕士学位，她是持证临床社工，专攻财富相关问题。作为行业先驱和领袖，她在上述领域拥有 28 年的从业经验，是该行业最重要的权威人物之一。她服务的客户来自全球各地，目前已帮助来自四大洲、八个国家、上千位继承者及其家庭解决与财富相关的家庭矛盾问题。

她著有《探索财富黑暗的一面：继承者们的人生指引》，为家庭超越财富、克服各种困难走上自由之路指明方向。她还著有《超越黄金：继承者们的真正财富》，关注个人如何对生命中的金融财富负责，正确认识其重要性，不畏艰难，通过不断努力构建良好的家庭关系。

第 4 章　如何向下一代传承价值观

Ellen Miley Perry

如果你希望在本章中学习一些理念与方法，让子孙后代接受许多你所秉持的价值观，那你不是唯一想知道答案的人，我在工作中与成功、富裕的家庭打交道已超过 25 年，如何向后代传承价值观是最常被问及的话题之一。你如何深入了解自己的价值观，与此同时，有意识地将这些价值观注入孩子的心灵，并接受他们各自独特的价值观，如何采取必要的方法构建你的精神财富，这些确实需要我们用一生来完成。

我通过许多年与客户坦诚的沟通，总结出了关于价值观传承的 5 个重要理念：

- 价值观是习得的，不是教会的
- 价值观不同于信仰、偏好、选择和原则
- 过一种与你的价值观相一致的生活，能最有力地预言你将获得幸福
- 讲故事是分享价值观的有效方法
- 如果一个家庭希望代代兴旺发达，对人力资本的重视应与对财务资本的重视相当

价值观是习得的，不是教会的

小时候，我们都听过这样一句话："事实胜于雄辩"，这真是千真万确。我们的价值观每天都在以不同的形式向我们的朋友、家人和社会展示，我们选择如何使用时间、支出金钱、投入精力都清楚地表明所持

有的价值观。一个家族常常拥有家族使命书或家族价值观声明，希望通过这些文本教育后代什么是最重要的、家族的精神遗产是什么、家族最珍视哪些价值观，这些正式的文件将有助于家庭明确想法。但许多家庭进行了深入思考和全身心投入之后，最终发现最有意义的事是你在现实中如何生活，而不是纸上写了什么。

孩子们很善于观察，他们看着家长的行为，听着家长的互动，拥有着随时准确发现父母言行不一的能力。

作为大人，我们通过自己的行为——无论是大事、小事或看上去微不足道的事——清晰地向世界表明我们是怎样的人、我们信仰什么以及我们把什么东西看得很重。

例如，我们的价值观不仅体现在热情从事慈善事业上，而且还体现在我们如何对待他人上，我们为家庭付出的时间和努力上，我们慷慨地对待朋友、家人、服务员和其他人，以及让别人知道我们最看重什么。杜克大学 R. Kelly Crace 博士是"生命价值清单"组织的创始人（www. lifevaluesinventory. org），他是价值观与生命满足领域著名的研究专家，他曾说："我只要跟随你三周时间，我就能说出你所持有的最重要的 5 个价值观。"他认为，并不是我们所说的自己最在意什么，而是我们的行为清晰准确地告诉了别人自己的价值观。

一些家长已明确了自己最重要的价值观，他们能够更加有意识地传递这些价值观，只要他们言行一致，就能更方便地沟通"价值观与有效支持这些价值观行为"的关系问题。

例如，一些家长如果希望把责任感传递给下一代，就会为孩子创造机会，训练做一个可以被依靠的人和有担当的人。那些希望把工作效率传递给下一代的家长，就会创造实际工作的经历（例如让孩子去家族外的企业工作）。

财富会带来一种引力——一种围绕金钱与特权的能量，其力量非常强大而常常让人偏离轨道。富裕家庭的孩子一般很少做家务，不参加暑期工作，这样也不会对他们产生什么影响，他们仍然可以通过父母的各种关系获得工作，外界对这些孩子的客观评价可能起不了多大作用，他们的暑假用来旅行、度假、露营，尽管也是不错的体验，但孩子会失去工作的机会，如此一来，家长无疑会感到在他们所希望倡导的工作效率、责任感与努力工作这些价值观和孩子实际表现出的价值观之间存在着一定的断层。

那些希望将敬业精神传承给下一代的家长，必须努力让孩子参与一项在时间上足够长的活动，进而来体验一种满足感。Edward Hallowell 博士是注意力缺乏症与家长应对方案的提出者与著名专家，在他所著的《成年幸福的儿时根基》一书中曾提到上述方法，Hallowell 博士经观察发现，孩子必须有机会尝试探索不同的活动，选择他们有兴趣的活动，然后经过实践训练提高熟练度，进而掌握相关技能，并在上述领域得到外界认可，即使是在比较小的方面也可以。富裕家庭的孩子相较于中产阶级家庭的孩子，对运动课或音乐课的退课感觉更加不以为然，因为对于中产阶级家庭而言，他们会在乎上课的课时费，而富裕家庭则不在乎。

如果家长希望培养一个追求效率、有进取心、对自己有正确认识、富有同情心的孩子，我相信大部分的家长都这么期望，那么在孩子成长的过程中，就需要不断地采用某些方法来培养这些价值观。

价值观与信仰、偏好、选择不同

价值观如同我们每个人手中持有的指南针，可以为我们的行为指明方向，它常常以一种无意识的方式发挥着作用，这些价值观是我们个人存在的核心要素，如果失去了它们，我们便不再是我们，它们是我们生命的组织原则。

除非你有计划并有意识地像管理金融财富一样用心地管理你的价值观，否则你只能把金钱传给下一代，而不是你的价值观。一代人传递给下一代人价值观的方式常常与其传递财富的智慧与态度一致，比如一个人如果希望将仁慈与服务的价值观传承给后代，就可能将资产用于慈善事业；一个人如果希望将努力工作的价值观传给后代，就不会在遗产规划里允许后代碌碌无为；以慷慨作为自己价值观的人会对家庭和世人都慷慨，而那些不慷慨的人，则可能拥有更强的控制欲，很难帮助后代学会有责任感地分享财富，并在此过程中获得喜悦与价值感。

人们常用"价值观"一词描述实际上是信仰、选择或偏好的概念。例如，重视精神性是一种价值观，信仰基督教或犹太教则是一种偏好或选择；重视社区服务或公民参与是一种价值观，而你是属于保守主义还是自由主义则属于你的偏好或信仰；为人慷慨是一种价值观，而你选择环境保护还是艺术则是你的偏好。许多家庭担心最深刻的价值观不能被下一代所接受，而有时当价值观被接受以后，其具体表现会有所不同，这并不是说，那些令人困扰的价值观不是我们担忧的真正来源，它们确实是原因，但如果同一种价值观以不同的方式表达，那么这对个人健康成长还是有利的。

在富裕的家庭里，后代常常想竭力找到一种自我认同感——即生活在成就非凡的父母或祖父母阴影之下的孩子，希望找到一种认为自己独特而优秀的感觉，如果这些孩子或孙辈的性格、信念与选择越能在家庭中获得尊重与认可，他们自己和整个家族就会越幸福。那些严格规定"我们应当是怎么样"的家庭时常遗憾地发现，年轻的后代们为了彰显个性，故意制造距离，作出不利于家族团结的选择，对于富裕家族而言，一个共同的、狭义定义的家庭认同的理念非常重要，但有时令人遗憾地发现，这也与财富的传承相联系。另一方面，那些尊重实际差异、倡导包容感的家庭会发现，他们的家庭不仅拥有更加丰富的特性，而且代际连接更为紧密，彼此更加团结。如果家庭团结对你而言是重要的价值观，那么包容与接受也是同样重要的。

过一种与你的价值观相一致的生活，能最有力地预言你将获得幸福

大量深度研究发现，能够预见你获得幸福的最重要的条件是你的生活与你的价值观相一致。Crace 博士经过反复研究，揭示了当人们的生活与其持有的 4 至 5 个核心价值观同步时，他们会感受到幸福、健康并有能力抵抗挫折。当你依据自己的价值观行事时，会获得满足感，如果不是，那么这些价值观将给你带来挫折感和压力。如果这些价值观被很多人接受，它们会成为纽带，但如果家庭成员、朋友或同事之间拥有不同的价值观，这也会成为矛盾的焦点。

明确你的价值观是理解如何构建精神遗产的起点，理解你孩子的价值观有助于帮助你以一种对你和孩子都有意义的方式传承你的精神遗产。

价值观作为行为和人际沟通的框架与过滤器，保持对价值观的关注有助于我们形成健康的养育方式。那么，为什么传承价值观的过程这么复杂呢？家长最容易遇到以下问题：

对自我价值观关注的缺失

对一些人而言，眼里只有充满特权与财富的生活，不再关注其他东西，面对无穷无尽的选择，这些人看不见真正对他们重要的东西。当选择如此之多，最终只有价值观才是唯一帮助你有效缩小选择范围，并让你的生活与价值观一致的方法。真正富裕的家庭能够有机会过一种与其价值观相一致的生活，而那些受到财务约束的家庭则不同，时间和资源的使用上会受到一定限制。

必须解决价值观的冲突问题

父母可以让孩子知道，父母有时需要努力平衡几种价值观，甚至是彼此冲突的价值观，比如在实现财务目标和家庭团聚之间会出现矛盾，为获得财务成功，父母有时不得不牺牲陪伴家庭的时间。这种价值观的冲突有时会被人误解，爱人和孩子常常看到企业家在生活中追求财务目标和生产率，并以此作为具有指导意义的价值观，但在家人眼里，这反而成为阻碍家庭团圆和美满生活的障碍。上述价值观的冲突有时会向孩子传递错误信号，使他们误解什么才是真正重要的，这是富裕家庭经常会遇到的问题。

充分理解十几岁的孩子需要通过挑战家长的价值观获得成长

挑战家长是孩子成长过程中正常和健康的一部分，如果家长在这段艰难的时期辅之以正确的认识和适当的耐心，就会获得回报。价值观不同并不是问题，关键在于这些差异是如何解决的。当家长貌似在价值观上与孩子出现分歧时，他们应该问一下自己：这种差异是否标志着对家长价值观的不尊重？还是行为出现问题了？一般而言，孩子并不懂如何表达自己的价值观或者根据价值观来做事，然而，对自己的价值观有思考的家长能够帮助孩子们掌握一些方法，以便更有效地就价值观问题进行沟通。

对家长有帮助的问题包括：

- 在我年轻的时候，我持有怎样的价值观？
- 随着时间推移，这些价值观出现了怎样的变化？
- 我们的孩子持有怎样的价值观？
- 他们的价值观与我年轻时相比，有哪些异同？

你或许还可以思考以下问题：

- 目前，我与孩子的关系如何？
- 我希望亲子关系如何发展？

和孩子讨论价值观问题还包括以下内容：

- 了解你自己的价值观
- 管理你的恐惧
- 让自己保持中立，有能力接受孩子不同的价值观

讲故事是沟通价值观的好方法

给后代留下遗产不仅包括金融遗产，还包括所有祖先和先辈传给后代的一切，你的精神遗产——和你的价值观——通过个人故事代代相传比通过法律文件更有力量。

讲故事让我们有机会更清晰地反观自己的生活，思考对你而言什么是最重要的，你的价值观是什么，如何让生活与你的价值观更为吻合。

我们在讲故事时，能够为后代献上三份无价之礼：

1. 我们能让后代更明白我们是怎样的人，以及通过何种力量形成了这类价值观，并希望传递给后代

听故事的人可以更完整地认识到父母是怎样的人，讲故事的人不仅是作为父母的角色，也可以作为孩子、企业家、探索者、学习者、一个经过拼搏走出自己独特之路的人等各种角色。这些故事把讲故事的人（或父母）及其价值观置于一个独特背景中，能够给孩子提供更宽阔的视角。

2. 我们给予后代机会，探索自己是怎样的人并规划自己的旅程

当我们聆听一个故事时，我们会把自己投射进去，我们想象自己就是故事里的人，就是里面的主人公，我们会把这些故事与自己的生活经历联系在一起。因此，在听故事的过程中，每个子女都能在父母故事的模板里想象自己的故事，同时，这些故事也让后代有机会发现他们与父母之间存在怎样的共同点和差异，抑或异同兼有，这样后代或者仿效父母，或者选择走一条与父母不同的道路。

3. 我们把传承家族精神遗产的工具传承给后代

通过亲身示范讲故事的方法，我们向后代揭示了故事与精神遗产的重要意义，这样他们会尊重家族的精神遗产，并将这些故事一代一代地讲下去。

如果一个家庭希望几代兴旺，对人力资本的重视应与对财务资本的重视程度相当

成功的家庭往往会花大量的时间为他们的金融资产进行思考、规划，并投入精力，这些家庭会聘用专家团队帮助他们全面地管理金融财富。每年，他们都会花很多时间思考资产是否管理妥当，还会花很多时间思考如何将这些财富传承给后代。

然而，较少的家庭会把同样的关注度、精力和努力投入到家庭的人力资产方面：对家里的每一个人。如果一个家庭希望代代兴旺，并让财富成为家人获得幸福与成功的有力工具，那么同样的关注度是非常必要的。

我相信，第二代及其后代最重要的任务是开发其人力资本，对此投入的精力和关注度应与第一代人创造金融资本的投入相当。成功实现上述目标需要智慧，这些后代必须努力维持健康的家庭关系，利用他们的金融资源提升每一个家人的人生体验，提供各种人生机会，欢迎配偶们融入家族，找到并发挥每个人与生俱来的天分，最后形成一套方法和规则，以利于建立健康的关系和进行有效的决策。

每一个健康的跨代家庭都以一定方式完成了上述任务。在每个案例中，总有一位家庭成员或是一部分家庭成员为构建健康、忠诚、有活力的家庭倾注了大量心血，这些家族领袖拥有能力和得力的方法，推动家庭内部真实和有意义的连接。

把价值观传递给后代确实是人生重要的功课，无论拥有多少财富，许多家长都担心难以做好这件事。尽管财富可以带给我们无限机会，但财富也在我们向后代传递优秀价值观的过程中，增添了复杂因素，财富使我们得以享受更优质的教育机会、更丰富多彩的旅行、更多开拓视野的经历、结识更多类型的人、获得更多机会，但也可能让某些人自觉高人一等、骄纵任性、缺乏动力并崇尚物质主义。如果家长让孩子参与过

多的活动，背负过多的负担，反而可能阻碍了孩子成功。

　　培养孩子持有良好的价值观对家族兴盛至关重要，无论这些价值观是否来自父母一代。由于财富有时会给我们带来难题，因此有意识地关注和思考这个过程就变得尤其重要，家庭从中获得的回报也是真切和可观的。优秀的价值观是你能够留给后代最重要的资产，也是你所能找到的最好的遗产规划工具。

供进一步思考的问题

　　1. 你认为伴随着自己的成长，最重要的价值观有哪些？

　　2. 你认为孩子从你的言行和故事中学到了哪些价值观？

　　3. 你会如何与孩子就各自的价值观进行对话，包括共同的和不同的？

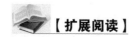【扩展阅读】

Ellen Miley Perry, *A Wealth of Possibilities*: *Navigating Family*, *Money*, *and Legacy* (Washington, DC: Egremont Press, 2012).

【作者简介】

Ellen Miley Perry 是 Wealthbridge Partners 公司的创始人与主管，她具有 30 年为富裕家庭担任战略顾问的工作经验，在此期间，她洞悉了财富影响家庭的各种方式，并开发了一套专业方法有效提升家庭生活和家庭中的个人。从顾问到企业创始人，她就家庭治理、继承规划、共同决策、冲突解决和家族世代繁荣等专题进行研究，为各类家庭提供了充满智慧、切实可行、富有创造性和可能性的解决方案。

在创建 Wealthbridge Partners 公司之前，Ellen 是一家多客户家族理财室 Asset Management Advisors 公司（现为 GenSpring 家族理财室）和其附属私人信托公司 Teton Trust Company 的联合创始人和首席执行官。

Ellen 著有《可能性的财富：探索家庭、金钱与精神财富》一书，作为演说家、作家和顾问，她为大家庭的世代维系提供策略和方案。她的著作与观点常被各类出版物引用，包括《华尔街日报》《纽约时报》《财富》杂志和其他专家著作等。

第 5 章　超出个人所需的资源当如何思考利用

Paul Schervish

本书的所有文章都旨在帮助你思索涉及财富方方面面的问题，但"思索"是什么意思呢？那些最富智慧、最有思想的人——无论是古人还是今人——究竟是如何思索出生活重要问题的答案呢？他们采用了一种称为"洞察法"的步骤，我在这里将简述这个方法，希望你能加以运用。

为何采用"洞察法"？

当前，财富拥有者对"洞察法"的需求日益增强主要由于两个潮流趋势，一是财富拥有者队伍的不断扩大及其财富的持续增长，二是这些人希望在财富积累过程中，以一种自我实现的方式有效配置财富。运用洞察力的决策过程能够有效提升财富配置决策的数量和质量，这正是其他许多方法所欠缺的关键性内容。

当前财富拥有者

越来越多的财富拥有者已实现或超越了满足自身与家庭物质需要的财务目标，而且实现的年龄越来越提前，上述现象为这些财富拥有者提出了一个重要问题，即如何对这些超出个人物质需求的财务资源进行配置，拥有这些"多余财富"的主要优势就是它们提供了无限富有创造性和富有意义的选择。

毫无疑问，你会更注重财富配置决策过程中所体现出的责任感。洞察法正是能够帮助你了解如何最明智地利用时间、天分和财富，并有效落实决策的一种方法，你既是问题的中心，也是解答的中心。

还有其他三种方法自称能够帮你达成财富目标。一是提高你的消费，但当你家庭的物质需求得到满足后，进一步提高生活水平并不会成为你的首要目标。二是增加金融投资或企业投资，或许这是一种可能的选择。三是把财产分享给后代或是贡献给慈善事业，此举较之那些商业手段，将使你获得更能实现个人价值的独特机会。

你需要洞察力

找到最有成效的金融资源配置责任令人有点望而生畏。拥有庞大资产的人面临的首要问题是一旦提高生活质量对你而言不再重要时，你将如何使用财富实现更深层次的目标或人生意义？

回答以上问题需要运用洞察力法。洞察不只是认真地思考问题，它是一种能让你决定做某事或不做某事的过程，它将你的所思所感整合在一起，能让你在面对千万种选项时，选择出令你感觉最振奋的那一个选项。

耶稣社会（Society of Jesus）创始人 Ignatius of Loyola 创设了一种能通过学习获得的洞察法。使用步骤已在其静修手册《精神训练》里作了说明，Ignatius 认为，洞察包含了明确你的偏好、作出与你的偏好相联系的决定并落实这些决定，它综合了一个人的性格倾向、决策与行动。

洞察法与其他探索方法不同，它鼓励你运用时间和精力找到究竟是什么最能将你（包括内在真正的自己）和你的各类关系紧密联系在一起——涵盖家庭、工作以及世界上的人，洞察法能让你超越每日思考的表面，深入挖掘可实现的、能给你带来幸福的那些选择。

众多选择

可能许多人会给你提供资源计划配置的建议，包括孩子、商业伙伴、牧师、慈善人士、财务顾问和律师等，他们不一定会误导你或以他们自身为考虑的中心，因此你可以了解他们的建议。但洞察力法完全基于你自己的角度考虑或决定应该做什么，Ignatius 认为这种方法不会带给人难以承受的压力，通过洞察发现自我，能够让自身得到释放，并促进自我实现。事实上，你可以把别人对你的建议置之一边——包括来自政治人物、顾问、集资人或自己的内疚感，洞察力法帮助你找到自己的资源和目标，明确这些内容，然后去为最振奋你的事行动，它把来自不确定性的压力、不满足的感觉、混乱的思维以及期待转化的愿望转化为发自内心的决定，这个筛选过程有时会比较棘手，因为有时你会误把外部强加于你的责任当作令自己振奋之事。Ignatius 曾讲述自己的经历，外部强压的责任会让你有一种下沉之感，感觉不满和难过。

你会深入思考如何将你的资产分配给想要的生活、孩子、事业以及慈善，回想这些时刻，最难的部分并不在于有多少种选择，而在于你如何从中作选择。除了你自己有一些追求目标的选项外，很多组织也希望提供给你一些选项，这样你的财富增加了你选择的多样性，此时，洞察力法就能在你思考时助你一臂之力。

个人案例

许多人会在决策时进行祈祷、冥想或沉思。记得我当时在决定选择哪一家神学院就读时，获得的最佳灵性指导来自耶稣教会的一位智者，他告诉我，洞察并不是等待上帝明示哪一家（共有三家）应当选择，而是要找到与上帝宁静的连接，然后在我和上帝的连接中进行选择，找到那所我最想去的学校，要遵循自己的灵感。

洞察力法让明智选择显现

洞察力法能够将你带入内心隐藏的寂静之处，告诉你该如何行动，并努力解决被第二次梵蒂冈大公会议称为人生"快乐、希望、伤痛与焦虑"的问题。

如何进入寂静？洞察力法要求同时关注思想和感受，毋庸置疑，它要求我们有清晰的思想，但也要时刻关注你对之前决策结果的感受，以及内心对未来的期望。Ignatius 推荐一种方法：列出某一种决定的利弊，并进行评估，他建议想象自己真的做了那样的决定，把利弊写下来，然后你开始等待，观察由这个选择带来的振奋、鼓舞（或被他称为"安慰"）之感是否能一直持续下去，还是会随着时间下降。有时，一个明智的决定来自于在实际生活中对这种选择进行实验，而不是想象，如此你就能看到这种选择的实际效果究竟怎样，你的感受会如何。有时，最真实的决定是：你尚未对决定做好准备（即尚未到可以决定的时候）。

你如何从诸多选项中进行选择？比如究竟是为改善城市孩子的教育进行投资，还是为提高癌症患者福祉加强研究资金，或是为自己的投资和孩子投入更多金钱？我建议你思考（冥想或细想）成长过程中的类似经历，你能从中了解什么对你而言最重要，什么对他人而言最重要，然后在这样一个过程中，发现什么是自己特别想关注的。

在洞察训练中，你可能会想起人生的某些经历——共情、感激、改变环境与追求幸福。你把一些人当亲人一样，在与他们产生情感上的认同时，便会出现共情——然后将这种情感延伸到其他没有血缘的人，比如你可能想为侄子或侄女提供教育经费，想要帮助遭受自然灾害的家庭或为教会作出一些贡献。

人们常说，在上述洞察成长经历的过程中，浮现出的第二类经历是感激和"想要给予回馈"，你会意识到自己没有付出努力，但获得了好处、休息的机会、运气和恩典，于是你想把这些善事也馈赠给其他人，这可能促使你为城中某所学校的孩子们提供奖学金，因为这所学校曾让你迈上了人生新台阶，或者你想为医院作一些捐赠，因为这所医院治愈了你孩子的自闭症或癌症。

第三种回忆出的经历是，通过改变个人生活和周围环境满足"渴望实现改变"的愿望。伴随成长，你努力拓展自己在家庭和学校中的自由领地，作为一个成年人，你选择自己的职业，创建自己的公司，建立自己的家庭，你知道拥有大量金融财富的人能拥有更多机会来改造世界（而不是只接受生活给予你的）。这些经历或许会促使你努力改变教育体系的运行方式，例如为母校建立一个研究中心，在事业中开启一项新业务，或者为你的孩子提供大量机会。

第四个与洞察相关的人生经历是寻求自我实现与幸福感。与前三者不同，追求幸福感常常并不意味着关注新的人或新的事业，相反，它让你更坚定自己的决定。当过去的你与理想之间的距离越来越小，并帮助他人也实现同样的目标，你的幸福感便会提升。事实上，一个衡量决定具有洞察力的关键标准就是，你认为这个决定是否同时能为你和其他人带来更多快乐和成就感。

自由与内在激情

洞察力法可以使你在充满自由与内在灵感的环境中发现适合自己的选择，同时这些选择将在更高层次上被内心接受。你会愿意用心去追寻，并拥有持久动力。自由指的是你不受各种隐藏的假设、恐惧和忧虑的干扰，包括 Ignatius 所称的"无感"，这种"无感"并不是说你对一切麻木，它是一个技术上的术语，指的是在你作出一个决定前，保持一种谦卑感，将那些阻碍你对各种可能性保持开放态度的内在压力置之一边。

内在激情是各种愿望与渴望，它们引领你作出选择和承诺。Ignatius 说，上帝的意旨能在令你感到振奋或富有激情的事情中被发现，而不是那些令你感到有罪或者让你背负极大责任的事情中。每一个财务决定都要求你客观地评估自己是否有足够的资金做想做的事，然而，富有洞察力的资金配置还要求你作一项主观评估，即你期待实现的事究竟在你的心中能唤起多大的内在激情与动力，你会理解当根据自己的内在激情与动力而非财富的数量目标来作一项财富分配决定时，你才作出了一个富有洞察力的决定。

家庭洞察案例

让我们来看一些洞察的案例。为了保护隐私，我更换了案例中的人名和其他细节描述。Louis 和 Marie Alexander 洞察到，应减持几家建筑公司的所有权，这些公司总部设在休斯敦的得克萨斯。经过了 50 多年职业奋斗，Louis 建立了独立的办公室、住所以及道路建筑公司，有一段时间，Louis 想如果能够减少工作时间，把运营的公司卖出去，集中精力把财富用于孩子和慈善事业，他会感到更幸福。

去年 Louis 退休了，他把所有股权都卖了，不再热衷从事业务经营，从中获得了 1 500 万美元的财富，但随后面临的问题是如何把这笔资金用于家庭和慈善事业。到目前为止，Louis 和 Marie 的洞察过程都是随意和隐性的，但确实遵循了自由原则和内在动力原则。他们把一些资金转移给了孩子，提高他们的生活质量，并把一些资金用于孙代的教育。此外，他们还数十年从事慈善事业，如休斯敦拥有同等财富和地位的其他企业家一样。

Louis 和 Marie 开启了一次关于财富运用的正式程序。正如 Ignatius 所言，他们的财富成了一种"负担"——你有可能也经历这种难受的感觉，他们为如何使用这笔财富而感到不安，想知道需要再为慈善组织和已成年的孙代提供多少资金？何时告诉他们有这笔资金？何时把财富分配给他们？

为解决这些现实问题，我们进行了一次"传记式对话"，我们先同

Louis 和 Marie 谈话，然后是他们的孩子，最后是全家，这些对话如同开放式的采访，我让每个人回顾了人生中使他（她）成为现在的自己的重要人和事，然后思考自己希望未来成为怎样的人，希望做怎样的事。这些对话使 Alexander 全家人都能发现并明确什么对自己最重要。

我们首先关注孩子能够获得多少钱。目前，Alexander 夫妇每年赠给每个孩子和孙子税后的全额资金，为每个孙辈支付大学学费和其他开销。然而，他们把未来的基金与继承资产限定在 500 万美元之内，Louis 和 Marie 认为，这笔财富足以为他们的孩子与孙辈提供大量好的机会。

他们也开始着手考虑从事慈善事业的能力与意愿。目前面临的问题是他们是小幅提高给予目前受助者的金额，还是把慈善资金给予几家慈善机构。他们已常年为两所医院的研究工作提供大笔捐款，这两所医院曾经给 Marie 的母亲和 Louis 进行癌症治疗。他们对自己的善举倍感骄傲，对癌症研究的热情日益高涨，并考虑是否要为这项事业做一些更特别的事。经过简单考量，他们决定捐助 1.25 亿美元给这两所特别中意的医院癌症中心，并以他们的名字冠名，Louis 和 Marie 感叹，这个过程令他们发现在过去使用金钱上从未体验过的幸福。

但事情又出现了复杂的变化。孩子们对比父母的总资产和留给他们的份额后，感到备受冷遇，并把这个想法告诉了父母。其实，这些孩子并不是贪婪的人，但仍有很多人会把金钱视作爱的表示，他们认为父母并不觉得多给孩子钱能带来很多益处。之后，尽管不至于伤害双方的关系，但还是出现了一些小小的不愉快。子女们感到被轻视，而 Louis 和 Marie 则抱怨子女表现出的权利意识不够恰当。子女们认为，父母从慈善事业中获得的骄傲、快乐和信心比从他们那里得到得更多，但这些想法并没有使他们的关系破裂，他们仍然一起庆祝节日，并感激自己收到的馈赠。子女们还是期望，未来父母可以为他们留下更多的财富。

我们从这件事中得出的经验是，洞察力法引导你得出的明智决定，但并不保证让每一个人都满意。

洞察力法在另一个家庭则带来了更积极的效果。在这个家庭中，父亲是一位神职人员，善于自省，他常年在行事中默默恪守"神圣存在"的原则，他把自己的财富捐献给监狱部门、城内学校、大学，并为所有的雇员提供（和自己同等的）医疗保障。他会定期和自己已成家的子女谈话，了解他们如何建立自己的家庭，他感到"自己的孩子比自己更加胜任父母的角色，并且与自己同龄相比，对慈善事业投入得更多"。他很乐意为自己的孙辈赞助教育费用，他每年都尽可能将税后财富赠予孩子、配偶和孙辈。

对他来说，财富的实际好处是能让他拥有选择自由，这是上帝的慷慨馈赠，他相信自己的子女会"作出明智的决定"，并决心尽可能多地把财富留给他们。他征求孩子意见，关于是否希望他把更多的财产投入基金会，然后交予他们管理，尽管这意味着子女所得遗产将减少，但子女们都对此表示支持。

寻找顾问训练洞察力

许多慈善机构、资金募集人、社区基金会、金融机构和独立财务顾问也意识到有必要进行负责任的洞察，这些机构承认这是一个为客户和捐助人提供新的价值来源的机会，他们能提供特别服务，帮助你以一种更加自省和自我选择的方式分配财富。当你参与其中时，请铭记在每一次决定如何将你的财富分配给家庭和慈善事业的过程中，你和你的洞察必须处于核心地位。

把洞察作为有意识的反省

最终，你将在沉静的内心展开你的洞察，与你的家人一起讨论，自我探索希望分配什么以及分配给谁。请记住，洞察是一个自我发现的过程，然后明确你的财务目标——为自己、家人和慈善事业，把这些目标进行量化，然后制定目标实现这些计划并落实它们。假以时日，你能够通过实验和经历发现自己在洞察力方面的天分，并成为自己最好的老师，养成洞察习惯有助于形成一套令人精神充实、全情投入并切实可行的处理问题、作出决定与选择行为的方式。

当前，许多人已实现了消费领域的财务目标，并且实现的年龄越来越早，这就令我们不得不面临这样一些问题，不仅涉及家庭拥有的选择数量，而且还关于这些选择的质量，这与如何创造有价值的精神遗产存在密切联系。根据拉丁语 legatus（或 ambassador）的最初本意，如果你留下了一份精神遗产，你并没有把目标或财富留在身后，而是把他们推向前进。

最终，洞察就成为一种精神训练，这种方法通过以自由和充满内在热情的方式来自我探寻最深刻的问题，从而引导自己作出发自真心的、有益的决定。如果有人希望得到更理想、更具成就感、更能获得内心平静的决定，我非常建议你开启这段旅程。

供进一步思考的问题

在你运用洞察力法对财富进行决策时，必须就以下基本问题作出回答。

你的内在力量和激情希望你如何运用你的财富和个人能力：

- 哪些事能够满足别人，也能满足自己？
- 哪些事能令你感到快乐和幸福？
- 哪些事能通过赠予家人或慈善事业实现？
- 哪些事能够令你与别人的命运紧密相连、表达你对祝福的感激或感到自己对他人或自身非常重要和有益处？

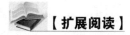　【扩展阅读】

Paul G. Schervish 与 Keith Whitaker, Wealth and the Will of God：Discerning the Use of Riches in the Service of Ultimate Purpose（Bloomington, IN：Indiana University Press, 2010），特别关注"前言：道德传记"与第3章"Ignatius：所有事情都必须服务上帝"。

Paul G. Schervish, "Religious Discernment of Philanthropoic Decisions in the Age of Affluence,"in Religious Giving：For Love of God, ed. David H. Smith（Bloomington, IN：Indiana University Press, 2010）, pp. 125 – 146.

【作者简介】

Paul Schervish 是波士顿学院荣誉退休教授、财富与慈善中心退休创始人兼主任，曾担任印第安纳大学慈善中心杰出访问教授，并在爱尔兰的 Cork 大学担任慈善学富布赖特教授。他曾五次被"非营利时代"评选为"最具权力与影响力 50 人"，被授予 2013 年美国社会学学会"利他、道德与社会团结"领域杰出事业奖。著有《财富的福音书：富人如何描述他们的人生》，并与 Keith Whitaker 合著《财富与上帝的意志》，与 John Havens 合著的《百万富翁与千禧年（1998）》，成功预言了著名的 41 万亿美元财富转移，其修改过的财富转移模型预测刊登在 2014 年的报告《伟大的预期：持续财富转移的新模型和衡量》中。

Paul 曾担任个人和家庭咨询顾问，并在各类财富持有者、理财专家、基金筹资人等举办的论坛上担任演讲嘉宾，他在 Detroit 大学获得经典与比较文学学士、西北大学社会学硕士、伯克利大学耶稣神学院神学硕士、麦迪逊威斯康星大学社会学博士。

第 6 章　家庭历史重要吗？

Heidi Druckemiller

　　我最近观看了一部名为《我有一条信息给你》的纪录片，记载了大屠杀幸存者 Klara 的口述历史，她目前已经 92 岁高龄，生活在特拉维夫。

　　我了解到，Klara 和丈夫当年逃离了一辆火车，这辆火车把犹太人从比利时运往波兰集中营，两人因此得以在"二战"中幸存——而她身患重病的父亲，当时也在这辆火车上。Klara 背负着抛弃父亲的沉重罪恶感，但还是纵身一跃，从而保住了自己的性命。时间走到 2017 年，她坐在以色列家中的沙发上，讲述她所经历的难以置信的故事。

　　更令人诧异的是，1962 年的一天，Klara 行走在特拉维夫 Dizengoff 大街上，突然一位女士向她走过来，认出了 Klara 就是当年跳离那列死亡列车的人。那时，Klara 父亲从沉睡中醒来，发现女儿已不见踪影时，身边正坐着这位女士，在他去世之前，他恳求说今后若有人能够遇到他的女儿，请帮忙告诉女儿，他知道女儿已经逃离，他觉得自己是世界上最幸福的父亲。

　　到了影片结尾，我被 Klara 故事中所蕴含的关于人类苦难、失去、勇气和克服重重困难都要生存下来的内涵所震惊，最令我感到不可思议的是，在大战几十年后，Klara 在 Disengoff 大街上貌似偶然的那次相遇，我们许多人都会有类似神奇的巧合经历——一些奇异的和难以置信的事件是如此不可避免地发生了，仿佛命中注定一般，这些时刻我们很难预测或用理性解释，但它们有时成为我们生活中最重要和具有决定性意义的时刻，这种状况尽管有些和我们的直觉感受相反。

Klara 在 Dizengoff 大街上的偶遇令我发现，这其中蕴含了家族历史的真正目的。尽管挖掘并保存主要文本和其他历史记录十分重要，但如果我们的关注点仅限于此，这无异于把一幅色彩斑斓、精细复杂的艺术品画成了一幅黑白草图。

我们所有人都有自己的故事、回忆和逸事，这些都难以在那些正式的、记录我们人生大事的档案里找到。我并不是说这些档案和其中记载的内容不重要，作为一名专业的历史研究者，我很乐衷于为我收集到的不同数据提供解释，并把个体投置于更广阔的历史背景中去构造独特的叙述。如果有机会，我们为何要拒绝加入一些独特的一手资料呢？为何不给后代留下一些珍贵的、更加个性的内容呢？为何不以我们自己的口吻为后代讲述我们是怎样的人，使他们能够更好地认识自己呢？

我常常想起我深爱的祖母 Lillian，心中也对她留有几份遗憾，特别是在还有机会的时候，我没有记录下她的回忆。我非常了解她的一生以及她家族的故事：在 20 世纪初，她的父母与亲人如何从现在的斯洛伐克移民到美国，一位姐妹如何被落下，在俄亥俄州克利夫兰市的年代作为移民所面临的苦乐，以及其他各种故事。斯洛伐克幸存下来的档案、记录先辈远渡重洋的邮轮乘客名单、证明他们作为美国公民的入籍证书都是我的珍藏，然而，当我研究自己的家族历史时，我时常发现自己着迷于这些文档背后的故事——我仿佛听到了那些写在或印在纸面文字之下的轻声诉说。

举个例子，当我研究祖父母 1937 年的结婚证明时，我会回想他们是如何在一次教堂青年晚会相识。祖母说她对祖父是一见钟情，当晚回家后把自己笃信的感情告诉了母亲，而我的曾祖母却对此不以为然，认为这是充满幻想的年轻少女的天真。

故事的结局表明 Lillian 是对的。她有一次问我："你知道吗？我和男朋友在斯洛伐克的家正好在两个相邻的小镇里，这是不是很有意思?"我点了点头。当我现在回想起这段对话时,就会设想如果他们不是在克利夫兰市里的教堂舞会上相识,而是在 Lubenik 和 Mokra Luka 之间的某条尘土飞扬的小路上邂逅,祖母也会一见钟情吧。对于这种想法,我觉得有存在的合理性,无论历史的风是否把这两家人吹向美国海岸,他们都命中注定要相遇、结婚,我的母亲注定会成为他们的孩子,而我注定会在这里。

最近,研究者在专业历史学与家庭动力学领域越来越推崇的观点认为,涉及家庭的历史工作对家庭治理、投资影响力和慈善具有充满智慧的现实意义,人们普遍相信,建立一种共同的精神遗产有利于家族有效设定跨代的共同目标,对此我深表赞同。

一些统计数据和资料解释了精神遗产的重要性,以及它与财富创造和维持财富之间的紧密联系,但仍然有一些关键内容被遗漏了,即家庭历史工作在哲学和情感方面即便不是更重要也具有同样重要的意义。记录我们的家庭故事意义非凡,最简单的原因就是我们是一家人。由于我们的先辈曾经存在过,探寻我们与先人如何连接在一起是一件具有启发性和有意义的事,并不是简单地从他们的胜败得失中获取教训,而是更全面地理解我们的生命是他们的经历、他们的各种决定、他们在 Dizengoff 大街的偶遇的延续,无论是相遇在尘土飞扬的小路上,抑或是教堂地下室的舞会上。

很重要的是,我们每一个人都要记住,我们必须以自己独特的方式探索这个主题。静下心来好好想一想,生命是否真的是随机的(你或许之前一直这么想),你找到的资料和听到的故事是否具有不一样的含义——你自己实际上是一个超出你想象的更大故事的一部分,尽管你之前或许没有完全理解这一点,但花些时间来敬仰先人,并为后代留下你的声音,将成为你有生以来所做过的最重要的工作。

你的工作可以先从掌握和保存年长家人的故事与经历开始,在你还拥有时间的时候。在进行代际更替的年代,把年长者的故事记录下来有助于成长中的后代了解先辈的成就、奋斗和奉献，你所收集的这些材料能够揭示过去岁月里的不确定性和戏剧性，同时也能让年轻人发现自己也是正在进行中的故事的一部分。

这些发展中的故事以及我们所处的位置都具有重要作用，针对幸福、美满、团结亲密的家庭研究一再表明，他们共同拥有的一件事物即是他们所创造的强大家族故事。在创造过程中，真实性是关键，务必做到实事求是，也必须要求其他人做到实事求是，如此找到跌宕起伏的故事，即意味着他们都如实展现了真实生命的起起伏伏。回首往事，似乎回想过去是一件容易的事——特别是取得的成功——不可避免地，我们容易忽略充满风险、不言放弃的时刻，以及那些使成功变得可能的小幸运。

无论你是在为代际更替作准备，还是为取得里程碑意义的成就进行欢庆，或是努力增进沟通，或是仅仅出于好奇，你的家庭故事都意义非凡。过去的故事能帮助你发现家族独特的价值观，形成道德目标，并为战略决策指明方向，同时必然地，它也将以你不能想象的方式赋予生命以意义。

供进一步思考的问题

1. 有没有一个家族故事你希望了解得更多——比如一个特定的事件或一位前辈的一生，你就从这里开始了解，一定有一些原因让你如此充满好奇。

2. 你是否有一些年长的亲戚，他们的故事很重要，值得记录下来？千万不要等到来不及再去做此事，很多人容易犯这样的错误，然后深感遗憾。

3. 对于你所认为的困难——比如疾病、逆境等——你是否知道某位家人面对这样的困难时是如何克服的？从这件事获得的教训与智慧将对你正在处理的困难有极其重要的作用。

4. 你家族历史中某个人或某件事是如何对你大家庭中的某个人或你自己在某个时间的经历发挥作用的？

5. 在你生命中的这一时刻，是什么促使你理解到精神遗产对你具有重要意义？

6. 你能说出八位曾祖父（母）的名字吗？许多人回答不出，考虑到这些长辈其实只与我们相隔三代，真的是很有意思。许多家庭的财富就是在短短三代人之内丧失掉的，请考虑一下这两者是否有联系。

7. 当你开始了解你的家族历史，请把这些问题记在心上——不仅要了解事情是如何发生的，为何会作出那样的决定，而且要追问那些事情的意义何在，你能从中获得怎样的启示。

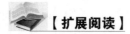 【扩展阅读】

Donald Ritchie, Doing Oral History, 2nd ed. （New York：Oxford University Press, 2003）.

Victor Frankl, Man's Search for Meaning （Boston：Beacon Press, 2006）.

Bruce Feiler, The Secretsof Happy Families （New York：William Morrow 2013）.

【作者简介】

Heidi Druckemiller 是著名历史咨询公司 Winthrop 集团的家族历史专家与资深咨询顾问。秉持"高质量的历史服务能够像投资策略、法律等其他专业服务一样提供有价值的服务"的理念，从 1982 年开始，她为各类组织、家庭和个人提供历史档案服务。在加入 Winthrop 之前，她在 Wells Fargo & Co. 担任高级历史学家与高级副总裁，多年来为精选客户与潜在客户建立全面的家族历史项目。

她还是建筑史与城市史领域的专家，在布朗大学获得文学学士学位，之后于哥伦比亚大学建筑、规划与保护研究生院获得硕士学位。

第二部分　精心规划

没有人会原则上反对做规划这件事，但只有一小部分人会真正地去做规划，而把规划做得很好的人则更少。Roy Williams 和 Vic Preisser 在一项著名的研究中发现，几乎70%的家庭财富转移和企业继承计划都以失败告终。[①] 其原因包括缺乏规划、未能有效跟进、沟通不充分等，这是个普遍存在的问题，但可事先做好预防措施。

对于大多数人而言，规划具有诸多意义，其有三个核心优势值得我们关注。

1. 决定更加周密细致。规划能帮助你厘清你真正需要什么，以及如何实现上述目标。资深导师（如本书中的专家）精心设计的问题能帮助你做出更理想周全的决定，帮助你理解自己的选择会带来怎样的结果，尤其是，一般而言创业者更倾向于成为一个实践者，而不是一个规划者（鉴于他们拥有过去创业的成功经验），因此他们应当更努力地退一步考虑究竟什么是最重要的，这样当一切都面临着风险时，这些创业者或许会发现，做好规划是多么有价值。

2. 作为路线图。规划能帮助你建立一套优先事项以及必须完成的关键事项列表，从而确保能成功实现目标（无论你对成功的定义是什么）。把你希望做的事写下来和你做这件事之间具有很强的关联性（哪怕你授权别人去做），含糊的愿望、期待和意愿都是不会奏效的。

3. 能与他人进行沟通。一个好的规划还包括与其他人的交流沟通，

---

① Williams and Preisser, Preparing Heirs (San Francisco：Robert D. Reed Publishers, 2011).

以及让其他人参与到你的世界中来——配偶、孩子、伙伴、同事及顾问等，他们难以了解你的想法，但一个好的规划能让一切显得清晰可见，这样交流会更加顺畅，甚至更容易获得对家庭规划的认同。

Scott Hayman 撰写了开篇文章，他提问："是否值得拥有一份财务规划？"在文中，他列出了拥有一份规划的诸多好处，包括实现目标的可能性提高、决策时更有信心、更小的压力、必定能带来更好的结果，他也为如何提升规划的现实性与内在价值提供了好的建议。

Meir Statman 讨论了"退休后如何实现储蓄与支出的平衡？"经过他与几对退休夫妇的访谈研究，他发现许多人拥有的金钱财富已远远超过自身需求。在生命无余之时，财富尚有余，但他们还是不愿意做这件事，坚持说他们没有足够的钱为这项服务埋单。人们为什么会这么做呢？他们能做出改变吗？他们应该做出改变吗？

当你听到儿女告诉你"他（她）要准备结婚了"，这通常是一个喜讯，但对于富裕家庭而言，这可不是那么简单，许多复杂的事会紧随其后，比如担心结婚破裂时家庭资产的保护等。Charles Collier 回答了"如何就结婚安排开展家庭对话"的问题，并分享了他多年的智慧与经验。事实上，他换了个角度来看这个问题，建议你和子女一起讨论你能够为这对新人提供怎样的帮助。

另一个原本为了维护财富却沦为负担的事是家庭度假房产，尽管这样的一处房产能够为几代人留下美好的回忆，但它也同样会给家庭带来复杂的财务和情感上的困扰。作为一名咨询师和共同拥有一处房产长达百年的家庭成员，Jamie Forbes 整理了个人经验，为成功管理家庭度假房产所需的内部沟通和共同决策提出了具体操作建议。

当今时代，人们变得越来越长寿是日益普遍的现象。长寿看上去很美好，但也会产生负面甚至令人惊愕的影响。Patricia Annino 回答了"如何为家人的长寿和失智作好准备？"，一方面要解决脑力的评估问题，另一方面，如果家长年纪很大但头脑敏锐，以至于他们不愿意从家庭和企业的领导岗位上退居二线，那么也会为后代带来烦恼。

最后，Kathy Wiseman 探讨了"如何为完美的再见作准备？"在许多家庭和文化中，人们忌讳谈论死亡，认为这个话题令人感到很难受，同时，很多强硬的企业家希望自己永远不会死去。但在富裕的家庭中，为离世做好规划并为此做好准备是非常重要的一件事，无论是财务上还是情感上和关系上。

对所有家庭而言，做规划是一件非常值得的事，尤其对于那些拥有巨额财富和复杂关系的家庭。在从事一项规划时，我们都要记住采用优质的信息和保守的假设，保持与关键利益方的持续沟通，赋予规划以高度的灵活性，从而顺应不可避免的意外状况！

第 7 章　制订财务计划值得吗？

Scott Hayman

每一个富有的家庭都需要一份财务计划，此举有助于为他们建立一份路线图，确保实现他们的目标，并构建一个框架，帮助他们在人生旅程中做出明智的决定，投资一份周全可行的计划将使你在未来受益匪浅。

在上一段的第二句里，最重要的就是"在人生旅程中"这几个字，一份好的财务规划能助力一生，但仍然需要监测并进行更新调整，以适应新的情况和假设条件。

如果你拥有巨额净资产，但不确定制订财务计划或现金流计划是否值得，就请你继续往下读。本篇文章所提到的计划原则，对于保证你在世及离世后拥有足够财富完成你想做的事，以及合理规划财富继承都富有重要意义，无论是希望把财富赠予后代还是捐赠慈善事业，一个好的规划能帮助你在各种策略中取长补短。

对成年子女而言，当他们在进行人生的投资、储蓄和支出决策时，制订计划也至关重要，它将使你有机会帮助他们培养各种良好的方法与习惯，以做出明智的决定。大部分家长都希望确保孩子能拥有一个快乐和充满成就感的人生，而一份好的计划即是重要的基石。

计划的输入内容

目标和目的

无论你准备做什么事，你一般都会希望实现某个目标或达到某项目的，财务计划亦如是，了解你希望实现什么目标是你制订一份计划的起点。你用这些财富做什么？给谁用？他们何时会收到这些财富？他们会收到多少财富？

财富用来做什么？ 每个人拥有不同的目标，大部分家庭的基本目标之一是确保过上自己想要的生活，一旦你明确了这种生活是怎样的，就必须决定要预留多少比例的财富实现上述愿望。一般而言，这些目标包括生活开销、资本投资、慈善事业以及帮助家人等。

最近，我和一位客户进行了一次交谈，他所拥有的财富远远超过了维持自己生活所需，他告诉我，自己仍然想继续积累财富，当我问及原因，他说自己就是一个喜欢积累财富的人，如果他不继续赚更多的钱，就会感到自己退步了，因此，他一生都在创办企业和积累财富。我认为他没有回答我关于目标的问题，我相信这只是他的动机。

当我一定要他给出为何希望积累超出自己和家人所需财富的原因时，他最终发现，这样的举动是希望为自己支持的慈善事业投入更多，这一点对我们理解如何制订他的财务计划有举足轻重的意义。同时，他也认识到有必要花更多的时间决定如何利用他的财富，这次谈话令他发现"运用"财富是他"积累"财富的重要组成部分。

财富给谁用？ 我想你的金钱只能用于两类事情：自己使用或是送给其他人用。无论当你在世时是自己花费还是送给别人，等你离世以后都将送给别人，给予孩子、后代、朋友或支持慈善事业——或是政府。

他们何时收到你的财富？ 对于你想赠予的财富，你必须决定何时赠予。很关键的是，你需要在帮助别人与保障自身需要两者之间找到适当的平衡，你不希望在很短的时间内因馈赠太多的钱而让自己感到拮据。我经常给我的客户做一个练习，从而确定他们需要多少资金作为安全网，这项练习可以确定他们能自由支配多少资金给予孩子和希望支持的慈善事业。

他们将（应当）得到多少金钱？ 这是许多富裕家庭经常关心的一

个问题。我想，你应该提供足够的资金来助他们一臂之力，但不能多到阻碍他们的自我创造和自身发展，不会因为你给予他们太多而"剥夺"了你的受益人获得成就的机会。我们都知道"富二代"的故事，他们（看上去）生活在无忧无虑的世界里，但通常他们没有目标，而且由于不能走自己想走的路，因此难以获得一种自尊的感受，此外，他们也没有从逆境、失败和奉献中练就自己的能力，这种能力的缺失反过来也会困扰他们。

数据与假设

每个财务计划都有许多数据输入和假设，输入数据的质量越高（包括更准确、更现实、更新），分析就越合理，构建的框架就越完善，我把这个称为"基于事实的决策"。有鉴于此，使用最准确和最新的家庭财务数据非常重要。

第一步是建立家庭资产负债表。表的左边请列出你的家庭资产，包括现金、证券、房产、经营的公司、未来工作收入（估算）、企业现金流和将会收到的继承遗产。

在资产负债表的右侧，请列出家庭的负债。对许多富裕家庭而言，这并不是指债务，而是自己加上去的，通常被认为是家庭目标，这些负债必然地需要资金支持，即用你的收入或是资产支持，它们一般包括一生的支出、潜在的一次性现金流支付、计划给后代的礼物以及慈善捐助等。资产和负债之间的差即为家庭净资产（或自由处置的资金）。

如果一个客户拥有 5 000 万美元的资产，我帮他作一下计算。如果每年他的生活开销是 50 万美元，那么一生还需要 2 000 万美元的资金，如果每年赠予后代 5 万美元，则共需要 200 万美元，如果每年捐助慈善 10 万美元，则共需要 400 万美元（基于不同的回报率假设）。这些目标合计 2 600 万美元，这样就有 2 400 万美元当作遗产或自由处置。

下一步是制作收入表，根据我的经验，这是人们觉得最难的部分。收入表从本意上讲非常简单，列出你的总收入，减去税收，再减去支出，然后人们希望余额是正值。许多人知道自己收入是多少，也能很快计算出税负，所以最难计算的就是支出了。

我问人们钱花在哪里？他们时常回答不出或低估了支出的数字，如果你不确定家庭支出用在哪里，以下方法能帮助你很快地作个估算：（A）估计你每年的收入；（B）大致计算你的税负；（C）估算你每年大约能存多少钱，然后做一道简单的计算：A－B－C 即为你每年的支出。请你把这些数据输入一个长期现金流模型，然后得出你的结果。

正如之前所提到的，任何一个财务规划都需要一系列假设，例如通胀、利率、寿命、工作年限（创造收入）、后代的人数，以及企业可能被出售的时间，我仅在此列举一二。这些假设条件必须进行常年预测，当然，预测不会很完美，但合理的预估（或计算值域）比不做任何计划要好得多。

良好的财务规划都需要明确所有重要"球门柱"的位置和各种可能的结果，换言之，当你设定了球门柱位置后，你就能把球踢到它们之间的某一点上，并确认自己可以成功实现所有家庭目标。最好的建议就是使用最保守的假设，因为好的意外总比坏的意外令人愉悦。

现金流可选方案与分析。基于自己所采用的各种假设和所作出的选择，你能得出各种潜在的结果，其中一些令你感到满意，而另一些则不能，这或许意味着你需要改变输入的数据，以改善现金流的结果。在预测现金流过程中，你可以改变以下四个杠杆：

1. 收入。收入包括来自职业、企业或投资资产组合的正现金流，假如你能提高资产组合回报或从职业、企业中赚得更多收入，你就能获得更多现金流。

2. 支出。由于支出直接花的是税后收入，并且每年都需要，因此它在现金流预测中显得特别重要。假如你的税率是 50%（为了方便计算），那么你每花 1 美元，就需挣 2 美元。

3. 时间。这个因素与你能够工作多久、能获得多长时间收入以及寿命的长短有关，工作时间越久是一件好事（从现金流角度看），而活得越久则不尽然，在目前寿命不断延长的时代，确保对寿命长度进行保守估计这一点非常重要。目前在北美65岁的夫妻中，至少有一人能活到90岁的概率为50%。

4. 其他资产。这些家庭资产目前不能带来收入，但能够在未来出售，从而加入家庭资产组合并带来收入，例如第二套房产。

之后，你便可以修改现金流预测，并找到某个令你较为满意的结果。你对现金流所能做的最显著的改进就是在支出和实际投资回报方面，一些人拥有高收入或产生高现金流的企业，他们可能会决定多工作几年或把企业多运作一年再出售。

假设（或希望）更高的投资回报或许比较难实现（而且一般不可控），或许还需要承担更多风险，因此对于假设各类资产的回报，比较好的做法是采取保守预测，采用比预期低一点的回报率，而不是采用更高的。

另一方面，人们通常对金钱支出具有极大的掌控力。许多家庭不希望减少花费，但有时他们可以作出一些调整来实现计划。当然，很多其他变量也能进行调整，你可以从中了解对结果会产生怎样的影响，哪些假设是合理的，哪些不够合理。

一旦你拥有了一系列不同的可能结果之后，最重要的工作就是对每种现金流选择的利弊进行分析，发现哪种方案具有最大的可能性最全面地实现家庭目标，这即是计划所能带来的真正价值。上述分析应该能够帮助你的家庭理解为什么某一种方案是最好的，其相关风险在哪里。

现金流分析常常能够显示出意料外的结果。人们经常发现，一些家庭财富可能会随着时间累积增长到很大的数目，这会使他们对金钱的使用做出不同的决定，假如人们清楚地看到自己将拥有很多富余财富，他们或许愿意在一生中为慈善事业投入更多。

　　另外，有一次，我的一个 55 岁的客户刚以 3 000 万美元出售了一家企业，我不得不对他说（他除了投资收益外，没有任何重要收入），如果他希望维持现有的生活水平，到 75 岁时他便身无分文，他觉得自己拥有巨额财富，但基于目前的消费模式，财务计划显示他的钱并不够用，于是他决定减少生活消费。

　　当你看到自己并不能做每一件自己想做的事时，请考虑以下关键问题：

- 你的优先次序是什么？
- 你会作怎样的改变？
- 现金流四个杠杆中的哪几个你可以拉动？

其他原则

　　现金流分析实实在在地解读计划中的每个"原始数字"——如果你想了解，它还可以分析实现目标的可能性。一旦确定了自己将采用的最佳现金流方案，下一步就是把税务、投资和房产规划纳入进来，下面是一些例子：

　　税务规划。一个家庭常常可以选择谁来持有资产以及如何持有资产，认真总览家庭结构有助于减轻税务负担，同时仍能实现其他目标。对于需要纳税的投资者而言，合理的结构能够在不提高风险的条件下，仅通过减少应付税款增加资产组合回报。大多数投资经理花大量时间研究如何为投资者增加回报，其实通过简单的税务规划也能迅速实现回报增长。

　　投资规划。一旦你明确了能够使你的计划顺利实施的回报率（使用保守的假设。）之后，决定资产类别和建立投资组合便较为容易了，这也意味着，由于资产组合已纳入财务计划的现金流预测，这样它也与家庭目标联系在一起了。

　　遗产规划。如上所述，你只有两种方式处置金钱——花了它或送了它，财务计划的遗产规划部分应当回答下述"赠予"的问题：

1. 谁能够收到财富——家庭、慈善机构还是其他？

2. 他们将收到多少财富？

3. 你何时把你的安排告诉他们？

4. 他们何时收到这些财富——你活着的时候，还是离世以后？

5. 他们以何种方式收到这些财富——直接获得还是通过信托？

6. 为了接受这笔财富，你将如何让他们做好准备——教育、技能、经验等？

人寿保险。保险方面的问题应在计划中写明，但不是每个人都需要这部分内容。有一个简单的方法来估算你究竟需要多少人寿保险，只要将你所有目标的成本加总（比如家庭资产负债表的所有负债），然后将其与你的资产进行比较，应当是税后的资产金额（包括估算的遗产税、赠予税、资本利得税），如果资产超过了你的目标，那么你并不需要人寿保险，如果不是，你可以考虑通过人寿保险弥补这个差异。

有时，一些家庭购买人寿保险是为了流动性方面的考虑。如果你拥有大量非流动性资产，那么你就需要人寿保险来为你的家庭提供流动性，而不至于在你离世后匆忙变卖资产（以极低的价格）来支付各种税款。

管理——文档管理是每一个财务计划的重要组成部分。尤其应当重视的是，你需要将所有资产与负债的细节都记录在文档里，这样在你去世或者没有能力作决策时，这份计划还能继续被使用下去。准备好涉及你所有财产的遗嘱、律师权力、审计轨迹，尽管这些不是财务计划的直接组成部分，但是对确保执行你的计划以及实现你的目标都至关重要。

执行

一旦你认可了某个计划，你必须去执行它！否则，你就浪费了时间。从现金流预测和你所做的各类分析，你能列出一个优先事项行动表，例如，假如你的遗嘱没有变化，但是由于你的孩子还处于使用尿不湿阶段，你可能希望把抚养孩子的内容放在列表的前几位。

评估、适应性修改、调整

如果你对自己的房子进行一间接一间的改造，那么当你完成最后一间时，有很大的可能你需要对第一间再作些改进，财务计划也与此类似，它应该是一个随着情况与环境的变化不断作评估、修改和调整的过程。在一生的经历中，家庭的许多因素都会发生变化，当这些变化出现时，你需要评估它（以及随之必然产生的其他因素）的变化对财务计划的影响，判断你是否需要对计划进行调整。

人生中重要的变化，诸如小孩出生、家人离世、结婚、离婚，以及金融资产变化都意味着你需要对计划进行评估。

计划确定后

好的财务计划富有生命力，较为灵活并拥有较强的适应性。采用上文所述的基于事实的方法，能让你确认自己已经根据当时掌握的所有信息，做好了功课且做出了最佳决定，并对此感到满意。一定不要用错误的信息欺骗自己，要遵从现实，采用保守的态度，你一定要记得"好的意外比坏的意外更好"这个道理。

我相信，一份计划最大的好处是为家庭指明了方向，提供了各种相关内容，能帮助家庭更好地作出决定，如此会带来更好的结果、更小的失误和更高的灵活性。最终人们会自信地认为，每一个项目都被考虑到了。

每一个成功的企业都有商业计划，同样每一个家庭都需要财务计划。准备一份内容完善的财务计划并遵照执行，将极大地提升家庭成功的可能性，投入一些时间和精力制订一份计划，这将是你的家庭作出的最明智的一个决定。

供进一步思考的问题

1. 我是否已经拥有了草拟一份计划所需的所有材料？有没有漏掉的内容？

2. 什么是合理的假设？

3. 在我的家庭生活中，什么变化（或可能的变化）会影响我们的计划？为什么？

4. 我将做的事情是否比我已做的事情或可以选择做的事情更好？

5. 最差的情况是发生什么事？如果真的发生了，对我们会产生什么影响？

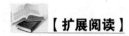 **【扩展阅读】**

Mark Daniell and Tom McCullough，*Family Wealth Management*：7 *Imperatives for Investing in the New World Order*（Singapore：Wiley，2013）.

Ross Levin，*The Wealth Management Index*：*The Financial Advisor's System for Assessing & Managing Your Client's Plans & Goals*（New York：McGraw-Hill，1996）.

【作者简介】

Scott Hayman 是加拿大著名多家族理财室 Northwood 家庭理财室的主席、联合创始人和客户服务部主任，拥有注册会计师（CPA，CA）、金融规划师（CFP）和信托与房地产从业者（TEP）证书，在金融服务业从业三十多年。

在联合创办 Northwood 之前，他在一家基于费用的财务规划公司工作，并在两家重要的全国性投资公司担任高级职务。2003 年，他与合伙人 Tom McCullough 共同创办了 Northwood 家庭理财室。作为高级合伙人，他负责客户关系管理。

Scott 是多伦多大学 Rotman 管理学院 MBA 项目私人财富管理课程讲师，并担任西部大学 Ivey 商学院入驻企业家。

多年来，Scott 花费了大量时间参与青少年糖尿病基金会的慈善项目。

第8章　如何实现退休期间的储蓄与支出平衡？

Meir Statman

一对年迈的夫妇准备搬家，于是打电话给他们的孩子来帮忙；一位92岁的老寡妇难以单独清理房间，却仍不愿雇人帮忙。其实，他们都拥有足够的钱来雇一个搬家公司或清洁工，而且不会面临在有生之年把钱用完的风险，但他们还是不愿意这样做，坚持认为没钱买这些服务。他们为什么会这样子呢？

这个问题令我非常好奇，尤其是自己作为一个研究和教授行为金融学的学者——行为金融学将金融学与人类的行为联系在一起，我也很想知道，人们退休后是如何改变——或难以改变——其对储蓄与支出的观念，因此我撰写了《正常人的金融学》一书，并在《华尔街日报》上发表了一篇文章，试图解释这个问题。我听到的各种回答都很有意思，比如"我40年来一直竭尽全力地存钱和投资，并且一直在自我否定，花钱对我而言是件特别难的事，如果花了一些无足轻重的小钱，心里就会特别纠结，要改变控制了我40年的思维定式是一件很难的事。"

在书里，我试图回答"人们为什么会这样？"以下是一些基本要点和一些事例，其中的主人公或持赞同态度，或持不赞同态度。

难以把握未来

我们先来谈一谈对财务状况的满足感，这是一种认为自己已拥有所需财富数量时所产生的一种感觉。一些具有财务满足感的人的确很富有，但更多的是那些通过多年工作拥有了充裕收入、积累了足够财富并在退休后合理使用其储蓄的中产阶级。穷人常常面临着较低财务满足感的困扰，但那些挥霍无度的人也一样，他们花的钱远远超出所挣的钱。至于那些过度节俭的人，由于过度担心而特别不愿意花钱——以致让自己、家人和需要用钱的人感到难受，有一个人曾写道："自我退休之后，每每从储蓄里花掉一些钱，我都会感到极其痛苦，有这么多文章探讨钱不够用的恐惧感……这篇文章给了我希望，让我想用自己的财富来追求快乐，而不是在恐惧中煎熬。"

年金能够提高你的财务满足感。那些拥有年金的人非常幸运，他们一般不需要为退休储蓄太多的钱，而且不用担心有一天会把钱花光，我的父母就是如此，他们留下了房子、纪念品、珍贵的记忆还有我们对父母的深深感激。我保存了一个母亲留给我的烛台，每个周五夜晚，她都会在这个烛台上点上蜡烛，我还珍藏着一幅从孩提时就一直挂在我家厨房的画作。

现在拥有年金的人比以前少了，但有更多的人在税收优惠账户中存有退休储蓄金。许多人担心，在工作年限内难以储蓄足够的财富，同时也为退休后如何合理地花钱而感到忧心。这些问题回答起来确实有难度，因为在工作期间支出是必要的，同时也存在各种诱惑。金钱可能用完的恐惧在退休后会困扰我们，即使某些富人也会存在同样的心理。

很多人担心长期护理的成本太高而不愿意接受照顾，固执地维护自己的面子，这是有理由的。我的父亲说："父母给予孩子的都是微笑，孩子给予父母的都是哭泣。"一位已退休的父母在写给我的来信中提到"自己准备了一份资金，以备长期护理支出的需要，自己希望给予子女的一份馈赠：不会因为我或爱人没有充分的资金用于我们的护理而使孩子们陷入困境，如果我们不需要这笔支出，那很好，这笔钱可以送给我的子女或孙辈，用在他们需要的地方，我也不会因为自己未来的处境而感到难堪。"

我们的精神工具箱

我们通过精神构建、精神记账和自我控制来解决储蓄与支出的问题，我们将财富纳入特别的精神账户，主要是资本账户与收入账户，并为储蓄与支出制定自我控制的规则。收入账户包括工资、年金、利息、红利及其他来源，资本账户包括房产、债券、股票及其他投资，自我控制工具包括自动地把诸如工资等收入转移到资本，例如退休账户，并自动地将利息与红利进行再投资，同时遵从"在收入中开销，不要动资本的钱"规则。

那些能够在工作时期幸运地获得丰厚收入的人——并成功运用上述精神工具的人——能够累积非常可观的财富，但这些有用的精神工具可能在你退休后随着收入减少而成为一种障碍，到那时，你便可以动用资本账户的钱了。一位非常富有的退休高管曾经这样写道："我一直为收入账户与资本账户的界限困扰，事实上，我一直在担任一些公司的董事职务，这样如果有一些奢侈的支出，我会感到心安理得。"

自我控制能够发挥作用

自控并非轻而易举，一些人连进行自我控制的勇气都没有。当自控力很弱时，想要今天花费这笔钱的意愿超过了为未来储蓄的意愿。国家足球队队员享有非常可观的收入，并有机会积累大笔财富，但常常出现当前花费需求超出了为未来储蓄的需求，在这些足球队员职业生涯结束时，很多人都很快申请破产。

有些人先天善于储蓄，而有些人是后天学会的。心理学家讨论的五大个性特征指责任感、神经敏感性、外向性、随和性以及开放性，其中，责任感是与自我控制密切相关的一种特质。那位退休的高管曾写道："关于责任感这一点真是一针见血。我生长在大萧条时代，家里共有 9 个孩子，父母常常强调教育、成就、储蓄和夫妻幸福胜过物质满足。"

过度自我控制

自我控制也可能过度，的确，过度控制与控制不足一样普遍。如果一个人的当前消费低于理想支出水平，过着比节俭更节俭的生活，就明显属于自我控制过度，即使花钱能对他们带来好处，也会感到花钱会带来情绪上的痛苦。我们让受试者先看一个商品，再看它的价格，然后询问他是否会购买这件商品，通过磁共振脑部成像图，我们发现在情绪与认知之间存在着显著的互动关系，决定不购买者比购买者在看到价格后，脑岛被更大程度地激活（脑岛是与痛苦感觉相联系的区域，例如社会排斥或令人恶心的气味）。

有一个人曾经写道："如果存钱快乐，花钱痛苦，生活会变得怎样？"另一个人写道："很多文章写，一些人累积的财富已经远远超出一生所需的数量，但当他们年迈离世时，人们发现，这些人为自己感到悲哀——他们生活得如此节俭，舍不得为任何东西花钱。有时，我感到他们没有掌握要领，那个老人的所有幸福就是存钱、节俭度日，花的钱远远低于自己所拥有的财富。在某种程度上，其实我也是这样一个人。"

不仅如此，过于自我控制可能导致一种思维定式，认为花钱是不负责任的人才会做的事，就如下面这句话所言："由于好人、让人钦佩的人和正直向上的人都会牺牲当前的生活水平来为未来存钱、存钱、存钱，因此我现在就存钱。"

年老花费少，离世比想象得快

人们对寿命预期过长，因此人们对用尽财富的担心常常被夸大。美国社会保险表揭示，平均而言今天 65 岁的男性只有十分之一能够活到

95 岁。但有人曾经写道："随着人类研究的推进，以及生物科技在实验室里的新发现，人们可能已经到了寿命预期的技术临界点。我想，现在60 多岁的人未来很容易活到100 岁，也许110 岁——或许子女这代能活到150 岁。"确实，现实与实验室仍然存在很大差距。世界上最长寿的人是一位意大利女子，她在2017 年4 月去世，享年117 岁，排名第二的是一位以色列男子，2017 年8 月去世，享年113 岁。

此外，年纪大的人其实花费得更少，在很大程度上是因为身体条件的限制减少了花钱的机会，而且年纪大的人更不愿意为个人开支。去除通胀因素，受过大学教育的夫妇在84 岁时的开销比62 岁时减少23%，在电影、戏剧、话剧和音乐会方面的支出，80 岁较60 岁下降了50%多，而对助听、居家护理，以及葬礼的开支则增加了50%多。

一位年长者曾经写道："许多人失去爱人后，由于孤身一人，不再经常旅游度假了。尽管他们拥有很多钱，但他们哪儿也不想去，也不愿意做什么，他们失去了自己最好的朋友，在爱人去世之后难以开启第二次人生，他们无精打采地度过一天又一天，做的事情也很少，这令人有些伤感。我知道有些人处于这样的境地，并想给他们帮助，但似乎能够做的很有限。我们失去的不仅是爱人，而且是朋友……突然，我们被留下孤身一人，很多事只能一个人做，或者什么都不想做。如果我们有资源追求一种平衡的生活，那么平衡性对充实的退休生活至关重要。"

就在此时此地消费

将辛苦赚来的血汗钱用于自我消费，对此我们不必感到罪过，一个人曾经这样写道："在我工作期间，我是个非常有责任心的储蓄者和投资者，我总是按照退休金的最高费率缴费，并将一大部分薪水和奖金存入延期薪金项目。对我而言，从一个储蓄者变成一个消费者的过程非常艰难。这篇文章帮助我完成了精神上的转型，我做的第一件事就是去买了一套合身的高尔夫套装，同时内心并没有罪恶感。"

一些人在为自己花钱后并不能获得愉快的感受，有一个人这样写："如果一个人从未从物质上获得愉悦，那么凭什么认为他会在退休后改变呢？品尝一杯咖啡，在黎明的沙滩上漫步，对我而言已非常开心。从过度储蓄中获得的精神收益也是相当有价值的。"

我非常理解他，我也是一杯咖啡、沙滩上散散步就感到满足的人，即使不是在黎明时分，但是，为什么不把这些过度储蓄的金钱与家人或需要的人分享呢？一位领悟上述道理的人写道："我从母亲那里学到，人生最大的乐趣就是赠送家人礼物，她会在生日、周年日、圣帕特里克日、情人节或平常日子里送礼给家里六个孩子、孩子爱人、孙辈、曾孙辈和他们的爱人。如果你希望生命永恒，试一试这样的做法。"

关于对自己、家庭和需求者的消费，有人写道："我从下述方法中获得乐趣：'我已经度过了储蓄阶段，现在要进行消费了。'对此我保持理智，并深信此道，但同时希望从中获得满足感。基于这样的想法，我和太太对房子进行了期待已久的改造，我们还每年安排两次重要的海外旅行，在孩子需要钱并且看到积极结果的时候，我会给他们一些资金上的支持。我把更多的时间和资金投入慈善事业，还坚持在一家本地运动俱乐部锻炼，感谢 Silver Sneakers 让我现在享受免费待遇，我花更多时间读书，并沉浸于对古典音乐的热爱，所有这一切都让我非常满足。"

暖胜于凉

有位读者诟病我未能"解决一些 80 多岁的人最关心的为下一代留存资本的问题"，但为什么不用温暖的双手把这笔钱送到他们手中，而要用冰冷的双手呢？

几个月前，我为许多财务顾问作了一次主题演讲，就富裕人群所面临的从工作过渡到退休、从储蓄过渡到支出问题进行了探讨，我从台上下来后，一些财务顾问向我请教，并请我分享自己的经历。有一位女士一直等到所有人都离开后才告诉我："当听到您说'用温暖的双手给予胜于用冰冷的双手'，我忍不住潸然泪下。"确实，她与我说话时，还一直在哽咽。原来，她借给了儿子2.7万美元的大学学费，并要求儿子如期归还，她认为按期还款对他的儿子有好处，可以教育他在财务上要有责任感，但是现在他儿子的财务非常紧张，正处于事业的起始阶段，甚至没有钱为他的女友买一枚订婚戒指，妈妈坚持要他还钱更让两人的关系雪上加霜。事实上，他妈妈并不缺钱，完全可以免除这笔借款，同时不影响自己的生活，正如前面所说的，用温暖的手给予，而不要等到手凉了，我希望她会这样做。

最后一个故事和教训是："我丈夫的父母经历了大萧条时期和'二战'，他们一直努力工作，省吃俭用，甚至几近吝啬（所有圣诞礼物都来自救赎军），他们积累了一大笔可观的养老金，他们把这套财务管理的理念传递给我丈夫，他像海绵一样吸收了这些观念。"

"我丈夫管理家里的财务，他去世之后，由我来接手，我惊讶极了，家里竟然有这么多钱！我必须很努力地花这笔钱，并计划好好用它。在我丈夫去世后的两年半时间里，我去了非洲，三次游历欧洲，我还预订了车票，准备前往卢旺达和乌干达看大猩猩，到日本看雪猴，到南极看企鹅，去骑马穿越蒙古国大草原。医生告诉我，根据他对病人的统计，80岁以后人们会对旅游失去兴趣和精力，我希望在那个时间节点到来之前，可以尽可能多地游历一些地方。"

"我也把很多资金用于本地慈善项目，并为帮助朋友的孙子成立了一个信托基金，他罹患唐氏综合征，在他父母去世之后，通过这个基金他就会成为国家受养人。"

"我的丈夫没有从他的储蓄中得到好处，并且在去世前只享受了三个月的社会保险金，希望其他人不要像他那样。"

供进一步思考的问题

1. 对我来说，花钱是一件困难的事吗？为什么会这样？我担心什么？我的恐惧合理吗？

    2. 我是否有机会"用温暖的手给予，而不是冰冷的手"？

    3. 我能从储蓄中获得快感，还是从花钱中获得快感？

    4. 我是否自控不足或控制过度？

    5. 我将如何通过改变行为来改善生活？

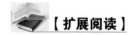 【扩展阅读】

Meir Statman, *Finance for Normal People* (New York: Oxford University Press, 2017).

【作者简介】

Meir Statman 是 Santa Clara 大学金融学系 Glenn Klimek 教授，其研究领域是行为金融学，致力于研究投资者与管理者如何进行金融决策，以及这些决策如何在金融市场上体现。他最近出版的著述《正常人的金融学：投资者与市场如何行为》由牛津大学出版社出版发行。

他的研究文章先后在《金融学期刊》《金融经济学期刊》《金融研究评论》《金融与量化分析期刊》《金融分析期刊》《投资组合管理》等期刊上发表，他同时还担任多家著名学术期刊的顾问会成员或助理编辑。

他曾被《投资顾问》杂志评为最具影响力 25 人之一，为许多投资公司提供咨询服务，并在国内外各类论坛上为学术界与业界作报告。

他获得哥伦比亚大学博士学位，以及耶路撒冷希伯来大学文学学士和工商管理硕士学位。

第 9 章　如何与家人讨论
婚前安排问题？

Charles Collier

"当家里两个女儿在读大学时，我和太太就和她们讨论过婚前安排问题。" Steve Baird 如是说。他是位于芝加哥一家家族企业 Baird&Warner 房地产公司的主席与 CEO，"我们讨论了几次后，她们便同意在准备结婚时，做好一些婚前安排。我们的家族企业已成功经营了五代人，我希望能在下一代顺利地经营下去。"

许多证据表明，如果家族企业对某一家人至关重要，就应当对做好婚前安排予以重视。作为家族资产的企业或许能够延续几代人，很多家庭都希望这些企业能被更多代人持续经营下去。与一般财务家庭不同，对于拥有家族企业的家庭而言，其家庭成员未来的财务状况都是彼此交织在一起的，而一般家庭的财富包含房产与可交易证券，每个人能够独立管理各自的财务。相比较而言，拥有重要家族企业的家庭需要家人之间的相互依存，理想状况是不要遇到外部非血缘亲属的竞争或可能出现的离婚矛盾。

如果你拥有家族企业、家庭财富或度假房产，并希望将其作为你未来遗产的组成部分，你会为孩子考虑婚前安排吗？你是否担心后代婚姻的解体会危害到所有权的完整？如果答案是肯定的话，你认为应当怎样与孩子讨论未来的财务协议？你会请所有的孩子一起来参与讨论吗？而首要的问题是，你如何为这次重要的谈话做好准备？和子女进行这样的谈话特别有难度，但回报也相当可观。

　　许多家庭会组织此类涉及婚前安排的谈话。父母常常对子女说："这是我们家的惯例。"而另一些家庭会强调金融财富是家族重要的资产，必须一代传一代。影响谈话的不利因素也值得做好规划，并加以讨论。有时，一位年轻的女子或男子即将通过婚姻加入家族，父母认为应当把财富暂时掩盖一下——即希望确认他们不是因为看中家里的财富而结婚。一些父母会告诉子女："你的配偶能长期享受家里的财富福利。"尽管这些语言可以作为交谈的开场白，但这几句话还不足以解决主要问题，也不足以把握与下一代讨论此项重要议题的机会。

　　毫无疑问，和子女讨论何时来进行婚前安排是一个让人头疼的问题，它很重要，但又十分敏感，有时会引发人们不同的感受。"讨论这些问题让我感到很不安。"波士顿高级信托与遗产律师说，"这是因为所讨论的安排是特别针对婚姻终止状况，婚前安排写满了这种不信任的内容，除非双方能够足够公开与坦诚，不然难以解决上述问题。"

　　另一种讨论婚前安排的方式是，在研究已有的信托文件与财务遗产时提出婚前安排问题。许多家长为子女准备了信托，在大多数情况下，父母常把信托作为一种婚前安排。一些律师认为，婚前安排是加强子女信托条款的一种附加协议。研究表明，作为受益者的子女们所接受的大部分财产来源于全权信托。在一生中，他们对信托的本金和收入都没有控制权。

　　已退休的 Aspen 法律顾问 James Hughes 认为这项讨论的根源在于"父母的恐惧"，他曾著有《家庭财富——留在家里》一书，"他们担心财富落入他手，这也似乎意味着他们的女婿并不让人完全满意，让年轻人根据长辈的要求来签订协议是完全不可行的，人们之所以会这么做是由于父母的恐惧——害怕子女不再拥有某些金融资产。"也许，在谈话中明确说出这种恐惧有助于找到令大家都满意的解决方案。

　　James Hughes 认为，"核心的问题是：'你能成为年轻人的一种资源吗？'，你能开展一次有关财富的对话，了解对方的理念，从而无论达成怎样的协议都能体现他的理念吗？父母最应牢记的有益之事就是应高度关注于鼓励亲子之间建立和谐持久的关系。"

我认为解决上述婚前两难状况的方法是一种被称为"突破性对话"的互动。婚前协议很难谈，可能让人感觉难以接受，因此，需要人们付诸勇气和时间来面对。毋庸置疑，我认为这类谈话应尽早进行，不要到未婚夫（未婚妻）进家门后才说。

我比较欣赏的谈话程序包含两个步骤。首先，第一个步骤是你先与配偶谈，包括关注财富方面什么最重要以及婚前安排的内容，主要目的是明确你的期望，说明为什么你认为这些内容如此重要，你们两人可能持有不同意见，但这些差异应当得到尊重并进行探讨。你也许会发现，之前你认为不会出现问题的地方，彼此却存在分歧，而你预想有问题的地方，想法却出奇地一致。

你可以询问如下问题：

● 婚前安排希望达到怎样的目的？是什么原因令你希望作婚前安排？

● 如果你的子女离婚了，你担心什么？

● 关于考虑婚前安排事宜，你有哪些历史经验和原则可以借鉴？

● 哪些例子让你觉得处理得很成功？哪些做得不够合理？

● 关于和孩子讨论婚前安排问题，你的父母作何意见？

● 在作决定时，你的信仰如何发挥作用？

● 如何才能让孩子参与婚前安排信仰的谈话？

● 婚前安排的不利影响是什么？

● 你是否可以让这对夫妻或家庭成员自己来作出决定？

● 你在哪些方面可以与你的女婿或媳妇分享你的财富？

第二个步骤是与你的子女讨论婚前安排问题。你可以逐个和他们进行交谈，或大家一起谈，也可以在某次谈话中邀请外人来担任协调人，有时这样做非常有益。Steve Baird 和他的几个女儿进行了多次谈话，我曾经为他的家庭主持谈话活动。以下是你可能想问的一些问题：

- 为下一代留下遗产的目的是什么？
- 婚前安排中，哪些部分你认为很重要，哪些部分不是？为什么？
- 你的想法与父母有何差异？
- 你的想法与兄弟姐妹有何差异？
- 你能既保持金融资源方面的独立，又拥有可靠的婚姻吗？如何来实现？
- 你考虑问题时采用怎样的原则？
- 在协商婚前安排时，存在哪些潜在障碍？
- 你的信仰如何影响你的决策？
- 你能让未婚夫（妻）一起参与讨论吗？
- 你的未婚夫（妻）通过婚姻加入你的家庭时，会对什么有所抵触？
- 你通过婚姻加入未婚夫（妻）的家庭时，会对什么有所抵触？
- 你对家庭的未来持有怎样的设想？

　　我的建议是让所有成年子女都加入到金融财富分配的讨论中来。制定一个可行的婚前安排既是一项法律程序，又是一项家庭程序，一段时间内有意义的对话能为加强家庭团结、以坦诚尊重的方式解决疑难问题创造机会。从长期看，此类突破性的对话包含大量信息，非常有用。

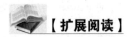**【扩展阅读】**

Charles W. Collier, Wealth in Families, 3rd ed. (Cambridge, MA: Harvard University Press, 2012).

【作者简介】

Charles Collier 担任哈佛大学高级慈善顾问长达 25 年。在工作中，他帮助几百个个人与家庭制订慈善方案，帮助他们作出明智的赠予决策，并提供咨询服务，解决涉及金融财富的家庭关系问题。他曾在大学、独立学院、私人银行和社区基金会等各类机构和组织发表演说，并提供咨询服务。Charlie 曾在《信托与遗产》《ACTEC 期刊》《家族企业评论》《馈赠规划期刊》《促进慈善》和《今日馈赠规划》等杂志中发表文章，并被《波士顿全球》《纽约时报》《华尔街日报》《金融时报》和《福布斯》等刊物引用。2004 年，他被"非盈利时报"评选为最具影响力 50 人之一；2014 年，《家庭财富报告》授予他终身荣誉奖。他从 2008 年被诊断出罹患老年痴呆症到 2018 年去世，一直公开支持对老年痴呆症的研究，并对患者深表同情。他毕业于 Andover 的 Phillips 学院，2002 年获杰出服务奖，于 Dartmouth 学院获得文学学士学位，并在哈佛大学获得神学研究硕士。他在 Bowen 家庭研究中心完成了家庭系统理论的研究生课程。2012 年哈佛大学出版了他撰写的《家庭的财富》第三版，同年，哈佛大学授予他"大学杰出服务奖"。

第 10 章 如何维护心爱家庭的度假房产或遗产？

Jamie Forbes

家庭房产继承具有强大的自我认识力量。在人们的一生中，很少一直住在一处。许多人先是住在学校，然后搬到公寓，等孩子出生后再搬入更大的房子。一般美国公民一生中会搬超过 11 次家。① 美国人比其他国家的人搬家次数更多，事实上，我们中的大部分人一生都要搬几次家。

经历这么多的迁移，如果有一个地方能让你回去，就可以为你提供一种对某个地方的特别感觉，它代表了一种连接，其他一切都在变，而这里不会变。

这样的地方能够成为一个可观的馈赠。当一个人拥有一份已传承了八代人的共享房产，我首先感受到了共享者对这个地方特有的归属感，我感到能够与两百年内行走在同一条沙土小道上的人连接，能与同一艘木船上学习航行的人连接，能与那些教授自己孩子如何安全捕捉海龟、青蛙和蛇的人连接。

然而，正如每一个与其他家人共享过房产的人所亲身体会到的那样，其中有许多工作需要做。如果解决不好，矛盾的出现会使家庭关系恶化。因此，许多咨询师建议把家庭房产出售掉，而非传给后人，以期他们找到运作的方法。

---

① Mona Chalabi，《人们平均会搬几次家》，FiveThirtyEight（January 29, 2015），https：//fivethirtyeight. com/features/how-many-times-the-average-person-moves.

　　或许，对于你的家庭而言，出售是适宜之举。但在决定之前，你应当思考一下哪种做法是最明智的，确实有必要把具有传承和决策责任的人集中起来，一起作个讨论。想要在保留家庭房产的同时确保家庭团结，就需要顺畅的沟通、细致周到的框架规划和构建，以及全身心的付出，当然，还需要资金。

　　这样的讨论比较耗时，根据地理位置和个人条件，可能要花上几个月甚至几年才能达成一项决定或制订一套方案。

　　比较可行的做法是，把上述过程分成三个步骤或三个阶段。每一步都要作出一个决定。根据大家的决定，或者出售房产，或者形成一个转移所有权的方案。

- 第一步：所有者讨论——持有房产还是转移。
- 第二步：家庭讨论——兴趣与意愿。
- 第三步：家庭讨论——制订工作计划。

第一步：所有者讨论——持有房产还是转移

　　本阶段的讨论涉及当时拥有、管理、控制房产的各方人员以及顾问，所有者通常是购买该房产的夫妇，有时，不止一对夫妇，还包括一起购买房产的亲属甚至朋友。讨论涉及的关键问题包括：

　　1. 对于所得资金，你是否有其他用途？

　　2. 家人对本处房产是否有很深的感情？

　　3. 家人是否享受共同享有此处房产？

　　4. 家人是否表达过希望保留此处房产的意愿？

　　5. 该房产是否有助于维系家庭关系？

　　6. 对于房产的处理方式，你有何特别的考虑？

　　7. 是否家里的一部分对此处房产拥有更浓厚的兴趣？

　　8. 如果是，能否找到一个方案，公平地对待不希望保留此处房产的家人？

　　9. 保留此处房产会对家庭造成财务压力，甚至出现紧张关系吗？

或许，还有一些涉及房产或家庭特殊情况的其他问题。这个阶段需要实现的主要目标是明确房产的远景，了解实现上述远景所面临的主要困难。

第二步：家庭讨论——兴趣与意愿

无论你希望保留家族房产还是出售房产，这一步是和你的家人们开个会。首先，需要简要概括一下你认为有价值的问题：房产未来的远景怎样？如果你准备出售，解释你的原因，并争取得到大家的认同。如果希望考虑保留家族房产，你必须让每个人知道，你关心他们的想法。本阶段的目标是了解家人意向，研究他们的想法是否可行。你或许在第二步达成了一致意见，大家准备出售房产，或许通过讨论，你们准备制订一个方案，将房产转移给部分家庭成员。

第三步：家庭讨论——制订工作计划

这个步骤需要进行细致讨论，一般是耗时最长的一步。第三阶段的主要目标是明确对每个所有者或家人提出的要求。你必须构建一个框架，然后进行管理、使用、决策和投资。在这个步骤中，你们应当讨论如何解决家庭成员之间的矛盾（因为会出现矛盾！）。如果没有专款或收入来全额支付每年的费用，应当思考如何处理家庭成员财力差异问题，换句话说，如果一些家庭成员比其他人更有能力来提供资金维护房产时，应当怎么办？你们需要讨论如何把新的家庭成员纳入所有者名单（通过婚姻或新生的一代），以及如何进行所有权转让（由于离婚、死亡或财务原因所致）。

全程需要考虑的问题

不要强迫讨论。保持耐心不是一件容易的事，人们的耐心也有限度。有时，家人去世或晚期疾病难以避免地让人感到焦急。但理想的状态是，这种谈话应当在没有决策压力的条件下进行，预留充分的时间让每个人按照自己的进度来进行选择，而不是被迫作出决定，来不及对各种可能影响作充分考虑。你可以通过提议会议内容或明确接下来的步骤来推进进程，这个过程并不需要很正式，但需要让每个人知道下一步会发生什么，对每次会议作出的决定或行动步骤要有统一的认识。在家庭规模比较大或房产比较复杂的条件下，可以考虑利用专业人士来推进上述任务，以便让每个人都能充分参与其中。

保持开放的态度。或许你有一个关于远景的想法，自己感到不错，但如果不能得到其他人的赞同，也难以获得预期结果，而你越对结果保持一种灵活的态度，越有可能使每个人对整个过程感到满意，并且对最终决定给予支持。

不要感觉自己在孤军奋战。不少家庭感到聘用一位外部协调员很有帮助，通常这能让过程显得更为正式，并提高处理事项的效率，让家庭中的每个人都充分参与，而不受家庭机制的干扰。如果仅在几位家庭成员中安排少量房产，则不一定需要协调员，但如果邀请其参与，也将大有裨益。

观察大家的行为。一些议题容易让人情绪激动，比如金钱或者大家都非常看中的房产，讨论这些问题时常会牵涉出大家平时不知道的一些事情。如果出现矛盾和冲突或意见不一致，只要问题能够得到解决也没有关系。你可以通过讨论来判断家人们在房产问题上能团结到什么程度，关注每个人的参与有何特点，尽量使大家畅所欲言，确保各种问题和关注点都已被提及。

可能出现问题的事项要专门讨论。在事件进展中常常会出问题，可能遇到自然灾害、机械故障或意外事件。因此，一些问题比较容易讨论，但一些则不是。尽管你不能预测到所有发生的事，但讨论得越具体，就越容易找到现实的解决方案。

把大家的想法写下来。写下你和家人为什么选择保留房产的原因，这么做很有好处。不一定要写得很长，事实上，有时一段文字就可以了，只要写清楚这份房产对家庭而言很重要的原因就行。你可以先把自己的想法写下来，然后让家人把他们的意见加进去，这样最终就形成了集体意见，这份文本可以作为讨论的参照点，或者未来出现矛盾时可以用上。

微妙的问题

家庭在处理遗产时常常会引发矛盾，以下列举了一些常见问题。你可以在进行第三步时，讨论这些问题，并考虑是否存在涉及家庭或房产本身的某些特殊问题。如果你们能意识到这些问题并进行讨论，那么当问题真正出现时，你们就能发现它们，并探讨应对方案。

交流。如果家庭成员在交流方面存在问题，常常容易导致一些人不愿意参与进来。维持交流清晰流畅的最佳做法是在规划阶段就开始重视交流问题，并意识到要把房产留在家族里，良好的交流至关重要。你可以创建一套程序，让大家保持交流。不要安排得很费时，这样做不合适。全家应至少每年见面一次，讨论财务细节，决定一些事项，讨论房产的用途，解决面临的问题。我建议面对面的会见可以一年安排一次。此外，每季度安排一次电话会议，季度讨论能让你们解决上季度出现的问题，并提示未来需要关注的事项。由于集体所有难以避免矛盾，因此，拥有一套提出问题和解决问题的程序非常关键。

财务压力。如果有人能提供资金或提供房产，大家都会非常轻松和享受。但假如房产无抵押物，却有一份针对各种资本支出、房产税和房产管理费用的出资方案，那就会成为矛盾的源头，尽管不是矛盾最重要的源头。一般而言，每年至少有一些必需的支出。针对不同的所有权结构及其安排，家庭能够讨论的选择方案有很多。同时，由于这些所有权的差别因州而异、因国家而异，因此，如果能够找到一位精通于此类业务的咨询顾问，将有助于你了解哪种所有权结构和财务模式适用于你的房产和你的家庭。对于家中的所有权问题，务必确保你选择的模式在你认为的合理时间段内具有可持续性，同时应考虑如何让每个人都负担得起。

财务不平衡。如果某项房产长期保留在家族内，或早或晚都会出现这个问题。刚开始的时候，这种不平衡可能出现在讨论维护或改造厨房的问题上，然后就延伸到关于每年的开销。思考一下你将如何处理这些问题。总体而言，那些能够适应财务不平衡状况并成功找到解决方案的家庭，比那些严格付费才能享受权益的家庭，持有资产的时间更长。最直接的方法就是建立一个捐款项目或者利用某个收入流如租金收入，把其中的一部分或全部用于目前或未来的支出。或许，你也可以考虑在一段时间内把某位不想再参与的家庭成员的所有权全部买入，你可能希望避免上述的安排，但另一些人或许会考虑。无论家人的支付能力如何，都要设计一个让所有人都可以使用该房产的安排。

使用上的不平衡。使用的人越多，越容易出现这样的问题。一些家人可能只有几小时车行距离，而另一些人可能需要搭长途飞机才能过来。住得近的人可能成为常客，而住得远的来的次数更少，但使用的时间更长。意识到存在这些问题相当重要，应当就这些问题进行讨论，并寻求适当的解决办法。可以建立一个时间计划、预约和时间分配流程，这些安排有助于让每个人理解并遵守相应的规则。如果没有流程，使用上的不平衡会造成家人之间的不愉快，因为他们认为安排没有体现公平性。

所有者感受。这个问题与使用上的不平衡密切相关。所有者感受与实际所有权不完全相同，它指的是在家庭成员中能感受到的所有权差异。总体而言，你的目标是要消除家庭内部对所有权差异的感受，做到这一点并不简单，因为使用房产更多的人往往更多地介入房产管理与维护。例如，想象你每年冬天都辛苦砍柴，整整齐齐地堆叠好整个冬天需要的柴火，但其他人只是美美地在房间里享受窗外的风景。长此以往，这种模式就会让一些人觉得自己干得多就应当在决策时拥有更多发言权，那些每年只在屋里待一个礼拜的人可能会觉得，由于自己没有积极参与日常管理，所以在决策时的发言权较弱。只要讨论一下这些问题，大家开诚布公地谈，它们都能得到解决或缓解。

管理压力。房产的规模决定了需要付出的管理时间。如果有大量亲力亲为的工作，不妨考虑把房产管理费或其他人工费纳入年度支出。有时，家人们决定轮流承担管理责任，这样长此以往每个人都分担了一部分压力。如果没有条件作这样的安排，就应当明确哪些事情是最重要的，讨论"管理者"付出的时间能否以别的方式得到回报或认可，比如是否可以少交一部分年费或其他的方式。如果你决定特设例外情况，一定要注意对其他所有者感受的影响。

房屋相关规定。房屋打扫、食品储备、储物空间，甚至育儿方式都与此有关。如果你一进屋就发现里面很脏，食品柜里空无一物，而记得上次离开时，你把食品柜里放得满满当当，你便会因此感到不快。为这些细节设定清晰的预期将有助于实现家庭的长期和谐。如果家庭成员对于"离开时保持屋内整洁"的认识不一致，可以写一个清单和指导原则，如此一来，如果出现矛盾，就能够具体地讨论如何解决相关问题。

毫无疑问，一定还有一些涉及房产或家庭需要特别讨论的细节问题。有意识地将它们写入文件就是承认：在你做出决定之前，需要安排时间，保证你的家人能够考虑现实状况，深入地讨论这些问题，并运用各类信息做出明智的决定。

代代相传的家庭房产能够建立长期的家庭联系，提供一生的回忆，创造跨代的连续性，从而建立一种独特的归属感与认同感。如果家庭能有意识地思考这件事如何发挥作用，它会显示出神奇的力量。为此所花出的时间是非常值得的，它会带来显著的变化。

供进一步思考的问题

1. 你想尽力保留下来什么？

2. 关于房产，你认为哪些东西最有意义？

3. 关于未来愿景，其他人和你想得一样吗？

4. 你的愿景想法现实吗？

5. 如果你自己置身事外，让家人来管理房产，你愿意吗？

6. 如果这样管理行得通，你感受如何？

7. 如果这样管理行不通，你感受如何？

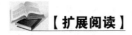**【扩展阅读】**

James Hughes, *Family：The Compact Among Generations* （New York：Bloomberg Press，2007）.

James Hughes, Susan Massenzio, and Keith Whitaker, *Complete Family Wealth* （New York：Bloomberg Press，2018）.

Charles W. Collier, *Wealth in Families*, 3rd ed. （Camberidge, MA：Harvard University，2012）.

Roy Williams and Vic Preisser, *Preparing Heirs* （Bandon, OR：Robert D. Reed Publishers，2011）.

George Howe Colt, *The Big House* （New York：Simon & Schuster，2004）.

【作者简介】

Jamie Forbes 成长于一个富有的新英格兰家庭，怀有强烈的归属感，并深知责任与特权同在的道理。个人经历让他体会到家庭文化、传统、精神教导与家庭管理的重要意义。

作为 Forbes Legacy Advisors 公司的创始人，Jamie 为个人和家庭提供服务，解决涉及家庭文化的各方面问题。他深信，维持健康的家庭文化是创建具有韧性的家庭的要素之一。他为客户提供家庭文化、治理与慈善方面的咨询建议。

在工作之余，Jamie 喜欢陪伴自己的妻子和两个女儿，或和自己的朋友一起享受时光。他拥有注册慈善咨询师资格（CAP），获得 Connecticut 学院经济学文学学士，并曾于 Wharton 学院与 Babson 学院学习。

第 11 章　如何为家人的长寿与失智做好准备？

Patricia Annino

随着人口老龄化加剧，一个家庭如何在两方面做好准备——身体健康的长寿老人和能力逐渐下降的长寿老人？

我们处在一个非线性全球社会转变时期，所有人的身边都会有几位刚满周岁的婴儿，大部分人也都认识几位百岁老人。几代人共同生活在一起，以前所未有的方式在情感、智力、体力与财务上把家庭连接在一起。一个严肃又重要的规划难题是如何解决能力问题——包括持续性能力与能力下降。

持续性能力

如果家庭中的男性长辈或女性长辈（如伊丽莎白女王）因体力和智力状况尚佳，乐意继续留在原来的位置而不退位，就具有持续性能力，其结果可能是"失去的一代家庭成员"（如查尔斯王子），他花了一辈子的时间等待一件可能永远不会发生的事。尽管目前失去的一代年纪已经太大了，难以扭转局面，但思考如何在后代规划中纳入持续性能力的因素是很有意义的。

切实可行的规划步骤如下：

1. 有意识地进行财务规划。作为年度总结的一部分，全家可以讨论每一位家庭成员的净资产，确保每代人都具有可持续性，不依赖代际赠予或继承。在过去，如果一个家庭成员得知自己将收获一大笔遗产，鉴于考虑到遗产的规模，他可能就此在财务规划上不再保持审慎的态度。然而，一旦长辈拥有持续性能力，这份遗产可能遥不可及，或许失去的一代没有同样赖以生存的持续性能力，难以享受这份遗产带来的利益。所以及早制定可持续的个人财务规划（收入与资产）不仅重要，而且非常有用。

2. 理解在经济关系交织的家庭中，会牵一发而动全身，因此家庭成员间的坦诚交流很关键。许多富有的家庭都拥有共同财富——家族企业、共同投资、信托等，重要的是，整个家庭都应当了解这些共同管理的资产的继承安排，谁将得到收入和资产？何时会收到？为何作如此安排？

3. 探索创造性的解决方案，如内部创业。对于那些因长辈具有持续能力而难以企及自己期望地位的家人，应当鼓励他们在比较年轻的时候学习追求有意义和有价值的生活。在烈日下踩着水，在边上苦苦等待轮到自己的时刻并不是一个审慎的策略。

4. 人生是一部电影，不是一张照片。所有的计划都应当持续不断地被审视，伴随人生进程，个人的财务和遗产计划都应当被审视和调整。

逐渐失去能力

逐渐失去能力的过程可能非常漫长，人的本性让我们更关注美好的日子，而不是那些伴随能力减弱的时光。对于能力的概念并没有唯一的定义，正如 Williams James 学院 James Osher 博士指出的："缺乏对能力的统一定义使问题变得复杂化。能力具体针对一种技能，例如年长的管理者可能有能力来管理个人事务，但不具备能力来运行一家复杂的企业。"Sanam Herfeez 博士进一步认为："并不存在对能力的唯一测试方法，通常评估一个人是否具备能力运营一家企业需要采用多种测试法。如果要决定一个人是否有能力经营一家财富 500 强企业，仅仅依靠把 world 单词反向拼写或从 7 来倒数的测试方法是远远不够的。"

Sumner Redstone 进行了一项能力测试，他的主治健康医生认为他在脑力机能上完全没问题，而一位老年医学精神病学家则认定他缺乏智力能力，或许两人说的都对？

在家庭中，判断一个人是否具备能力是一件很棘手的事。像何时把车钥匙交给另一个人这类决定会牵涉到很多情感问题，如果与那些明白问题所指的人讨论能力减退问题，会面临情感上的风险，因为它意味着失去个人自由，走上一条漫长而令人恐惧的下坡路。

除非明显地显现出不具备能力，否则通常在有能力和没有能力之间并没有明确的界限，其中的难点在于，要在尚不需要的时候就通过规划来解决上述问题，从人的本性而言，做到这一点非常难。正如 Scarlett O'Hara 雄辩道："我目前还不能考虑上述问题。如果我考虑，我会疯掉的。我可以明天考虑它。"

切实可行的做法是：

1. 为失能或能力下降制定规划，其重要性应当不亚于财务规划，也不亚于解决"如果我去世了，会发生什么"这种传统遗产规划。阅读一下遗产规划文件中的所有格式条款，然后决定一旦你失能或能力下降，由谁来承担责任？触发机制是什么（如由个人医生或两位医生提供证明等）？确保所有文件都是最新版并已生效。

2. 准备制衡机制，解决利益冲突问题。医疗事务决策者与财务决策者是否为同一个人？这些决策者之间是否存在冲突？例如，是否由第二任配偶决定医疗事务，但由一位成年子女或受托人负责律师的延续性问题？假如这样安排，第二任配偶如何在没有支付授权的情况下做出医疗决定？被指定做财务决定的人如何理解所有的医疗选择方案？你是否需要设立一套单独的机制来解决冲突？请务必确保法律文件都是最新的，包括医疗委托书和长期聘用律师。你的失能或能力下降状况可能会持续很长时间，那些最初被指定的人可能比你先去世或已不再胜任，一定要考虑好谁作后备以及挑选接任者的机制。关于长期聘用律师，你现在就能指定一旦保护程序启动，由谁来担任你的监护人或保护人，这是一项极其重要但常被忽略的条款，因为被指定的人会在涉及失能问题的法律程序中具有法律地位，这个人必须被告知各项程序。

3. 如果你住在美国，需仔细考虑谁有权处理你的医疗信息，并放弃 HIPAA 的权力（1996 年健康保险可携带性和责任法案）。是否是被授权处理医疗事务的人？是否还需包括负责处理财务的人？

4. 对那些被指定有权处理你财务的人，你需要明确一旦出现失能或能力下降，他们对谁负责？他们的行动应当向谁报告？谁有权审核、同意或反对？

当前，日益增长的老龄人口是国际社会正面临最严峻的挑战之一。我们将重新界定它如何影响我们的生活、我们的家庭、我们的企业管理以及领导者接替，我们努力探索新的手段，尽量长期保持身体和智力的活力，并采用新的方法来体现对长者和前辈智慧的尊敬，让他们更有意义地融入家庭生活。我们不再以辈分的角度来看几代人，而是把大家置于同一幅画面来考虑，85 岁的爷爷可能与 65 岁的女儿、40 岁的孙女以及 20 岁的曾孙女一起工作，这将增进更多的协作，而不是等级制度，如此可能发展出基于智慧的重要家庭角色和企业角色。我们会日益意识到高龄人群需要额外帮助，并重新考虑家庭和企业涉入护理工作——既在财务方面，也在家庭护理照顾方面。未来十年中我们面临的许多决定都将涉及道德选择和坦诚、开放的代际沟通，在这一旅程中，我们互相获得的智慧将加强全球社会团结，增进全球智慧。

供进一步思考的问题

1. 了解到未来几年会面临能力挑战，现在家庭成员应当有意识地在财务与医疗方面做哪些准备？

2. 随着家庭或（和）家族企业的沿革，"目标"的概念是否需要重新定义，使得目标的角色作用也获得转变，其价值被重新评估？（例

如，查尔斯王子现在知道即使他当上了国王，也将比他最可能预想的要久远，他已经找到其他方法来贡献他的智慧，并拥有志向）

3. 能采用什么方法来为无等级遗产作安排？

4. 代际之间分别对对方负有哪些责任或义务？提供智慧？靠边站？以非线性方式一起工作？一起公开地讨论各种计划？

5. 在目前没有面临危机的时候，准备一份风险管理计划是不是很重要？是否可以公开谈论能力问题？

6. 当情况变化的时候，更换咨询师有多重要？

【扩展阅读】

Laura Ziegler，"Of Minds and Money：The Donald Sterling Case and Mental Capacity," *Bessemer Trust Newsletter*，2014.

Keith Drewery，"Managing Declining Capacity：The Role of a Family Office." *Journal of International Family Offices*，2017.

【作者简介】

作为一名律师，Patricia Annino 担任 Rimon P. C. 公司的合伙人，是遗产规划和税务领域的著名专家，拥有 30 年为家庭、个人、企业所有者和家族企业提供遗产规划的从业经验。

Patricia Annino 被同行评选为美国最佳律师（信托与遗产）、超级律师、马萨诸塞最佳女律师 50 人之一、年度波士顿遗产规划委员会遗产规划师，以及欧洲货币/法律媒体评选出的首位"美国最佳财富管理"奖项获得人。她已出版了 5 部著作。

Patricia Annino 在 Smith 学院获得文学学士，在 Suffolk 大学法学院获得法学博士，在波士顿大学法学院获得法学硕士（专业为税务）。她担任信托与遗产委员会（ACTEC）美国分部会员、家庭企业学院（FFI）董事会成员、企业家庭基金（BFF）董事会成员，以及印第安纳大学女性慈善学院咨询委员会委员。

第 12 章 如何为完美的告别做准备？

Kathy Wiseman

作为领导者，我们习惯于解决生活中的难题，关注眼前的细节，并重视对将来的潜在影响，我们不仅有意识地为自己做决定，而且也常常帮其他人做决定。

然而，这些人生难题中最艰巨和最重要的部分常常涉及机会和时间，这是最难以通过某种坦诚、清晰或创新的方法来解决的难题，所以我们拖延着不讲，或者直到最后让最重要的事不了了之。这就是我们的死亡。

下面这个故事关于一个人鼓起勇气，请求安排最重要的人陪伴自己走向人生终点，它鼓励我们去思考、关注、参与这一人生旅程中最重要的篇章。

Ed 作为一个领导者，一直坚持将这些品质保留到人生终点，他是我们的楷模，他希望有意识地来做这件事，并通过安排一次家庭活动来实现这个想法，此外，他还想为混乱的遗产馈赠增添一份透明，他把家里每一个拥有某种身份的人都纳入了进来：甥侄、甥侄的爱人、继子、过世女儿的丈夫以及妻子、孙辈，甚至他的前妻。结果大家看到一个更庞大的家庭关系网，以及一份最好的遗产——在准备长辈离世的过程中，建立起了一个更强大、紧密联系的家庭。

为何会发生？

当 Ed 87 岁时，他把两个甥女请到自己在 Palm Desert 的家中，她们都是 Ed 已故妹妹的女儿。尽管 Ed 是家里五个子女中最小的一位，但他担任整个家族领袖已经很长时间了，这次把她们请来的目的是开始一场关于人生终点的谈话，他希望谈一谈自己担心的问题：他离世的可能、自己的资产和贵重财产的所在地，以及他精心设计的葬礼细节安排。

作为一个规划者，从本质上讲，由于他在年轻时经历了大萧条，因此一直是个十足的担心者，他创建了两家非常成功的进口企业，把收入做了明智的投资，并得到了良好的回报，工作和退休后的生活一直很优越。然而，他仍然为自己和所爱之人的财务安全感到担心。除了希望自己在葬礼上被人们铭记，并获得应有的尊重外——海军乐队和礼炮——他还希望在力所能及的条件下，维护家族安定、并让其他人生活得更好。家庭一直是他心目中最重要的。

第一次见面时，他的甥女得知将担任遗产执行人。尽管 Ed 没有自己的亲生孩子，但有一个在中年时领养的继子，当时孩子才 12 岁，尽管孩子对自己也充满了爱，但他们的关系经历了一段艰难时期，因此，Ed 需要告诉他继子相关执行人的安排和其他所有决定，这样避免在他去世后，让人觉得意外或互生怨恨。

第一次的谈话为强有力地构建家庭信任奠定了基石。在 90 岁大寿时，他邀请了 24 位家庭成员一起参加邮轮庆典，这个活动加快了彼此建立信任的进程。在 7 天的旅程中，当大家庭围绕在他身边时，他便会谈起关于离世的一些想法、愿望和担心。一些亲属互相都拥有好感，但一年只能通过一次家庭聚会来增进彼此了解，他们都积极回应了他的意见，还不时地分享各种想法，提出问题，并答应承担一些任务。

随后，关于一旦出现 Ed 生病或难以管理自己的事务时由谁来做什么事的问题，全家制定了一个应对框架。家里的医生们主动提出届时可给予建议，其他人则建立了一个非正式的护理委员会，每个人都被唤醒了新的使命感，这次沟通增进了与 Ed 和其他家庭成员之间的联结。

从那以后，东西海岸两边的电话联系日益频繁，Ed 还牵头组织了沙漠短途旅行，家人们还根据需要对计划作了一些修改，对策略作了改进。Ed 还告诉大家，他非常害怕一个人孤独地死去，他希望在整个过程以及最后的时光中和家人在一起。

当难以避免的不良健康状况出现时，照料阶段便随之开启，三个被指定的负责人立即介入，并且家里的两个医生随时提供意见。毫无疑问，大家发现 Ed 是一个很难相处的病人，固执地坚持自己的意见，尤其是在他需要增加额外护理成本时。

事态之后发生了戏剧性的变化，他把代理人解雇了，还更换了护理人，三番五次地深夜挂急诊，他还怀疑帮他护理的人有偷窃行为，他坚持要由他发号施令。一方面，他需要照顾和关注，但另一方面，他又总是要大家听他的，甚至在身体状况不断衰弱的情况下，还是想掌控一切。

最终结果

持续几个月的规划和坦诚沟通有助于家人在发生状况的时候更好地理解处境，尤其在护理人和专业人士关系紧张的条件下，这提供了互相了解彼此的机会，对一些问题（诸如老龄问题）进行顺畅的讨论，或给予实际的帮助，或对即将离世的亲爱的人做一些事或不做一些事。他们现在已非常理解对方的想法，以及对方的长处和弱点，正因为如此，他们能够共渡难关。尽管各自住在东西海岸，全天都忙着工作，但仍然形成了一个高效的团队。

大约在第一次会议的三年之后，Ed 离开了大家，他的最后时光是伴随着心爱的家人一起度过的。他也许会说，这是一次非常令人满意的离世，并不只是最后一刻令人满意，而是自始至终都是，他解决了面临的最可怕的生命事件，得到了对他而言最重要的人的支持。

那些被指名负责照顾他的小组成员都会赞同，在很早之前，紧急情况尚未发生时，Ed 能够就自己关心的问题进行沟通，这让他有时间学习如何心往一处想，力往一处使，作好周全的规划，并最终由他把事情都完成好。显而易见，这种做法对全家都好，让每个人都参与到生命终点的过程中，Ed 消除了由于家人离世而带来的负面情感冲击，而这些冲击波通常会导致分裂和疏远。

所谓"情感冲击波"是指在一个重要家人去世几个月或几年之后，整个家庭体系内部可能出现重要生命事件的潜在"余震"网，它并不直接与对去世者的常见悲痛情绪相关，它是基于家庭成员间相互情感依赖的潜在网络发挥作用。

起初，它看上去像是一种巧合，之后，人们发现很高比例的家庭出现了这种现象。研究者针对所有家族历史对冲击波进行了研究，它的表现形式可能是人们面临某一类问题，包括各种身体疾病，从更频繁地感冒、第一次出现某种慢性病如糖尿病、过敏，到急性内外科病症，仿佛这股冲击波是一种刺激，启动了身体的变化过程，其症状还包括各种情绪上的症状，从温和的抑郁症、恐惧症，到间歇性精神失常，社会问题可能包括酗酒、学习成绩差、生意失败、意外增加等。关于冲击波存在的认识，为我们提供了协助处理上述情况的机会。如果没有这些认识，我们会把这一系列事件作为单独、无联系的事件来看待（Bowen 1992，pp. 325 – 326）。

为何做这些？

人生由一系列节点事件构成：出生、死亡、结婚、重大典礼、孩子离开身边、事业成功或是失败，所有一切都代表着改变，无论是坏的改变还是好的改变，都会对家庭产生影响，增加人的焦虑感，对家庭关系产生负面影响。有意识地和家人在一起，将极大地增加产生积极效果的概率。

正如 Ed 知道，为离世作准备是给继续活下去的人以关照和关注，这就是目的，就是一份馈赠。正如轰动一时的影片《黑豹》中主角的父亲说过："一个没有让子女为自己的离世做好准备的父亲，不是合格的父亲"。对于一个领导者亦如是。

供进一步思考的问题

1. 在你离世之前，除了讨论财务和葬礼安排，你认为还有什么重要的事需要和家里人交流？

2. 如果让家人为你的"善终"做好准备是一个目标，你觉得"善"包含哪些含义？

3. 你希望自己的大家庭关于你的离世经历哪三件事？你能为此做哪些准备？

4. 关于家庭关系，你希望给予家人怎样的建议？如何让一个家庭"运作"起来？

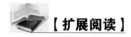

【扩展阅读】

Dr. Murray Bowen, *Family Therapy in Clinical Practice* (Lanham, MD: Jason Aronson, 1985).

【作者简介】

Kathy Wiseman 拥有四十多年研究人类家庭运作的经验，她为许多家庭、家族企业顾问、财务与财富经理提供咨询建议，帮助他们为服务的家庭带来最好的效果。基于上述知识，她为有志客户提供改变人生、小家庭和大家庭轨迹的机会，协助他们为家庭、家族企业和金融资产做出最明智的决定。

Kathy 在华盛顿特区 Bowen 家庭研究中心担任教员，联合发起了研究家庭、自己与客户的专业课程"探索系统"。她曾参与撰写三本著作：《Navigating the Trustscape》（与 Hartley Goldstone 合著）、《Emotional Process in Organizations》和《Understanding Organizations》（以上两本与 Ruth Riley Sagar 合著）。Kathy 是家里四个孩子中最年长的，生有三个子女，子女中两人已婚，有五个孙辈后代。她经常参加"火人节"活动。

第三部分 明智投资

家庭常常面临投资问题，这并不令人感到惊讶。众所周知，预测是一件复杂而困难的事，即使许多标榜自己为专家的人，对投资问题也常常持有矛盾的观点，各种信息错误或是利益冲突屡见不鲜。

但极其重要的是，作为掌舵家庭金融巨轮的引擎，每个家庭都在为实现家庭梦想提供资金，因此，每个家庭必须理解他们的投资。每当谈起投资，人们常常关注预期回报。本章的几篇文章侧重不同的问题——特别关注隐藏在投资回报里的目标、风险与各种选择。

在第一篇文章中，Ashvin Chhabra 回答了"你如何确定资产组合与你的实际目标相匹配？"。许多投资者开始涉足资本市场时，根本不知道自己想得到什么。Ashvin 解释了为什么清晰的路线更容易获得令人满意的结果。

Christopher Brightman 对于"你应当预期获得怎样的投资回报"的问题，作出了合理的回答。尽管公平地讲，没有人能够预测投资结果（尤其在短期内），Christ 提出了一套投资者与顾问能够使用的基于事实并经历了时间检验的资本市场预测公式。

Jean Brunel 解决了有关"如何进行资产配置"的现实难题，他把量化家庭目标与约束结合在一起，创造了独特的资产组合来满足特定目标，并把这样的组合整合为一套整体投资策略，其结果即为一整套能够提高投资目标实现概率的投资方案。

显然，要成为一名成熟的投资者须拥有更加专业和复杂的策略。Robert Maynard 讨论了"投资一定要很复杂吗？"，他认为简单、透明、专注的投资不失为一种可靠有效的选择。

我们另有两篇文章讨论金融风险问题。Howard Marks 回答了"你当如何理解投资风险，并应对投资风险?"，James Garland 解答了"对个人投资者而言，对'风险'一词最适当的定义是什么?"，他们都结合自己的亲身经历与经验，就上述重要问题进行了探讨。他们都认同的一点是，通常的投资风险定义——波动性——可能存在误导，甚至相当危险，或许会让投资者误入歧途，其实有更好的方法来量化和运用风险。

最后，我们讨论了如何确定挑选合适投资策略和工具的最佳方法。对于"主动管理还有价值吗"的问题，Charles Ellis 给予明确的否定回答，他认为在投资行业快速变化的条件下，除去各种费用，寻求良好业绩的投资经理们基本已不再能够超越基准水平，指数投资是未来的必由之路。而 Randolph Cohen 则持相反意见，他建议，如果各种因素组合恰当，主动投资能为投资者带来可观的净回报。

投资对所有家庭而言都是难题。一些家庭利用投资来平衡经营的公司资产，而另一些家庭只是为了储存财富；一些人选择自己作决策，而其他一些人选择采用咨询顾问或投资经理；一些人投资于公共的、流动性强的资产，而另一些人选择独特的私人投资。无论采取何种方式，能够清楚回答下述问题将极大地提高成功的概率，并让投资过程更为顺畅，这样的问题包括他们希望提供资金的目标、现实可获得的回报率、家庭能够承担的风险，以及他们选择采用的策略。

第 13 章　如何确保你的资产组合符合实际目标？

Ashvin Chhabra

除非你是个专业理财师，不然投资不仅与市场有关，还与你息息相关，个人、家庭和机构用他们的金融资产来承担投资风险，实现特定目标。

一些目标具有普遍性，而另一些比较个性化，尽管人与人之间追求的目标迥异，但它们都可以被纳入一个正式的投资框架。

心理学家马斯洛经过对成功人士的分析，首先发现了普遍存在的目标层次理论（详见图 13.1）。

他总结道，人类从满足基本需求开始：食物、对自我和家庭的安全庇护，这些目标实现后，则转为在一个社会结构中，通过获得职业、经营或社区领域的成功，让自己成为更重要的一员。再后来，他们渴望卓越超群：留下一份遗产，上述马斯洛关于人类需求和渴望的基本结构也可运用于投资目标。

在财富分配框架中，目标可以被分为三类，必需的、重要的、渴望的。必需的目标是一定得实现的目标，否则后果不堪设想：没有食物摆上餐桌，一个家庭或一家企业将不复存在。

其后的目标不是必需，但是重要的。它包含一个家庭所希望实现的更多目标。如果这些重要目标得以实现，便能为必需的目标锦上添花。举个例子，必需的目标可能是满足基本需求的开支，而重要的目标或许是保持当前的生活水平。

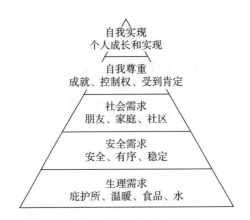

图 13.1　马斯洛层次理论

渴望的目标是指那些可能超出或没有超出你当前能力的目标，创造一些新的东西、开启或加强一项业务、资助某个项目帮助社区或地球，所有这些目标都可以归为此类。

不同的人会对相同的目标给予不同的分类。根据你的财富水平和生活理念，诸如"让孩子读大学"或"建立一个慈善基金会"可以被归为必需、重要或渴望三种目标中的任一个。

不妨从问自己几个问题开始。你为什么要投资？——事实上，投资会让你的财富面临风险。你希望获得什么？你必须获得什么？

为了把每个目标转变为一种投资策略，你必须从定义成功与失败开始。通过把每个特定的目标尤其是渴望的目标转换成希望得到的现金流，或者转换成希望得到的结果，由此来完成定义的任务。例如，希望得到的结果可能是达到特定的财富水平，或者为一个不幸的社区带来改变。

一些目标也可作为一种过滤器，即它们能够确保你所有的投资都反映了你的价值观。

机构通常比个人更擅长制定程序来设定正式的目标，它们通过那些能够反映其使命或任务的战略规划文件来设定目标，机构也能使用之前提到的三种分类——对应机构的稳定性、保持竞争力（或跟上同类机构的步伐）、明确并实现一项使命或任务。此外，机构还拥有正式的投资策略来体现投资组合的风险回报目标，它们还拥有一套与其初始目标或任务一致的指导性原则。

处于所有财富层次的个人与家庭都应当这么做！

当所有这些重要目标的定义和为目标分类的步骤完成以后，你便可以进一步对财富进行组织安排，以实现上述目标。

此时，你便会遇到一个重要挑战：世界的不确定性！你不得不在提供安全保障但收益较少或无收益的投资和提供回报承诺但伴随较高风险的投资中进行配置，事情变得更复杂的是，我们难以估计未来市场能够提供怎样的回报。

因此，你应当配置多少安全性资产，而不承担市场风险呢？你能买多大的房子呢？你能建立多大的基金会呢？

为解决这些问题，我们发现整理整个资产负债表非常有用——把你所有的资产（包括人力资本）、债务或负债都归入三大类、三个筐或三种次级组合。

这三种次级组合可被标为"安全类""市场类"和"雄心类"（见图 13.2）。安全类资产组合承担极低的风险，它用于提供保障，但几乎没有市场回报。另外，一个多样性设置得很好的市场组合能够提供市场回报，但我们不知道回报到底是多少，毫无疑问，这些投资的价值会随着金融市场的波动而起伏。

雄心类资产组合涉及充分发挥你的技术专长（例如你的业务），并常常伴随着无追索权的杠杆与资产集中性，这类资产是可选的，常常是财富创造的发动机，但毋庸置疑，这些投资会伴随着结果的高风险和不确定性。

落实财富配置框架的重要内容之一是确定财富分配到三个类别的适宜比例，一个简单的办法就是将你的资产负债表（资产与负债）分成三个部分，然后假设市场处于最差条件，看你的必需目标与重要目标能否实现，这样可以检验你的资产组合是否风险过大。

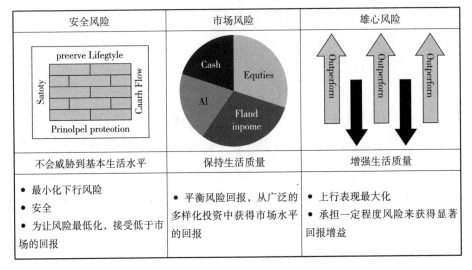

图 13. 2　安全类、市场类与雄心类次级资产组合

另一方面，考虑目标达成的情形。你的雄心目标是否大部分能够实现？如果不是，则意味着你需要配置一些资本来达成这些未实现的目标。定期重复这个流程，但不需要很频繁，这是建立且严格遵循投资纪律并实现设定目标的关键。

每个次级投资组合的表现能够并应当参照良好的市场基准进行监测。然而，这个过程更与你资产组合的市场效率相关，例如资本运用的效率。最重要的整体目标是理解并监测你在必需、重要和渴望的目标方面的进展。

祝愿你拥有漫长、成功、在雄心目标上没有缺憾的人生！

供进一步思考的问题

1. 你投资的目标是什么？
2. 你的投资是否很好地进行了配置，以实现这些目标？
3. 在长期严重的市场混乱条件下，你的资产负债表是否会遭受不可挽回的损失？有没有必需的目标被牺牲了？

4. 你是否已准备好实现你的雄心目标？如果不是，你是否愿意重新配置一些资源来实现它们？

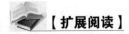 **【扩展阅读】**

Ashvin B. Chhabra, *The Aspirational Investor*: *Taming the Markets to A-chieve Your Life's Goals* (New York: HarperCollins), 2015.

Ashvin B. Chhabra, "Beyond Markowitz: A Comprehensive Wealth Allocation Framework for Individual Investors," *The Journal of Wealth Management*, 2005.

A. H. Maslow, "A Theory of Human Motivation," *Psychological Review*, 1943.

【作者简介】

Ashvin Chhabra 是 Euclidean Capital 公司主席，该公司负责为 James H. Simons 和 Marilyn Simons 及其相关基金会提供投资管理。Simons 基金会致力于推动在基础科学和数学领域的研究，是美国该领域最大的私人投资者之一。

Ashvin 于 2013 年至 2015 年担任美林财富管理首席投资官。在此之前，他于 2007 年至 2013 年在高级研究学院担任首席投资官。他曾撰写《雄心投资者》（2015）一书。

他曾被誉为基于目标的财富管理奠基人之一，著有开创性著作《超越 Markowitz》，把现代资产理论与行为金融学结合起来，并提出了独特的财富配置框架。

Ashvin 担任 Stony Brook 基金会托管人董事会成员和投资委员会主席，以及高级研究学院和 Rockefeller 大学投资委员会委员，曾在耶鲁大学、Carnegie Mellon 大学、CUNY 的 Baruch 学院以及芝加哥大学作专题报告，获得耶鲁大学应用物理专业博士学位，研究领域为非线性动力学（混沌理论）。

第 14 章　你应当预期多少投资回报？

Christopher Brightman

预期投资回报是家庭理财计划的重要组成部分，但它们非常难以预测，具有很高的不确定性，尤其在短期内。在本章，我们制定了一套框架来合理估算主要资产类别未来的投资回报，并运用当前市场环境作为案例。

在美国资本市场漫长历史中（详见表 14.1），股票提供的年化回报达到了 9.1%，债券为 5.0%，根据传统投资组合中股票占 60%、债券占 40% 的结构比例，其年化投资回报为 7.7%，如果采用 2% 的通胀调整，上述传统组合投资能够实现 5.5% 的实际回报（扣除通胀因素后）。这些长期历史平均数据与养老基金规划的 7% 至 8% 的回报率基本一致，也与基金会和捐赠领域传统假设的 5% 可持续支出率相匹配。

我们是否应遵循这种做法？是否应当在准备我们的理财规划时，假设未来资本市场的回报率会与这些长期历史平均数据相一致？

不！——初始收益率（以市场价值百分比形式表示的投资收益回报）将对未来的回报具有重要影响：高收益率会带来高回报率，低收益率带来低回报率，实证数据与常识都支持上述初始收益率与其后回报率之间关系。除非当今的收益率接近历史平均收益率，否则我们不能预期获得历史平均回报率，例如，当前低于历史平均收益率的收益率水平让我们预期未来会获得更低的回报率。

表 14.1　　　　　　　　美国市场回报率，1871—2017 年

年化名义回报				通胀	年化实际回报			
股票	60/40	债券	现金	CPI	股票	60/40	债券	现金
9.1%	7.7%	5.0%	3.5%	2.1%	6.9%	5.5%	2.9%	1.5%

债券的回报率等于初始收益率

对于债券而言（见图 14.1），初始收益率与之后的回报率是显而易见的，我们对债券的预期回报率由这些债券所带来的现金流和我们为其付出的价格所决定，简单说就是初始收益率；如果债券收益率是 12%，那么我们的预期回报率是 12%；如果债券的收益率是 6%；那么我们预期回报率为 6%；如果债券的收益率是 3%，那么我们预期回报率为 3%。

美国债券市场由于其平均历史价格提供了 5% 的收益率，因此该市场提供了一个 5% 的长期历史回报率，那我们应当为今天的债券组合给予 5% 的未来预期回报率吗？答案当然是否定的，当前，我们规划的债券市场的回报率为 3%，因为当今的债券市场以 3% 的收益率定价。

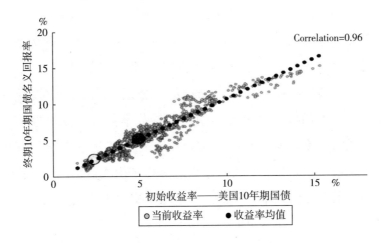

图 14.1　债券：未来的回报率遵循初始收益率（美国，1800—2017 年）

我们应当对股票市场持有怎样的预期

股票比债券复杂多了，但我们看到同样的关系：高收益率带来高回报率，低收益率带来低回报率。当市场对那些红利较低、盈利收益率较低的股票给予较高定价时，我们预期未来的回报率较低。当市场对那些红利较高、盈利收益率较高的股票给予较低定价时，我们预期未来的回报率较高。

股票市场的未来回报符合其经周期性调整后的盈利收益率（CAEY），即市场实际每股盈利除以其当前价格的十年期均值（见图14.2）。在预测回报时，盈利的十年期均值比当前或近一年的盈利更为有效，这是因为年度收益波动性较大。[①]

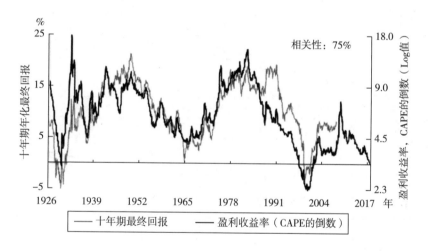

图 14.2　股权：未来的回报率遵循初始盈利收益率（美国，1926—2017 年）

---

① 当年度收益及其市场年化收益率暂时处于低位，正如在衰退期间经常见到的情况，衰退期后必然出现复苏。在复苏期内，回报率常常高于正常水平。同样，当盈利及其收益率暂时较高时，正如在发展良好期间经常见到的情况，之后在调整期内，回报率通常低于正常水平。为了平滑年度盈利的波动性，经周期性调整后的盈利收益率（CAEY）提供了一种简单可靠的对股票市场未来回报率的预测方法。

权益回报的组成部分

如果我们将整个回报拆分成各个基本组成，我们就更容易理解股票市场的回报。在较长的历史时期内，美国股票市场的年化回报率达到 9.1%，其中包括红利收益、实际增长、通胀和估值变化。历史平均的红利收益率为 4.4%，每股盈利的实际增长率为 1.8%，平均通胀率为 2.1%，最后，提高了的市盈率乘数为美国股票市场的长期历史回报率增加了 0.6%，见图 14.3 和表 14.2。

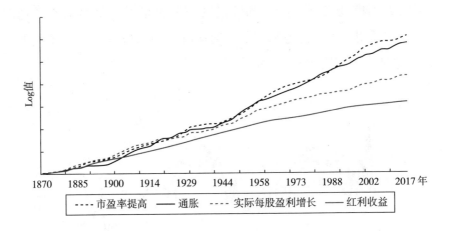

- - - - 市盈率提高　　—— 通胀　　- - - - 实际每股盈利增长　　—— 红利收益

图 14.3　美国权益回报率组成，十年平均

表 14.2　　　　　　美国市场回报率：1871 年至 2017 年[a]

	年化回报率	年标准差
市场总体	9.1%	18%
市盈率提高	0.6%	33%
通胀	2.1%	6%
每股盈利增长	1.8%	32%
红利收益	4.4%	2%

[a]回报率的组成用加乘法，（1＋0.6%）×（1＋2.1%）×（1＋1.8%）×（1＋4.4%）－ 1＝9.1%

如今，美国股票市场的股利收益率仅为 1.8%。如果我们假设实际每股盈利保持历史平均水平1.8%的增长率，通胀维持在2%，估值乘数保持现今（较高的）水平，那么我们预期股票市场的年化回报率以一个中值为5.6%的正态分布（通胀调整前），实际值为3.6%（通胀调整后）。

对均值的调整

如果一只股票的估值乘数返回到历史均值，会怎样？如果我们以低于平均估值的价格购买股票，那么我们不仅能预期更高的回报率，即我们付出的每一元能够带来更高的收益，我们还能获得由价格增长带来的资本利得。

相反，如果我们以高于平均估值的价格购买股票，我们不仅预期更低的回报率，即我们付出的每一元获得更低的收益，我们还会由于价格的下降而遭受资本损失（见图14.4）。

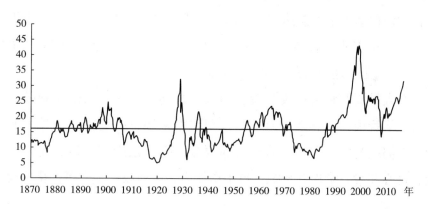

图 14.4　经周期性调整的市盈率（CAPE），实际价格/10 年平均 EPS

如果不考虑乘数的变化，我们预期股票市场的回报率是以6%为中值的正态分布（实际值为4%），如果股票价格回到历史均值，我们应当作怎样的预期？既然当前（2018 年）市场以几乎两倍于其经周期调整后市盈率（CAPE）乘数的历史平均水平进行定价，我们或许预期会有50%的价格下降，或者在未来10年间平均每年出现5%的资本损失。

这样，我们对未来十年的年化回报率的预期将下降到 1%（名义值），实际值则为负数。

历史为我们提供了大量证据，表明股票市场的回报率非常微薄，美国市场 10 年期的实际年化回报率在 1901 年至 1920 年仅为 −4%，1971 年至 1980 年为零，2001 年至 2010 年为 −1%。

现在，我们也不一定需要假设 CAPE 会完全回到历史均值水平。由于当今的经济较过去几十年，波动性已大大减小，利率更低，科技显著降低了投资的成本，未来市盈率乘数可能回到一个比历史平均水平更高的均值。如果我们假设估值返回其历史均值方向的一半，那么我们可以预期股票市场的回报率在 3%～4%（名义值）和 1%～2%（实际值）。

由于未来具有一定的不确定性，我们为回报率规划一个合理的幅度区间。根据当前持有传统美国股票和债券组合的收益水平，在今后十年，我们预期未来可能达到的最高回报率水平为名义 7%（实际水平为5%），回报率更可能为名义 4%（实际 2%），而回报率为零（实际为 −2%）是上述组合的回报率下限。

个人投资者和机构投资者应当采用长期回报率预期来规划收入和支出。尽管很具诱惑性，但根据预期回报来调整投资的方法是不明智的。人们应当保持警惕，入市时间很难踩准，很少有人拥有充分的技能、耐心和毅力来提升系统性再平衡能力，从而改善全面多样化的投资组合。

供进一步思考的问题

1. 哪个更容易控制，支出还是投资？在给定潜在投资回报的条件下，如何规划家庭支出计划？

2. 如 Pascal 的 Wager，一次投资失败的影响，较之一次投资失败的可能性，哪个更坏？对你的投资选择和资产组合有何启示？

3. 这次真的不一样吗？我们是否说服了自己，由于现在情况不同了，因此合理的历史框架应当被置之一边？

4. 相同的原则可以运用于其他资产类别吗？

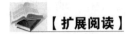【扩展阅读】

Robert Shiller, *Irrational Exuberance* (Princeton, NJ: Princeton University Press, 2000).

James Garland, "The Fecundity of Endowments and Long Duration Trusts," *Economics and Portfolio Strategy Newsletter*, 2004.

Christopher Brightman, "Expected Return," *Investments and Wealth Monitor*, 2012.

关于资本市场假设的其他材料

Research Affiliates, Asset Allocation Interactive, 2018 (https://interactive.researchaffiliates.com/asset-allocation).

为了回应大家多次希望我们分享对资本市场回报的预期，我们把上述信息发布在网上，免费给大家使用。

我们纳入市场价格的变化，并每月公布我们的预期回报率，我们为各类资产以及由这些资产构成的组合提供预期数据和其他补充信息。

J. P. Morgan, *Long-term Capital Market Assumptions*, 2018 (https://am.jpmorgan.com/gi/getdoc/1383498280832).

Blackrock Investment Institute, *Capital Market Assumptions*, 2018 (https://www.blackrockblog.com/blackrock-capital-markets-assumptions).

【作者简介】

Christopher Brightman 是 Research Affiliates 有限责任公司研究和投资管理团队的负责人，领导该公司的研究和业务发展工作，提供指数策略，并管理客户资产组合。

他拥有三十多年的投资管理经验，从事证券和衍生品交易，管理资产组合，监督量化产品的开发，以及对各种投资策略进行资产配置。此外，他还拥有丰富的组织与人事管理经验。

在加入 Research Affiliates 之前，他曾担任基金会投资基金（TIFF）董事会主席、弗吉尼亚养老体系投资顾问委员会副主席、弗吉尼亚大学投资管理公司 CEO、战略投资集团首席投资官、UBS 资产管理全球股权策略主任、Brinson Partners 高级投资组合经理、马里兰国民银行资产/负债管理部副总裁与负责人及货币监理署助理国民银行监管员。

他拥有注册金融分析师证书，是 CFA 学院成员，在弗吉尼亚技术基金会董事会与投资委员会任职。

他拥有 Virginia Tech 理学学士学位和马里兰州 Loyola 大学 MBA 学位。

第 15 章　你应当怎样配置资产？

Jean Brunel

尽管这个问题不可能——也不应该——成为家庭提出的首要问题，但它常常是家庭在涉及金融资产管理时，提到的最重要的一个问题：我应当如何进行资产配置？从历史上看，当资产管理行业简单地把经实践检验有效的机构策略运用于私人客户时，资产配置是根据"中值—方差组合"的最优化（需定义适合家庭偏好和约束条件的有效边界）以及特定形式的风险映射（回答一句古老的谚语："你的风险状况如何？"）所决定的。客户的风险状况确定后，就能够在有效边界上选择合理的资产组合，或把客户分到可选的几种模型组合中的某一类。

毫无疑问，私人客户会感到上述过程难以理解，而且对自己无用，主要问题在于其潜在的假设是个人与机构相似！它们拥有唯一的目标、唯一的时间线以及一些明确的风险条件。然而，财富管理专业人士和客户都明白，个人与家庭拥有多重目标、多条时间线以及不同的紧急程度。

尽管一些目标可以作为需求（必须实现），而其他是需要、愿望和梦想中的某一类。事实上，最重要的智慧是：面对个人或家庭特定背景，风险不应根据回报的波动性来衡量，而是应当依据目标实现的紧要程度（或其反面，不能实现目标的痛苦）来衡量。

我们需要有一种新的方法来认定各个目标的独立需求，于是就需要设立特定的次级组合，每个组合对应在某一需求的时间段内，满足某一目标，并符合目标所需的紧要程度。当然，一旦制定好了，它们便能够在家庭设定的持有结构要求和受益所有权的限定条件下，整合到单独的家庭资产配置策略中，限定条件通常为允许财富转移、资产保护或其他个人、家庭整体或慈善的变动。

上述过程包含以下四个概念性步骤。

1. **建立一个家庭希望表达的所有目标清单**。这些目标能够通过每年特定的现金流来推动实现，上述现金流必须在一定时间内、满足一定紧要性要求（或成功概率）来确保实现，这种紧要程度从适用于绝对性需要的接近100%，逐步降低到实现渴望梦想的50%，这些目标可以当作家庭在某一个时点上希望达到的资金"子弹"数量。

2. **对满足各种特定目标的各类资产组合，要明确合理适用于这些资产组合的约束要求**。比如，如果为满足中短期的紧要需求（如为短期资本进行融资），那么必须排除具有过高风险或流动性较低的资产。相反，如果时间长度可以更长、所要求的成功概率能够下降一些，人们就可以考虑风险更高和流动性更低的资产或策略。

3. **在给定时间范围和所需紧要性条件下，通过选择可能达到最高回报率的资产组合，确定对应实现各个目标的资产数量**。所谓每项目标的融资利率是指在某段时期内必须达到或超过的回报率，并满足所需成功概率，这并不是指在一定时期内通过投资某个适当的资产组合所希望获得的平均回报。例如，一个资产组合可能在5年时间内预期回报为8%，同时每年的波动性为7%。然而在相同的时间内，以95%的概率计算你所能确定获得的回报率只有2.9%，那会怎样呢？那么在未来5年，现金流会以2.9%来折现，从而你可以算出用于实现该目标需要准备多少资产。

4. **把所有单个的资产组合加总到一个投资策略中进行持续管理**。你会发现，对于机构领域所定义的整体资产组合的风险（即预期标准差或预期回报的方差），在这里是自下而上得出，而不是自上而下得出，它基于各目标所用资产比例权重，计算出各类次级资产组合风险的均值，这在很大程度上并不由直觉决定，不是吗？

在此，我想强调上述步骤必然为家庭和个人带来益处的三个重要因素，同时也能让财富管理者更好地履行他们的职责。

1. 整个流程的最终目标是帮助家庭"为金融资产作配对"，尽管这种说法看上去有点奇怪，但事实确实是许多家庭知道自己拥有很多财富，但不知道如何使用他们的财富来帮助自己实现人生目标。确定实现每一个目标需要多少资产是非常令人享受并感到自由的练习，主要有两方面原因：一是它让家庭——以及家庭中的每个人——对用于实现某个目标的财富表示感激，比如设想你希望在一定时间内保持某种生活品质需要多少钱。二是它让家庭在发现矛盾的时候，能够开始进行目标的调整或改变，例如，把实现的目标延后或把紧要性降低，当实现目标所需的总资产超过可用资产时，这种矛盾就会经常出现。简而言之，这种方法能够使家庭处于可控条件之下，并且知道尽管家人会不开心，但一些举措还是必要的，于是他们自己会主动去这么做，而不是让一些负面的事在他们身上发生。

2. 这样的一个流程必须定期重复进行，比如每年一次，从而确保规划中家庭或个人的情况与实际相符。确实，尽管人们以良好的愿望来制定预算，但事实是你很难一直都不发生变化，支出可能超出——或低于——预期，特别对于那些很久以后才能实现的目标，资本市场不一定能提供给我们所期望的回报率。最后，目标和偏好也是会随着时间变化的，一些"需求"会降低，而另一些需求会出现，对于那些须重新考虑的需求，你需要不断重新考虑，这确实比过去机构所采用的方法更加具有直觉性。机构要求观察可变的资产配置，提出证据来证明配置需要改变。一个人的风险承受度变化了吗？资本市场环境出现了结构性变化吗？而基于目标的方法则以更简单的观察直接告诉财富持有者："因为我的支出超出了预期，因此我没有足够的剩余财富来实现我的目标，"或者"资本市场已证明，它比我预期风险更大或更难以赚钱。"

3. 特别对于持有大量非金融资产的家庭而言，这个流程能够为某些资产的最终处置提供指引。在这里我们关注的是那些尽管在长期内会升值、但在短期内会增加负债的资产，由于他们需要保养和维护或者保险，这样便增加了家庭支出，却不能带来任何直接的财务回报，因此他们会增加负债，这种情况可以是作为主要的或次要的住处的一栋昂贵的房子。一些家庭常常发现出售这种珍贵的非金融资产很不容易，就犹如出售企业初创期购买的原始股一样，由于较高心理压力，家庭往往难以承认这样的资产每年都在侵蚀他们的金融资产，所以能够清楚地说明需要哪些东西来维持家庭生活质量，并且清楚地说明何时金融资产可能不足以维持这样的生活，将非常有助于家庭克服心理上的压力来面对现实。

现在，家庭就可以制定出基于其特定目标和偏好的所谓真正定制的投资策略。然而，我们也应当认识到，定制存在现实局限性。我们可以用竞赛用的自行车来打个比方，尽管可以根据每个人的独特要求设计一辆自行车，但每个部件并不需要发明新的，例如车架可以根据骑手要求的尺寸来做，但构成车架的材料仍然是从标准的材料管上截下来的，同样，踩踏板可以有不同的长度，但也不用特意制造。一辆竞赛用的自行车与其说是制造出来的，不如说是一种大规模的定制。

家庭也是如此，除非有一些偏好或需求让他们与一般情况相比存在较大差异，而找不到现成的适用解决方案，这或许是作为定制难度最大的地方——例如一套 Savile Row 西装采用一种非常独特的与普通定制所用材料不同的布料——这样会付出非常高的成本。一个优秀的咨询师能够帮助家庭理解其中的利弊权衡，并找到经济并令人满意的方案，就像一个翻译家，通过他的工作把家庭目标与限制条件翻译成资本市场的现实。

综上所述，我们一开始提出的问题（我应当如何配置资产？）确实让人觉得很难，但以上各个步骤都明确地以家庭为中心，能够帮助我们把困难的体验转变为令人满意的结果。尽管资本市场的现实不会因为我们希望它们改变而改变，但它们可以被我们适当地利用，从而使家庭和个人在一定时期里，根据合适的紧要程度，实现尽可能多的目标。

供进一步思考的问题

1. 将资产配置与资产地点结合起来：一个人需要如何调整模块构建程序，从而能够包含所拥有的各种不同资产类型？

2. 如果资产既包括带来收入的资产（一般都是财务类的）也涵盖产生支出（大部分是实际的，尤其是"收藏类"资产）的资产，一个人如何运用模拟方法为未来进行准备？

3. 当出现时间期限、实际支出或资产回报与预期不符时，一个人如何管理每年对投资策略重新思考的需求？

4. 一个人需要如何改变"咨询流程"的结构，来确保关注点准确地聚焦于明确和细化客户的目标？

【扩展阅读】

如果有读者希望进一步了解传统金融理论框架下上述方法的充分性，可以参考以下书籍：

Sanjiv Das, Harry Markowitz, Jonathan Scheid, and Meir Statman, "Portfolio Optimization with Mental Accounts," *The Journal of Financial and Quantitative Analysis*, 2010.

如果有读者希望进一步了解著名金融学术领域新理论框架的论述，可以参考以下书籍：

Sanjiv Das, Harry Markowitz, Jonathan Scheid, and Meir Statman, "Portfolios for Investors Who Want to Reach Their Goals While Staying on the Mean-Variance Efficient Frontier," *The Journal of Wealth Management*, 2011.

如果有读者希望更详细地了解本书上述流程，可以参考以下书籍：

Jean L. P. Brunel, *Goals-Based Wealth Management: An Integrated and Practical Approach to Changing the Structure of Wealth Advisory Practices* (Hoboken, NJ: Wiley, 2015).

【作者简介】

Jean Brunel 是 Brunel Associates 公司的负责人，该公司成立于 2001 年，旨在为高净值个人与咨询顾问提供服务。在此之前，他在 J. P. Morgan 工作了相当长的时间，1990 年担任该公司全球私人银行首席投资师和 J. P. Morgan 投资管理公司的执行委员会委员。自《财富管理杂志》1998 年创刊以来，他一直担任该杂志的编辑，并著有两本著作——《整合财富管理：资产组合经理新指南》（London: Euromoney Institutional Investor Plc, 2002, 2006）和《基于目标的财富管理：改变财富咨询实践的整合与操作方法》（Hoboken: NJ: Wiley, 2015），以及多篇受到同行好评的文章。

2011 年，他获得由 CFA 学院颁发的 C. Stewart Sheppard 大奖，2012 年 6 月，被《家族理财室评论》杂志授予"年度多家族理财室首席投资师"称号，2015 年 4 月，成为首位 IMCA 新设立的 J. Richard Joyner 财富管理影响力奖得主。

他毕业于法国 École des Hautes Études Commerciales（HEC），获得西北大学 Kellogg 商学院 MBA 学位，是注册 CFA 证书持有者。

第16章 投资必须很复杂吗?

Robert Maynard

不,对于机构和个人,投资并非一定要复杂。

Idaho 地区的公共职员退休系统(PERSI)是一个专注于传统的合理分散投资的机构投资者(管理资产170亿美元),该机构通过耐心地运用简单、透明和集中化的投资工具,赢得了良好的市场回报。我们相信,较之短期盈利机会,如果采用更激进的投资策略,会面临更多长期风险。因此,我们致力于采用一种"传统投资法",这与近年来出现的其他投资机构采用的更复杂的方法存在显著不同。

为何采用传统投资法?

鉴于我们的目标与约束条件,包括资产组合的规模、人力资源、未来几年中董事会成员的变动(组成人员包括非投资专业人士),我们相信传统投资法是管理资产组合的最佳框架。

相反,禀赋模型和各种不同的要素策略则需要投入过多的资源,上述方法的运用存在不明确的地方,同时需要投入高昂的资金,对于大部分的基金而言,其回报预期也存在问题。我们认为,复杂的资产组合很难让人完全理解和控制,因此,更偏向于采用一种简洁易懂的概念,并选择架构完善的理论和传统。

更加重要的是,市场回报水平足以满足我们在传统负债方面的要求,同时,没有证据证明对大多数投资者而言,更复杂的投资策略能带来更高的回报。

传统投资法介绍：简单、透明、集中、耐心

我们采用的传统投资法强调简单、透明、集中、耐心的价值理念，它基本依靠普通公募市场（全球股票和投资级的固定收益市场）和一些私募投资（房地产和其他私募股权）。

简单

我们对资产进行多样化投资，包括传统的、流动性高的、透明度高的资产类别，并使用长期市场回报来实现投资目标。投资策略相对简单易学，不会在策略上选择把大量资产配置到短期产品，其资产组合的构成是：

10% TIPS（通胀保值型国债）

15%组合（债券）

5% Idaho 抵押按揭证券

18%标普 500（美国大型公司）

11% R2500（美国小型公司）

15% EAFE（欧洲、澳大利亚、远东）

10%新兴市场

8%私募股权

8%房地产（4% REITs，4%私人）

透明

传统投资依靠透明度作为主要风控手段。指数基金提供了基准水平，体现了规模较大、流动性较强市场的基本风险水平，可作为资产组合再平衡和过渡的基本工具（包括成本控制），我们约有45%至50%的资产投资于经市值加权的被动型指数基金。

被我们聘用的主动管理型投资经理拥有多项职责，我们希望他们

有明确的风格或集中化的投资组合（较之能够获得额外回报，更关注不会损害风险控制和透明度），被管理的资产集中于较少的投资关系（包括约 20 个公募经理、20 个私募股权关系以及几家房地产代理）。

我们避免所谓的黑箱投资，并且非常偏爱那些能够每日定价的公募证券或基金，以及能够被理性投资者所理解的私人投资策略，即使这些人可能没有经过系统性投资训练。

集中

传统投资法认为多样化投资的好处在资产组合中包含 10 ~ 11 种资产类别后便消失殆尽，从投资 4 种资产转为 5 种所带来的益处，远远高于从 44 种增加到 45 种。并且我们认为，一种资产的份额至少要占到总资产的 5%（最好至少到 8% 至 10%），才能对整个组合的回报或风险水平产生明显影响。

为实现多样化的目标，我们还增加了私募资产（包括股权与房地产），以获得低流动性溢价（并且根据精算师和会计的实践证明，可以降低每年的收益波动性）。几十年来，我们对新兴市场和小市值的美国股票的投资较一般投资者高，主要由于这些市场具有长期增长潜力。

耐心

传统投资法接受资本市场的波动性，并理解其波动程度高于一般投资者预期，我们关注长期回报，并且不会利用短期预期作策略性的资产配置，在波动的市场中不作策略性短期投资，就相当于在遭遇强大地震时，待在一栋大家所知道的坚固的建筑里，而不是疯狂地逃跑。我们的目标是确保在更长期内完成我们的任务，而面对短期波动，我们维持可接受的水平。

耐心对于所有成功的投资方法而言，都是必要的素质——不只针对传统投资法，正如 Warren Buffett 曾经说过："如果在投资领域，你有

150 分的智商，你可以卖掉 30 分。你不必是一个天才，你必须具有稳定的情绪、内在的平静，并为自己进行思考……情绪上的优化比技术水平更为重要。"

其他考虑因素

我们也很关注如何在预期出现极端短期波动状况下幸存下来（正如 2007—2009 年所遭遇的），其秘诀是在市场受到严重干扰情况下，确保至少在 3 年内，机构组织的现金需求能够得到满足，这可以通过持有足够的现金或拥有基本确定的、能够满足短期债务需要的现金流来实现。我们拥有稳定的、多样化的政府资金流能够提供 90% 的现金收益支付需要，因此，我们有一个稳定的 3 年期——能够顺利度过 2007—2009 年危机（当然，这可能与大部分主要依靠资本投资的私人家庭投资者不同，这些投资者难以指望持续拥有新的资金注入资产组合）。

另一个目标是"防止出现重大错误"。传统投资法持有一个基本观点，即合适的股票与固定收益组合的市场回报足以满足长期的任务目标，任何希望获得额外回报的努力都不能危害到基本市场回报。

因此，大多数策略性资产投资会根据市场"好坏"的预测来行动，但我们对此深表怀疑，并不主张采用这种方法。为了使上述策略性的资产配置行为获得回报，有三个决定都必须正确，而不是一个决定：（1）何时退出某类资产；（2）何时回归此类资产；（3）当下应把资金放在何处。其中一个错误的决定便可能带来严重损失。

上述原则的另一个结果是，传统投资法从来不在危机期间采取重要行动，相反，它"盲目地"在各种波动的市场行为中进行再平衡，不去对市场的时间进行预测，而是依照既定的投资策略行事。

传统投资面临的问题：需要对付无味与精神疲惫

传统投资法的问题在于，它需要极强的耐心。一个组织必须能够度过极度波动的市场，而不采取任何行动（除了再平衡），并预期长期内会有良好的回报，传统投资法强调无为的价值——在顺境和逆境中都坚持基本的市场态度而不变。对于许多个人和组织而言，事实证明不做什么事其实比做什么更难。

投资界有一句老话，在市场上有三种赚钱的方法：一是耗体力，二是耗智力，三是耗情绪。

耗体力是指比其他人干得更卖力——常常是不断地尝试，然后找到某种"优势"，但一天就那么点时间，合法获得更多信息的难度每天都在增加，而回报则每秒都在减少。

耗智力的方法就是比市场上其他人聪明很多，但从概念上讲，只有很少数人能够达到这个程度，聪明、拥有大量资源、能言善辩、拥有先前的成功经验只能让一个人能够加入机构投资的游戏——而在未来游戏中持续胜出则要求更多。

耗情绪则是传统投资者提出的，要求机构在危机的时期保持冷静，这一点做比说更难。

传统投资框架与 PERSI 组合

传统投资框架在面对投资组合时，会提出以下几个基本问题：

基本的股权/固定收益应当作怎样的配置？

根据我们的负债要求，我们选择了 70% 的股权投资搭配 30% 的固定收益投资作为我们基本的组合结构，我们需要在几十年内获得 3.75% 的实际回报（扣除通胀之后），从而满足基本的法定责任。在过去二百年以及二十至三十年间，股权市场提供了相对稳定的 5% 至 7% 的实际回报，固定收益则为 1% 至 3%。因此，一个 70/30 的分配能够实现最低 3.8% 的实际收益率（如果上述两个资本市场二十年保持在回报区间的最低值）以及最高 5.7% 的实际收益率（如果资本市场牛气十足）。这样，在较差的资本市场，70/30 的分配能够提供满足最低法定责任的机会（正如在 2000 年第一个十年中所发生的），同时在市场状况良好的时候，提供了保持充分购买力的机会（如 20 世纪 90 年代所发生的）。

哪种本国偏差是有利的？

我们出于三个原因而具有严重的本国偏差。首先，我们的负债是美元计价的，因此我们大部分的资产应当以美元持有。其次，我们的负债是与美国通胀挂钩的，因此应当针对美国通胀的长期变动进行应对。由于美国价格的上涨导致通胀上升，而高物价主要由美国企业承担，因此在长期内（10 ~ 25 年）美国股票体现了对美国通胀的反应。最后，美国股权资本市场在历史上是全球表现最佳（和最稳定）的股权资本市场，因此，有理由相信长期的出色表现和安全性不是历史偶然。

如何保持多样性或是否由于再平衡（或没有进行再平衡）和（或）策略性的资产配置，而出现了渐变的趋势？

我们遵照标准的机构操作要求，有时会对资产组合进行再平衡。尽管这么说，其实并不存在普遍接受的再平衡的程序，一些人认为，标准的再平衡操作是不合理的，再平衡主要依靠市场均值的回归，常常需要经过数年才能实现，实际的影响可能较为有限——10 年中最多每年 40 个基点，但并不是每年都有。

需要多少主动性管理？和哪些公司来合作？

我们的关注点——常常被遗忘了——应当放在影响 95% 的资产回报的那些决定上——组合的构建及其维护。不幸的是，大部分人的分析常常仅关注留下的 5%——即主动管理的个人或机构能不能在最近一段时间战胜他们的市场基准。

我们通常会把 50% 的资产投资于以市值为权重的指数基金，私募股权关系约有 20 家，我们在历史上保持了 20 家公募证券关系，配置给每个经理管理的资产为总资产的 3% 至 4%。

传统投资法——总结

我们管理的基金成功地采用了传统投资法，该方法也能基于其他私人或机构投资者的需求，为他们提供服务。尽管说比做容易，但上述方法依靠简单、透明、集中和耐心作为基本组成，让市场自己来完成任务，并在长期内能够实现所订立的目标。

本文改编自《PERSI 投资组合》一书，该书详细介绍了 PERSI 投资法的具体步骤，以及选择上述方法的原因，该书可以在下述网站上查阅到：https：//www. persi. idaho. gov/Documents/Investments/PortfolioNarrative/persi＿investment＿portfolio＿narrative＿12－29－2017. pdf。

供进一步思考的问题

1. 为满足你的目标或负债，你需要多高的回报率？

2. 你需要复杂和流动性低的资产来满足这些目标吗？还是希望运用简单、高流动性、透明度高的资产来达成目标？

3. 你是否理解当前资产组合中的各个组成部分？你觉得满意吗？

4. 你是否拥有强大的情绪和耐心来应对公募股权市场不可避免的波动？

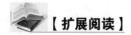【扩展阅读】

Ben Carlson, *A Wealth of Common Sense*: *Why Simplicity Trumps Complexity in Any Investment Plan* (New York: Bloomberg Press, 2015).

David Swensen, *Unconventional Success* (New York: Free Press, 2005).

Burton G. Malkiel, *A Random Walk Down Wall Street* (New York: W. W. Norton, 2012).

Charles Ellis, *Winning the Loser's Game* (New York: McGraw-Hill, 2009).

John Bogle, *John Bogle on Investing*: *The First 50 Years* (Hoboken, NJ: Wiley, 2012).

Charles Ellis and Burton G. Malikel, *The Elements of Investing* (Hoboken, NJ: Wiley, 2010).

Larry E. Swedroe, *The Quest for Alpha*: *The Holy Grail of Investing* (New York: Bloomberg Press, 2011).

【作者简介】

Robert Maynard 自 1992 年起，担任 Idaho 地区公共职员退休系统首席投资官，管理旗下 170 亿美元的所有投资业务。此前，他担任 Alaska Permanent 基金公司副执行董事和阿拉斯加州助理大法官。

除了在 Idaho 地区退休系统中任职，他还担任数家投资领域和慈善组织顾问、董事会成员及主席，经常在各类论坛或机构就投资问题发表演讲，著有多篇投资专业文章。

他多次因卓越的投资表现广受赞誉，包括被 Institute of Fiduciary Education 授予"年度首席投资官"称号（2006），因对公共基金投资领域的杰出贡献而获得 Richard L. Stoddard 奖（由其他州的首席投资官授予）（2006），并获得"公共基金投资终身成就奖"（由机构投资者出版社、信息管理网络和 Money Management Letter 共同颁发）（2010）。他还被《Asset International CIO》杂志评选为 100 位最具影响力的全球投资者之一，被 Sovereign Wealth Fund Institute 评选为全球 100 位"最重要、最具影响力的公共投资者领袖"之一，并被 Trusted Insight 评为 30 位最佳公共基金首席投资官之一。

他毕业于 Claremont Men's 学院（现为 Claremont McKenna），获得加州大学 Davis 法学院法学博士学位。

第17章　应当如何理解并
处理投资风险？

Howard Marks

投资行为可以被定义为放弃今天的消费，在面临不确定风险的条件下渴望获得收入，以提高未来的消费能力。尽管未来不能完全为人所预知，但投资涉及为未来作决定。归根到底，它是为了追求回报而有意识地接受风险。

许多人一提到投资，就想到可能获得的回报，但很明显这里有两个要素，而不是一个：回报和风险——赚到的钱和为了赚到这些钱所承担的风险。对任何理智的投资者来说，思考上述两点缺一不可。

在股市上赚钱有时很容易，尤其在形势比较好的年份，而股市大部分时间形势都比较好。如果你观察历史回报，会发现股市大多数时间都不错，因此长期的平均状况也是比较好的。

在从业50年左右以后，我深信风险是投资中更为重要、更为有趣、更有难度的部分。风险而不是回报，是区别优秀投资者与普通人的指标：无论回报有多少，我相信优秀投资者一定能够在实现回报时，承担比其他人更少的风险。

为评价一个投资人表现如何，我们必须考虑所谓"经风险调整的回报"，上述概念不仅考虑最终获得的回报，而且关注了在整个过程中所承受的风险，然而回报易衡量，风险难量化。

为量化风险，在20世纪60年代初期，金融研究者和理论家们选取波动性作为衡量风险的指标。波动性——即在一段时期内，某资产价格或回报出现了多少波动——很容易进行量化，我觉得这是波动性最大的优势，但问题在于，对我以及大多数投资者而言，波动性并不是真正的风险（尽管它或许可以被看成风险的一种表现或产物）。

这里就存在一个问题：历史波动性可以被度量，但对我而言，这不是真正的风险，我所定义的风险——未来出现损失的概率——是难以被量化的。一般来说，未来发生某件事的概率不能被衡量，这是一个观念问题。尽管未来出现损失的概率明显地难以被衡量，但我发现有趣（让人感到惊讶）的是，即使在事件发生之后，损失的概率仍然不能被衡量，例如，如果你以 100 美元买了一件东西，然后以 200 美元卖出，这件事有没有风险？在你作投资的那一刻，存在多大的风险？你能从哪里去找到这些数字呢？这是否属于风险资产出现了幸运的回报？还是这是一次明智（和安全）的、必定能带来盈利的投资？你很难从结果上找到答案。

由于我对波动性重要程度的怀疑，我认为采用波动性作为衡量风险的指标，并基于此计算风险调整回报的公式，尽管非常好用，但并不完全合理。由此人们到底承担了多少损失的风险只能是一种主观评价，鉴于此，基于风险进行调整尽管很重要，但难度较大。

有智慧的投资者会采用如下方式应对风险：（1）如果绝对难以承受，则防止它发生；（2）要求得到承担风险的补偿。我从未听到任何人说："我不准备投资某个产品，因为它可能会出现波动。"我所听到的都是："我不准备作那个投资，因为我可能会亏钱。"因此，我反对将风险定义为波动性，我认为，风险主要指损失金钱的可能性。

同时，我加上"主要"两字是因为风险有多种表现形式，而且程度不同。对于一个需要以投资回报来养家糊口的人，如果回报率过低就会导致严重后果，同样，如果一个投资经理的业绩低于市场指数或对手的水平可能会失去一些客户，其实投资者并没有损失资金，它事实上是赚到钱了……只是不够多，这就是一种风险。还有另一种风险，如果一项投资最终是盈利的，但某次暂时的价格下跌或环境急剧恶化可能导致投资者以低价抛售，最终错过了回升的机会。这些都是风险的不同形式，总体而言，出现永久损失的可能性才是最重要的。

风险来自哪里？正如投资界圣人 Peter Bernstein 所写道，风险来自不确定性，"存在多种可能的结果，我们不知道（真正的结果）会落在上述结果的哪一个，有时我们甚至不知道到底有多少种结果。"或者像伦敦商学院 Elroy Dimson 所言："风险意味着，相对将要发生的事，存在更多可能发生的事。"

未来无人知晓，或者未来本来就不可知。事实上，我认为既然未来尚属未定，那又如何被今人所知？它只能被人们猜测，但投资者可以通过列举出可能的各种结果，并估算它们的概率来对其进行分析，这样，我们就能从概率分布的角度思考未来。什么是最可能发生的事？其他哪些结果是有可能的？哪些是可能性很小的结果，或是"尾部"事件？它们的可能性到底有多大？其影响如何？这些是我们可以估计的事情，但不是知道。

比较重要的是，我们要记住，即使对于可能的结果和其各自发生概率的判断都正确，我们仍然不知道到底哪个会发生，因此，不确定性——风险——是难以摆脱的。我们可以确定一条最佳行动路径：确保最终的结果在可能的结果中属于令人较为满意的，而一旦出现了可能性低的事件，结果也不会太差，但我们仍然可能遇到那些发生概率很低、让人不喜欢、而我们尚未做好十足准备的结果（我们不可能一下子为所有可能性做好准备，但我们会为那些被认为发生概率更高的结果做好准备）。

因此，换言之：

- 许多种结果都是可能的
- 我们不知道其中哪一个会发生
- 最多我们能够列出这些可能的结果并给它们加上发生的概率

- 即使我们上述步骤都做得正确，实际结果仍然未知
- 不可避免的是，一些最终实现的结果还是会让人难受
- 关于哪个结果会最终出现的不确定性，以及结果是个坏结果的可能性，就是风险的来源

很多人认为"高风险投资能带来高收益""要想赚取更多的钱，就要承担更多的风险"，我认为这些想法具有潜在灾难性后果。简而言之，如果我们能够指望更高风险的投资带来更高的回报，那么他们就没有这么高的风险了。并且我认为风险与回报的关系是"看上去具有更高风险的投资必须看上去具有更高的回报，否则就没有人愿意投资它们。但是，它们不是必然地产生这样的高回报。"那么你便会产生这样一个想法：由"风险"投资所带来的让人失望的结果（包括永久损失）的可能性。

因此，不要说"提高风险能够提高回报"，我认为正确的观念是"提高风险能够提高一项投资的预期回报，这种说法扩大了可能结果的范围，并在上述范围中包含了不好的结果。"这就是投资者应当对风险所具有的态度，只有秉持这样的理念才能让人们更好地驾驭风险。

如何驾驭风险？答案是"通过提问"。你理解其中包含了哪些风险？你对回报和损失可能性的想法是否现实？它们是采用保守的假设进行估算的吗？在不利情境下能够估算下行风险吗？可能的回报是否足以补偿承受的风险？承担的风险能够通过多样化手段来降低吗？在不利条件下的下行风险是否可以承受？

最后一个问题很关键，你不能让潜在的高回报蒙蔽了双眼，看不到可能产生的损失会超过你的承受度，也就是 Warren Buffett 说下面这段话的含义，"你让自己已经拥有的东西去面临风险，然后不得不去追求自己没有的东西和不需要的东西，这是不明智的。"风险是一件严肃的事情，任何一个想成为成功投资者的人都应当尽全力来成熟地驾驭它。

供进一步思考的问题

1. 你对回报和损失的可能性所持想法的现实性有多高（希望是保守的）？

2. 可能的回报是否足以补偿承受的风险？

3. 在不利条件下的下行风险是否可以承受？

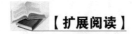【扩展阅读】

Howard Marks, *Risk*, *Oaktree Capital Insights*, 2006, https：//www. oaktreecapital. com/insights/howard-marks-memos.

Howard Marks, *Risk Revisited Again*, Oaktree Capital Insights, 2015, https：//www. oaktreecapital. com/insights/howard-marks-memos.

Peter Bernstein, *Against the Gode*：*The Remarkable Story of Risk*（New York：Wiley, 1996）.

Seth Klarman, *Margin of Safety*（Pliladelphia：Beard Books, Inc. , 1991）.

Nassim Nicholas Taleb, *Fooled by Randomness*（New York：Random House Trade, 2001）.

【作者简介】

Howard Marks 是 CFA 证书持有者，担任 Oaktree 资本管理公司联合创始人和联席主席，在工作中致力于公司的战略规划沟通和决策。除了在 Oaktree 担任领导职务外，他在 28 年间为公司客户撰写了大量文章，在 2011 年撰写了《最重要的事》一书，并因此赢得声誉。他获得 Wharton 学院金融学专业 BSEc 优等证书，以及芝加哥大学 Booth 商学院会计与市场营销 MBA 学位。他担任大都会艺术博物馆投资委员会副主席、伦敦皇家绘画学院董事会主席和投资委员会主席以及 Edmond J. Safra 基金会投资委员会委员。

第 18 章　哪种风险定义对家庭投资者最有用？

James Garland

在关于投资的语境中，风险指的是当你需要用钱时没有可用资金的可能性。

上述定义需要附加两点说明：首先，"需要"具有主观性。一些人感到他们需要一辆劳斯莱斯或是在棕榈岛上有一栋别墅，或是一架私人飞机，而另一些人即使没有这些奢侈品，仍然感觉生活得很幸福。那到底什么是你的"真正"需要？

其次，短缺导致的后果比短缺的"可能性"更为重要。假设你的双胞胎子女将要上大学，他们已收到了精英学校的录取通知书（所谓"精英"意味着你必须每年支付 6.5 万美元）。经过多年积累，你手上目前正好持有一个股权投资组合，其价值恰好约为未来 4 年的学费，该组合包括了你对几家公司的投资，而且你还使用了杠杆交易。

你如果继续持有这些证券，会导致不平衡的结果。如果股票继续上涨，你能够多赚一些钱，但如果股票下跌，你的孩子只能去社区学校就读，因此，从潜在的严重性看，持有这些股票是一件风险很高的事，但如果结果不是那么严重——假设你用的只是玩具钞票——那么风险就大大降低了。比尔·盖茨不用为他孙辈的学费担心，而你，或许一定得担心。

波动性作为风险的替代指标

金融资产的市场价格存在波动性，投资者们都知道，股票比债券的波动性更大，房地产处于两者之间，因此按照普遍接受的风险等级，股票最高，然后是房地产，最低的是债券。

波动性能够作为风险的良好替代指标，尤其在短期内，正如之前的学费案例所揭示的，但波动性只是风险的一种度量指标，有时候波动性根本不重要。例如，假如今年股市大幅下跌，除非你想要立即抛售，然后再作大笔买入，否则对你而言并没有风险可言，价格下降只对抛售的人有影响。但由于波动性可以被量化，而其他一些难以量化，因此经济学家和投资公司都纷纷把波动性作为度量风险的唯一替代指标，事实上，这并没有反映完全风险的情况。

投资模型

为了冲破金融迷雾，学术界开始运用数学模型，这些模型能够将纷繁复杂的现实世界简化为适合教室黑板大小的简易方程，因此受到了学术界的青睐。一些模型的应用非常广泛，其中一个是资本资产定价模型，发明者还为此被授予诺贝尔奖。

我认为，你可以使用模型，但不能完全相信它，模型有时非常好用，但仅仅在某些特定条件下。

首先，我要告诉你的好消息是一些模型（包括资本资产定价模型）描述了人们假定市场是如何运作的，它能够帮助人们理解一些基本原则，例如多样化的好处、股权风险溢价，等等。

但坏的消息是上述模型存在至少两方面的缺陷：

第一，模型不能解释人的本性。它们解释了市场如何运行，但真实的市场——人们对经济学家们加之市场的各类预期尚不了解——并不是这么运作的，这样就产生出一种新的领域，称为行为金融学，主要解释投资者是如何行为的。由于真实的行为并不能用数学来描绘，因此经济学家的模型是不完整的。

第二，很多模型假设结果呈正态分布，简单地说，就是结果符合钟形曲线分布。钟形曲线能够很好地描述正常状况，但真实条件不一定一直保持正常状况，非正常条件往往存在极大风险，钟形分布请见图 18.1。

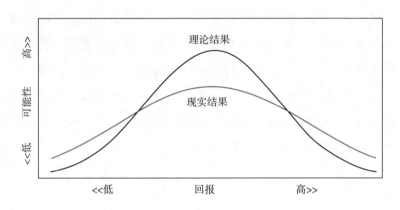

图 18.1　Theoretical outcomes versus real – life outcomes

图中，黑线上每个点的横坐标代表投资回报，纵坐标代表获得该回报水平的概率，这条钟形曲线是用一个常用的理论模型推导出的，可能性最高的结果处于中部（以均值为中心），特别低的回报（在左侧）与特别高的回报（在右侧）的概率都非常低。

但真实生活的样子更像那条灰线。在许多情况下，包括在金融市场上，极端情况出现的概率比模型所预测的更高。由于曲线左右两侧末端——即尾部——出现的概率高于预期，并且影响极大，因此被称为"肥尾"问题。在肥尾事件中，我们最常见的有天气状况，百年一遇的洪灾并非模型解释的一百年遇见一次，而是每 10 年或 20 年就能遇到一次。

我在人生中所遭遇的最极端金融事件是 1987 年 10 月美国股市暴跌，标普 500 指数一天中下跌了 23%，根据标准的股票市场模型，这样的当日跌幅应该是每3万亿年发生一次。[①] 这就是"肥尾"事件！

主要风险来源

对短期内的投资者而言，波动性是一种风险，这对于那些准备抛售投资资产的长期投资者而言，也是如此，比如退休投资者。

不过，事实是人们并非总是害怕市场下跌。更年轻的投资者应当青睐熊市，因为熊市能够给予他们机会，以很好的价格积累股份和债券。只有那些不再增加储蓄的投资者，如退休人士才需要对熊市感到担忧。

但长期投资者面临不同的风险。长期股权投资回报的主要来源是公司盈利，因此，他们的主要风险就是会影响公司盈利的风险，其中包括：

- **经济风险**，诸如衰退和大萧条
- **经营风险**，尤其对于那些未进行多样化投资的家庭而言，例如一些家庭拥有一家或更多的家族企业
- **政府风险**，由于政府政策不佳，物权未得到有效保护，或由于没收资产等公然行为带来的威胁
- **超高通胀水平**，顾名思义，由于股权投资的盈利和红利通常能跟上生活成本的提高，因此至少对于股权投资者而言，温和的通胀一般不会成为问题
- **环境风险**，如果人们预言的气候变化成真，那环境风险会在未来变得非常重要

良好的投资者拥有一种道德责任感，他们会尽可能地改善他们生活的社会与国家。一个好的结果是，从长期看，履行了这样的责任后，其效果也能使这些投资者受益，同样对整个世界也是有益的。

但对本书读者而言，无论你的投资期限有多长，最大的风险就是你

---

① 该数据来源于 David F. Swensen, Unconventional Success（New York：Free Press, 2005），p. 186。

自己。你是否做过长期投资的计划？计划做得合理不合理？你是否局限于这个计划？你是否沉湎于互联网泡沫？在 2008 年至 2009 年的大萧条期间，你有没有感到恐慌？你是否注意到看上去普通但存在潜在危害的事情，比如成本？你经常更换投资经理吗？你是否一直不懈地寻找自称为"专家"的人来给自己指路？你是否采取了预防措施，防止你和家人出现常见的行为错误，诸如过分自信、追逐潮流、锚定一物等？

与一般感觉相反，你的头脑并非是你永远最好的朋友，如果你不能理解你的头脑可能犯错误，你的头脑就会犯这些错误。

如何减少风险？

你应当选择明确的、可实现的和有意义的目标。风险只能根据你设定的目标来定义，比如，如果你寻求收入，那么市场价值的变动对你的影响很小或者根本就没有影响。

做好准备。学习历史（正如 Vanguardi 集团 Jack Bogle 曾经说的："学习别人的经验吧——这样能省很多钱"）。你也要教育家人，帮助他们理解市场是如何运作的、行业潜在的利益冲突、为什么把成本降到最低很重要以及隐藏在过程中的各种陷阱等知识。

了解你自己。学习行为金融学。

做多样化的投资。获得高收益的方法之一是只投资一家公司——正确的公司，而保存财富的方法则是进行多样化的投资。

最后，更多储蓄，更少支出。花的钱比赚的钱少是一种降低钱被花光风险的神奇方法。

最后的话

说到底，投资的基本目标是生存，没有人能够为投资结果作百分之百的担保。请让你的人生更加多样化，正如使你的投资多样化一样，获得良好的教育，找到一份好工作，结识好的朋友。

供进一步思考的问题

1. 如果我们不得不在更高的潜在回报和更低的波动性之间作选择，你会怎么选？

2. 对冲基金不能在市场下行时期保护我们，那绝对回报基金如何呢？

3. 我们如何保护自己不受肥尾风险的威胁？

4. 我们应当作多大程度的多样化？

5. 在熊市的时候，我如何帮助我的家人不恐慌，不被一时的潮流牵着鼻子走？

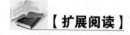 【扩展阅读】

Charles Ellis, *Winning the Loser's Game* （New York：McGraw-Hill, 2017）.

这本书中有两点值得关注：首先，市场是有效的，因此投资者不应该力求获得高于市场的回报；其次，投资者必须为整个投资过程负责。

Burton G. Malkiel, *A Random Walk Down Wall Street* （New York：W. W. Norton, 2016）.

这是经典的全面投资手册。

James Montier, *The Little Book of Behavioral Investing* （Hoboken, NJ：Wiley, 2010）.

关于聪明的投资者可能（将要）犯傻做法的最佳简易指导。

Elroy Dimson, Paul Marsh and Mike Staunton, *Triumph of the Optimists* （Princeton, NJ：Princeton, NJ：Princeton University Press, 2002）.

这本书的内容是关于 20 世纪国家股票市场与债券市场回报的历史，我认为这是所有此类图书中最好的。从书中获得的收获之一是北美投资者非常幸运——从 1900 年起，美国和加拿大是全球回报率最高的，这样的幸运会一直持续下去吗？

以上没有一本书能够轻松地读下来，但如果你以认真的态度对待家庭投资，那就努力地读一下吧！同时关注媒体或网络上偶尔出现的好文章，对于初学者而言，Charles Ellis、Burton Malkiel 以及 Meir Statman（行为金融学专家）的作品都值得一读。同时，你也可以关注金融专栏评论员 Jason Zweig 的文章，目前可以在《华尔街日报》上读到。

【作者简介】

James Garland 是 The Jeffrey 公司前主席。该公司是坐落于俄亥俄州 Columbus 的家庭投资公司。他出生于缅因州，1969 年毕业于 Bowdoin 学院，获得音乐历史专业学位证书，他在马里兰州 Greenbelt 的 NASA Goddard 空间飞行中心工作了 7 年，然后于 1976 年回到缅因州，加入了一家投资咨询公司，担任证券分析师和资产投资经理。1995 年，他开始在俄亥俄州的 The Jeffrey 公司工作。著有多篇论文，内容涉及个人信托、赠予支出和可纳税的投资等，并在《金融分析师杂志》《资产管理杂志》和《投资杂志》上发表多篇文章。

第 19 章　主动投资还有价值吗？（1）

Charles Ellis

当前，追求业绩的主动型投资经理都过于关注他们的业绩、名声和收入，没有意识到投资业已发生了翻天覆地的变化，这种投资类型应运而生所蕴含的机制必然孕育了令其不断蓬勃发展的种子，因此这种投资逐渐成为主流，但之后的结果则是为客户创造的利润越来越少。

众所周知，在过去 50 年里，越来越多富有智慧的年轻职业投资者加入了这场以更快、更精准的速度发现价格错误（"价格发现"）的激烈角逐中，他们认为这样便能获得卓越投资业绩的圣杯，但没有理解这种行为带来的长期不良后果。与前人相比，他们得到了更专业的训练、更便捷的分析工具、更便利的信息获取手段，因此，在超过半个世纪的时间里，主动型投资经理作为一个群体，其技能与效率一直持续增长，并催生了日益专业和有效的价格发现市场机制。

由于所有人都能获得同样的信息，因此一旦存在任何价格错误，就会立即被发现并以最快速度实现套利——特别是 500 只最高市值的股票，它们必然在主要投资经理的资产组合中占有重要地位，从而被经验丰富的资产管理经理和专业分析师们所关注。随着现代股票市场的效率日益提高，与市场较量并战胜市场变得更加困难——尤其在扣除成本和费用之后。

50 年前，打败市场（即在竞争中获胜：兼职业余个人投资者与完善的保守型机构之间的竞争）不仅仅是可能的（对于拥有大量信息、积极主动型的专业人士而言），而且还是轻而易举的事。机构投资者交易量占比不到纽约证券交易所的 10%，而个人投资者占比超过了 90%，个人投资者所作的投资决策——一年不到一次——主要基于市场外的原因，当前，全职的专业人士一直在市场内通过比较寻找比较优势，其交易量占了上市股票的 98%，几乎占到衍生品交易的 100%。所有职业投资人能够获得大量市场信息，远远超过他们可能使用的数量，根据《公平披露规则》，美国证券交易委员会坚持所有信息应当在同一时间向所有投资者披露。① 因此，在过去 50 年中，大量因素的变化导致了翻天覆地的综合性影响。

尽管客户们把所有资本汇聚在一起，并接受所有的风险，但投资人为客户提供的"业绩"——超出市场指数的部分——却一直在下降，超过 80% 的共同基金未达到所选定的基准目标。与此同时，主动型投资成为人类历史上财务回报最高的服务行业。

业绩投资简史

在主动投资领域，理解重大变化动力——尤其是给予投资者惨淡投资回报背后——的关键在于研究长期趋势。早期业绩投资实践者经历了今人难以想象的艰难困苦和高昂成本，大额交易开始兴起时，纽约证交所股票日交易额不到今日规模 1% 的三分之一，因此 10 000 股交易可能要花几个小时才能完成。经纪人的佣金比率是固定的，约为平均每股 40 余分，市场几乎还没有对华尔街新公司的深度研究，计算机被放在了"笼子"里或仅在后台使用。

在 20 世纪 70 年代和 80 年代，价格发现的超级机会如此之多，以至于业界前几位主动型投资经理能够吸引到大量资产——经常，虽然不是总是——并实现卓越的业绩。然而，由于众人一起寻找错误定价的机会，并吸引了越来越多技术能力很强的竞争者——彭博机器、电子邮

---

① Facebook 和 Twitter 目前被批准作为公平披露的平台。

箱及其他先进的数据集合与数据处理新工具提供了强大的助力——价格发现的速度日益加快，效率日益提高，主动型投资者变得越来越平等，但也越来越难以战胜和他们一样优秀的对手。

伴随着上述变化，核心问题已不再是市场是否完全有效，而是市场是否充分有效，以至于主动型投资经理在扣除各种成本费用后，已不可能走在所有专业人士价格发现的共识之前，正如前文所提出的问题，客户是否有充分的理由接受主动型管理所带来的所有风险、成本和不确定性——以及费用？

在主动型投资的辉煌年代——与良好回报预期相比——其费用显得非常微不足道，对于收费的任何微词都会被回以"如果你要为孩子做个脑部手术，你是不会根据价格来挑选医生的吧？"

由于共同基金和养老基金的资产成倍增长，主动型投资的费率也水涨船高，并非像经济学理论所说的下降。在上述因素的综合作用下，投资业务的盈利能力越来越强，高工资与充满吸引力的工作令成千上万的 MBA 和博士们投入这个行业担任分析师或基金经理，由此竞争变得更加激烈了。

股权投资经理的收费一般用四个字母单词和一个数字表示。前者是"only"（只有），意指共同基金只有 1% 的收费或者机构只有 0.5%，如果你接受 1%，那么你也必须接受"只有"的条件，但这难道不是一种自我欺骗吗？[①] 1% 的比例是针对资产总量而言的，但投资者早已拥有这些资产，因此主动型投资经理必须为它额外增加一些数量：那就是回报。如果未来股权回报率是 7% 至 8%，正如现在大家都持有这样的预期，那么投资者会得到什么呢？资产的 1% 很快增加到接近回报的

---

① "只有 1%"的计算可以通过长时间累积达到很大的数量。举个例子，如果有两个投资者分别以 10 万美元起步，每年多投入 1.4 万美元，连续 25 年，其中一个投资者选择一位收费为 1.25% 的投资经理，而另一位收费仅为 0.25%——只相差一个百分点。25 年之后，每个人都拥有超过 100 万美元的财富，但一个比另一个多 25.5423 万美元：一位为 140.0666 万美元，另一位为 114.5243 万美元，差值超过 25 万美元。

12%至15%，但这还没完。

如果要对主动型管理者的成本进行更严格的定义，那么首先就应当认识到市场上存在低成本的指数型管理，由于这种管理方式以不高于市场风险水平实现市场回报，因此了解上述情况的现实主义者，应当将主动管理型收费界定为经过风险调整之后，对额外增加的回报收取额外费用的比例，这样的费率很高——非常高。

如果一个共同基金对资产收取 1.25% 的费用，同时还收取 0.25% 的 12b－1 费（指的是在美国每年的市场营销或分销费用），假设每年其回报率超出基准水平 0.5 个百分点——已经相当令人刮目相看了——那么真正的费用水平将非常接近未计算各类费用前额外增加的回报的 75%！由于现在大量的主动型经理达不到市场回报水平，因此，他们额外收取的费用几乎已相当于长期经风险调整后的额外收入的 100%，这个令人咂舌的事实还没有被大部分客户意识到——到目前为止。当然，"尚未被发现"并不是坚不可摧的"保护伞"，正如 Warren Buffett 希望每一项业务都能拥有这样的"保护伞"。

给予投资经理的庞大费用是以一种非同寻常的方式完成的：并没有人在支票上写下一个具体数字来支付这个费用，而是这些费用被投资经理静悄悄地自动扣减了。习惯上，投资界以资产占比来表示，而不是实际货币数量表示。

如果能正确地看待这个问题——额外增加的费用与额外回报相比，不仅仅是作为资产的一个百分比——费用已经成为特别重要的因素，但很多人都没有意识到，如果把传统观念和现实进行比较，这一点就更能显现出来。

投资人的挑战

当客户挑选主动型管理者时，挑战并不在于找到一个精明能干、工作勤奋、高度自律的投资经理，上述条件尚属容易，挑战主要在于选出一位与其他管理者相比，更努力、更自律、更有创造力的投资经理——这样的经理早就被具有同样慧眼的投资人选走了——然后业绩更优秀，至少足以支付管理费，补偿承担的风险。

由于竞争者在信息来源、计算能力和技能方面越来越趋同，运气在决定所谓无聊的投资经理排名上的地位变得越来越重要。[①] 尽管机构纷纷继续推广业绩排名，投资人继续依赖排名来挑选投资经理，但实际情况是排名的预测能力为零。由于价格发现越来越快，证券市场效率日益提高，任何偏离均衡价格——指基于分析所有可得信息，根据专家们对预期回报的共识所得——的状况难以预测，成为随机噪声。

投资专业人士都了解，对待长期业绩记录都必须保持非常谨慎的态度。在这些数据背后，存在着大量重要因素变化，包括市场、基金经理、公司管理下的资产、经理的年龄、收入、关注领域以及整个机构，同时他们投资的那些公司的基本面也在出现变化。预测任何一个指标的未来趋势都相当困难，那么，预测所有变化指标的综合影响更是难上加难，预测其他专家如何解读这些复杂变化也是非常困难的事。与此同时，竞争者们对所持有的 60 ~ 80 种头寸的预测也在不断变化中，预测这些变化简直不可能——即使我们不愿承认现实。

一个明显的替代方案

多年来，由于除了更努力并期待更好的结果，没有其他可替代的方案，投资人一直容忍着主动型经理低迷的业绩，但随着成本较低的指数型基金和交易所交易基金（ETFs）作为普通交易商品不断发展，这些基金证明能够作为主动型投资的替代品。此外，主动管理者的平均业绩

---

① Stephen Gould 如此描述"风险"：当人们的能力日益增强，运气在决定最终结果上的作用变得更加重要，因为人们的绝对能力提高了，但相对能力却下降了，这一点非常具有讽刺性。

继续堪忧。①

刚开始一些客户还没觉察出来，后来他们日益认清现实并采取行动。但是，仍有许多客户坚持认为，他们的投资经理能够获得超过市场的业绩（由此可见，对成功寄予不切实际的希冀不仅限于一次又一次的婚姻）。

Eugene Fama 对至少运行了 10 年以上的本地共同基金的投资业绩进行了研究，他总结道："把成本扣除以后，仅有 3% 的经理能够实现足以抵消他们收费的回报率，这个结果意味着尽管过去的回报率很高，但未来即使是最顶尖的经理，其预期业绩也仅与低成本的被动指数基金相当，其他 97% 的投资经理则表现更为逊色。"

关注量化分析的人可能指出，如果只有 3% 的主动型经理能够打败所选的市场，这其实和一个完全随机分布的情况非常接近，但质化分析者会警告，97% 的概率对 3% 的概率，老实说这个结果非常可怕——尤其是承受风险的是你的真金白银。长期数据一再证明，投资者能够从主动型业绩投资转到低成本的指数投资中获益，② 但这种理性的转变耗时很长，为什么会这样？

任何专业机构的职员都可能遭受机构声誉、个人专业名声和盈利能力的削弱，他们对现状（即属于他们个人的现状）非常依赖，因此，他们会竭力排斥新事物。在《创新的传播》③ 这本学术著作中，Everett

---

① 关于全球发达国家与新兴市场国家管理者的业绩表现，其未达到或未超过基准水平的占比分别为 85% 和 86%，债券管理者的未达标率为 78%（其中，高收益债券的未达标率为 93%，按揭抵押债券为 86%）。

② 一个有趣的问题是如果所有的投资者都采用指数型投资，结果会怎样呢？由于这样的情形不太可能，因此可以这么问："指数化投资比例达到多高，才能使价格发现（具有重要社会意义）变得完全失灵，这样主动型经理再一次有机会来获得成功？"假设纽约证券交易所每天的交易量继续超过上市股票的 100%，指数基金平均交易量占到每年的 5%，如果指数基金占到所有股票资产的 50%（现在仅为 10%），那么指数基金的交易活动将仅占交易总额的 3%，甚至有 80% 的资产是指数基金，那么其在交易总额的占比也低于 5%。很难相信，即使假设出现这么大的变化，能够对主动型经理成功地价格发现带来实质性影响，目前其交易占比稳稳占到总交易额的 90% 以上。

③ Free Press (1962).

M. Rogers 建立了一个经典范式，他指出创新会达到一个临界点，然后在社会体系中迅速传播。

在一个社会体系中，许多人在决策时会依赖其他人的决策，并且重复下述 5 个步骤：

1. 注意到创新
2. 对创新持有正面看法
3. 决定是否采用创新
4. 采用创新
5. 对创新结果进行评估

成功的创新能够稳步抵御障碍，在经历一个过程后便能获得大家的认可。各类创新所经历的这种过程都较为相同，但各自变化的时间长短存在差异，一些因素延后了人们对指数型投资的需求，并继续鼓励投资者采用主动型管理方式，其中包括人们希望通过努力获得更好的结果、基金经理和投资顾问对你说"是的，你能行!"、从一种类型转换到另一种类型产生的税收成本。

然而，人们很少提起一再被证明的事实，其一是大部分主动型经理的业绩一再低于指数基金，其二是极少有上一年的获奖基金经理继续在下一年获胜，人们也常常轻描淡写发现下一位获奖者是谁有多不容易。许多投资委员会和基金高管都坚信通过更换投资经理，就能打败概率。① 除了寻找费率更低的经理之外，并无他法来提前找到能够打败市场的主动型经理。

当然，要承认在扣除大量费用后业绩能够超越专家共识水平变得日益困难这件事，其实并不容易，尤其对于主动型管理者自己而言。我们不能期望他们会说"我们这些皇帝们，其实没有穿衣服"，然后放弃业绩投资。事实上他们如此努力地将主动型投资作为一个职业，竭力为

---

① 大量的数据表明，在作出改变决定后的几年里，刚被解雇的经理业绩一般都好于新雇佣的经理。

客户带来可观的收益，并期待能继续努力下去。

诺贝尔奖获得者 Daniel Kahneman 是《快速思考和慢速思考》的作者，[1] 他描述了一种文化的社会化力量，正如渗透在主动型投资管理中的那种文化，他说："我们知道，人们能够对任何命题都保持坚定的信念，哪怕很荒谬，只要周围的人都持有这样的观念。在金融领域充满竞争文化的条件下，自然会有许多人相信自己就是那些能够做到别人做不到的事的个别人。"

人类许多令人匪夷所思的非理性行为能够用行为经济学来解释。研究一再揭示，当评价自己"高于平均水平"或"低于平均水平"时，80/20 定律适用于大多数人，研究者不断发现，有 80% 的人在大部分的美德中将自己归为"高于平均"——包括优秀的投资者或优秀的投资经理评价者，[2] 这个发现或许解释了为什么人们没有更大胆地采用指数型投资的关键原因。

这些如此擅长价格发现的主动型业绩投资人获得了具有讽刺意味的成功，他们把发现极优价格的机会降到如此之低，以至于对于客户而言，争取超出市场业绩的这种"货币游戏"在扣除各种费用之后，已经不再好玩。很明显，对于我们专业人士而言，核心问题是我们何时能够承认并接受这样一个事实：我们中的大部分人（从事主动型投资管理的个人和机构）不再自我预期能在扣除成本与管理费后超越专家共识，并为客户提供优秀的风险调整价值。投资者何时能够认清继续承担所有风险、支付所有成本，而成功的机会是如此之小，这已不再是一桩好生意？

在理想状态下，投资管理一直是"两手一起拍"：一手侧重价格发现的能力，另一手侧重价值发现。价格发现是指发现尚未被其他投资者

---

① Farrar, Straus and Giroux (2011).

② 在最近的一次调查中，87% 的受访者认为他们应当升到天堂去——远远高于他们对 Mother Teresa 和 Martin Luther King 两位伟人的评估。

发现的价格错误的一个过程，价值发现是根据客户不同的因素——财富、收入、时间区间、年龄、债务和责任、投资知识、个人金融经历等来为其确定现实目标——并设计合理的长期投资策略。

有一种方法可以测试我们的想法，就是反过来问这样一个问题：在指数型管理者能够在不高于市场风险、仅收取 5 个基点费用并获得完全市场回报的条件下，你是否愿意转向主动型业绩经理，他们会带来更多成本，成倍收取费用，不仅结果变幻莫测，而且其业绩达不到基准的概率是超过基准概率的两倍，当达不到基准时损失的钱多于达到基准时赚到的钱？这个问题的回答不言自明，这是每个投资人应当问的问题——现在已经有越来越多的人在问了。

供进一步思考的问题

1. 你知道相对于被动型投资，你的主动型投资经理的业绩在扣除费用后是多少？值不值得？

2. 在未来 10 年里仅有 15% 的投资经理能够胜过市场，如果假设你能够挑选到其中一位，你认为这样的假设合理吗？

3. 如果你反对被动型投资，主要原因是什么？

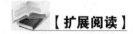

【扩展阅读】

对于机构投资，目前写得最好的书是：

David Swensen, *Pioneering Portfolio Management* (New York：Free Press, 2000).

对于个人投资，可以尝试阅读下述著作：

Charles D. Ellis, *Winning the Loser's Game* (New York：McGraw-Hill, 1998).

Charles D. Ellis, *Index Revolution* (Hoboken, NJ：Wiley, 2016).

Burton G. Malkiel, *The Elements of Investing* (New York：Gildan Media, LLC, 2009).

【作者简介】

Charles D. Ellis 的职业生涯主要围绕 Greenwich Associates 公司，这是一家他于 1972 年创建的国际战略咨询公司。在 30 年的发展中，他担任管理合伙人，为全球 130 个专业金融市场上的知名公司提供服务。目前，他为全球最大的机构投资者、政府组织和富裕家庭担任投资顾问。

此外，他还担任 Whitehead Institute for Biomedical Research 主席、沙特阿拉伯 King Abdullah 大学理事会主席、投资委员会主席和投资董事会成员，同时，他还作为耶鲁大学投资委员会主席与继任委托管理人。

他毕业于 Exeter 和 Yale 学院，获得哈佛商学院 MBA 和纽约大学博士学位，著有 16 本书，包括 *Falling Short*，*What it takes*，*The partnership：The Making of Goldman Sachs*，*CAPITAL*，*Winning the Loser's Game* 以及和 Burt Malkiel 合著的 *Elements of Investing* 等。他在耶鲁商学院和哈佛商学院教授投资管理高级课程，是 14 位被授予投资专业终身贡献奖的人士之一。

第20章 主动投资还有价值吗?(2)

Randolph Cohen

投资经理们未能战胜市场这个现象一直是金融界的谜。Charley Ellis引述相关研究成果表明,97%的股权共同基金的收益率都低于其基准(详见Charles Ellis书中的相关章节)。假如你邀请一些智力超群、训练有素的年轻人来参加一个特别有趣的"打败股票市场"的电游,并提供可观的激励机制:如果他们胜出,便能获得百万美元报酬,并继续玩下去;如果输了,他们则被踢出圈子,不得不靠其他工作为生!结果呢?拥有如此杰出的人才、训练和激励机制,可我们的表现还是比不过一个随意在板上进行投掷选股的猴子。

事实并非如此!Russell Wermers和其他研究者发现,股票共同基金经理的平均业绩实际较年基准水平高1%至1.5%左右。[1] 基金表现低于基准的主要原因是交易成本蚕食了回报,导致普通的投资经理们对基准的优势降到了1%以内。之后,管理费又切去了一块盈利,使得普通基金的净回报降到基准水平以下。

然而,平均水平的专业选股人确实能够胜出市场(如产出"alpha")的事实对我们仍然具有重要意义:

• 我们不应把基金的表现与基准进行比较,而是应当与被动投资的产品进行比较,这样主动型经理们的表现更佳,而被动型基金则更低,因为他们也有费用与成本!

---

[1] Russ Wermers,"Mutual Fund Performance: An Empirical Decomposition into Stock-Picking Talent, Style, Transactions Costs, and Expenses," Journal of finance 55, No. 4 (August 2000).

- 主动型基金经理确实在选股中附加了价值，但是需要给他们高额的费用以支付薪酬、客户服务和所有人利润。机构投资者能够获得比被动型基金更高的净回报，由于规模更大的账户效率更高，大量的客户群能够在谈判中获得更低的费率，但其净回报超出的水平尚不是很高，大概每年超出 50~100 个基点（0.5% 至 1.0%）就已经很不错了。

- 既然选股确实能够产出 alpha，如果经理们能够在技能、风险和费用方面取得更好的平衡，便可使业绩超出市场。

总结一下：

- 就平均水平而言，主动型经理选股选得好吗？选得好，但扣除费用和成本以后，机构基金的普通投资者一般能够胜出被动型基金少于 1%，而零售类共同基金则更低，平均低于基准水平。

- 能否找到不一样的投资经理，其投资净收益能持续高出基准 2% 至 3%？我对自己回答是的可能性表示怀疑，这样的业绩是非常不寻常的。

- 投资经理的业绩能否超出市场 4% 至 8%？我相信非常分散的、流动性高的、无杠杆的、只做多的基金是达不到上述业绩的，只有那些采用特殊手段的投资经理才可能达到上述水平。

框架："大部分——小"，"小部分——大"的世界

流动性资产投资者生活在一个"大部分——小"，"小部分——大"的世界（Lot-Little，Little-Lot，LLLL），在流动性证券中，大部分的证券只有一点点定价误差，而只有很小一部分存在大幅错误定价。考虑某一天美国最大 2 000 只股票的相对定价，其中，有几百只股票的定价与其公平价值相差 1% 至 2%，而只有几十只股票差异在 5% 至 10%，尚无研究可以回答是否有股票存在 20% 至 30% 的差异。

没有一份研究报告可以证明上述 LLLL 的框架，但它与所有证明实际市场效率不完美的研究结论一致。一位投资经理很有可能持有大量

价值稍微被低估了的股票、许多公平定价的股票以及不可避免的几只被价值高估的股票，还有几只以低于公平价格 5% 至 10% 的真正赚到便宜的股票，在成本纳入计算之前，这样的组合基于上述分析，能够超过市场基准 1% 至 2%，而把成本扣除以后，其收益可能低于市场基准，但和被动型基金的收益相当。在真实生活中看到的投资经理的情况的确如此，因此，这个 LLLL 的框架解释了我们所观察到的投资经理的业绩情况。

LLLL 世界里的成功主动型管理

如果一个普通的投资经理持有 LLLL 的资产组合，是否有一些主动型投资经理表现胜过一般的经理？如果局限于投资无杠杆、只做多的流动性资产，这种可能性极低，如果有的话，也只是刚刚超过市场基准，这种基金中最好的大概每年能超出基准 2% 至 3%，即使是这些基金也已经达到极限了，一位基金经理如果能够获得这样的回报率，已经做得相当好了，我们应当对他们表示钦佩！

许多投资者希望他们能够获得 20 世纪 90 年代的回报率，但鉴于目前利率处于较低水平，那样的回报率是可望而不可即的。然而，即使在 LLLL 的世界里，如果投资经理采用低流动性、杠杆、速度与高集中度的策略，他们也可能获得较高个位数的回报率。

低流动性

LLLL 框架适用于流动性高的证券，诸如股票、债券、货币和大宗商品。对流动性较低的产品，则适用其他规则。例如，一个学生曾建议我投资一个保加利亚的农场，他声称一旦保加利亚加入欧盟，并能打通西方市场的渠道，那么该农场的价格将翻三倍，尽管我难以肯定这是否是一个好的投资机会，不能立即反驳他，不像福特汽车绝不可能以其合理价格的三分之一来出售，甚至最聪明的投资者也不可能胜过几百万每天参与股票交易投资者的集体智慧。但上述规则并不适用于市场"黑暗的小角落"，在这些地方，交易和信息都非常少。

诸如私人公司资产、发行量极少的股票、几乎不交易的债券、奇怪的衍生品、新类型市场和加密货币等都可能被错误定价，这并不必然意味着它们的价值被低估——不能以"非流动性溢价"为理由。一般而言，非流动性资产作为一个类别较相似的流动性投资交易价格更低，非流动性资产的价格可能被严重高估或低估，这样能够为那些不处于LLLL区域的精明投资者提供机会。整体来讲，为你的资产组合保持充足的流动性非常重要，但审慎地将一部分资金投资于流动性较低的资产可能大幅提高回报率。

此外，既有市场的增长更有效率，而新资产类别可能效率不高。在1980年，不存在一个真正的可转债市场，到了1990年，许多精明的投资者意识到可转债是一个效率不高的市场，因此能提供大量机会，而现在，可转债已经被非常准确地定价了。自2000年起，中国的股票也同样经历了从不可能到低效，并向高效迈进的进程。加密货币也像西部地区一样，拥有相似的发展潜力。已有的市场发展更有效率，但新市场和分析这些市场的新工具能够为获得超越传统回报率提供机会。

杠杆

给一项投资加杠杆能够把微小的错误定价转变为可观的回报。以经典的"套息交易"为例，某基金购买收益率为3%的长期美债，如果没有加杠杆，1 000万美元的投资回报率很普通，但如果这只基金用1 000万美元的自有资金加上9 000万美元利息为1%的借款来进行投资（总共1亿美元），那么回报就非常可观了，杠杆的作用将以1%利率借款所获得的回报扩大了10倍。

当然，杠杆隐含着风险。正如住房按揭和其他形式的借款一样，这种杠杆会产生波动——如果美国国债价格下降1%，那么100万美元

（1 亿美元的 1%）的损失则意味着本金回报率为 – 10%（1 000 万美元的 10%）。

更有甚者，杠杆能令短暂的损失永久化。假设美国债券跌了 7%，资金就减少了 700 万美元，或者说 70% 的损失。人们认为 Warren Buffett 秉持"无论道路多么坎坷，只要最终达到终点就好"，如果你能够等待，市场可能会回到原来的水平，但如果你采用了杠杆，并已经出现了 70% 的损失，你可能不得不在底部抛售，因为你的本金中剩下的 300 万美元已不能支撑 1 亿美元的头寸，即使债券价格立即回到了 100 美元，投资者也将损失他们一半的资金。在危机期间，这样的事件时常发生，这意味着资金可能一下子遭受多次永久性损失，因此，尽管杠杆策略能够提供机会，但也需要高度谨慎的态度。

速度

提高交易速度和换手率是另一种从存在略微错误定价的证券中不采用杠杆却能带来高额回报的手段。购买价值被低估了 1.5% 的股票，然后在 1 个月后，以低于公平价值 0.5% 的价格卖出，尽管只能获得 1% 的收益，但回报很快，重复这种月度操作能够获得年化 12% 的回报率（不包含各种费用）。但快速交易存在两个问题：一是一些价值被低估的股票需要一个月以上的时间来回到合理价格；二是通常完成一次买卖的交易成本，包括价格影响，常常接近 1%，从而会侵蚀大量短期交易的盈利。

一种解决途径是成为中间人或者"做市商"，收取而非支付交易费用。从一次交易中获取 0.5% 至 1% 的利润很常见，一个活跃的市场能够让组合资产每年换手 10 至 20 次，从而带来巨大利润。传统上，金融机构会雇佣这些擅长作交易的人才，给予他们极高的工资，避免让其他外部投资者雇走，但《多德—弗兰克法案》中的 Volcker 规则允许这些交易员们建立自己的基金，从而为更多的投资者作贡献。

集中、专业与主动投资比重

每当你问起基金经理持有的资产组合，他们可能会给你讲一些故事，证明他们对某一只股票有多么深厚的研究以及对机会的高度热情和坚定的信念。当你意识到每个经理手上都有100种头寸时，你可能会问"他们是否对所有的投资都有类似的感受——一个人的头脑如何容纳如此多的知识，充满如此浓厚的热情？"他们或许会解释说，事实上只有4~5个如此充满信心的投注，其他95%的投资都是维持基金运行的。

你可能问："我是否可以只持有最好的那几只？"如果基金规模很大，一般回答都是"你不可以"。如果你管理着几十亿美元资产，却只持有几只股票，这样管理的难度是相当高的，因为这意味着你在单个证券上持有巨额头寸，并同时对价格具有显著的影响力。在佣金驱动下，基金经理更渴望拥有管理几十亿美元资产的权力，而不是几百万美元。

投资者可以通过挑选那些只关注最好证券的基金来从中受益。大量的实证案例包括我个人的那篇《最佳想法》研究论文都表明，一个基金经理所拥有的前10个最佳想法常常胜过其前50至100个最佳想法。[1] 通过持有一个高度集中的资产组合，选股经理只会挑选他们认为被严重错误定价的股票，这样就避免了LLLL定律，该定律指出基金经理能够找出5至6只"被严重错误定价的"股票，但难以找到100只。

与此紧密关联的是"专业领域"的理念——在基金经理真正擅长的领域选择投资。正如希望基金经理提出100个出色想法一样，想让他们对每一个领域都熟悉是不现实的，因此，研究表明投资于特定行业的基金比一般基金的收益率更高。其他专业领域的划分还包括区域、证券种类或交易。

---

[1] Randolph B. Cohen, Christopher Polk, and Miguel Anton, "Best Ideas," Working Paper, 2018.

在《你的基金经理有多主动?》这篇文章里，Cremers 和 Petajisto 认为，基金的"主动性"越高——基金的波动性更大程度来源于主动投资，而不是指数的变动——这些基金的表现越好。[①] 由于仅投资少数几只股票的基金表现与指数基金迥异，因此，集中性会大幅增加"主动性投资"的比重。专业领域也有同样的效果，即使一位基金经理持有100 只股票，如果都是生物科技类的，那么它的回报率就不会与整体市场有显著关联。集中投资与专业领域投资都有这样的效果，如果把这两者一起使用，则效果加倍。

关于费用的几句话

关于费用问题，是值得专门写一篇来谈的，但这里只要谈一点就够了：费用不应当按照管理资产的一定比例来计算，而是应当根据主动管理的资产规模及其表现来计量。目前，一个被动投资的标普 500 基金可能会收取你 10 个基点的费用，那么一个只做多的基金如果收取 50 个基点，也是可以接受的。当然，这比对冲基金"2 与 20"的费用低很多，对冲基金不仅给予基金经理总资产 2%，而且还给予盈利的 20%。

然而，考虑只做多的基金经理管理的资产其实与标普的相关性达99%，这种状况比你想象的更为普遍！如果那些经理收取 50 个基点的费用，那么，他在任意一年要胜出其他被动型投资产品业绩的可能性是极低的。即使提高成功操作的提成，也难以对结果产生显著的影响，并抵消收取的费用。2017 年一篇由 Lazard、Khusainova 和 Mier 撰写的论文证明了这种效果的程度：一旦我们把所谓"柜子里的指数投资者"[②] 剔除出去，剩下的那些真正的主动投资型经理的业绩远远超出通常所统

---

① Martijn Cremers, and Antti Petajisto, "How Active Is Your Fund Manager?," Review of Financial Studies 22, No. 9 (2009).

② 柜子里的投资者是指那些声称是主动型投资经理，但最终持有的资产组合与整个指数没有很大差异的投资经理，这种情况出现的主要原因在于他们不愿意承受失业的风险或者让管理的资产回报离基准太远。

计出的选股型投资经理超过基准 1.26% 的水平——而柜子里的指数投资者只超过 0.91%（除去各种费用后），[①] 详见图 20.1。

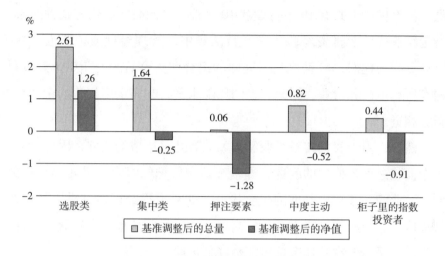

图 20.1　各类主动投资管理的年化业绩

即使对于一个收取"2 与 20"费用的对冲基金，它对投资的每一元钱都分别作了 2 元的做多和 2 元的做空，既然这些基金经理为投资的每一元钱做了这么多的选股工作，让这些收费物有所值，所以如果计算合理的话，这样的收费也是不过分的。相反，如果一个收费为"2 与 20"的基金经理的整体风险暴露处于中等水平，可能结果比上述两种情况都差，管理一美元的费用较高，但主动型投资的比例却较低。找到有能力实现最高净回报的基金经理的最佳办法之一就是找到那些收费合理计量，并与能力相当的同行相比收费更低的基金经理。

把所有因素整合起来

如果投资者没有采用这些手段，可能因为其中会涉及风险，但有一

---

① Erianna Khusainova and Juan Mier, "Taking a Closer Look at Active Share," Lazard September 2017. 业内对于"选股"和"集中投资的基金经理"的定义存在较大差异，他们的研究发现即使是中等程度的集中型投资与主动型投资，其回报也远超基金经理的平均水平。

些风险是能够被有效管理的。尽管将一些波动性较大的基金进行多样化组合，能够带来更高的回报率，但仍然比低波动率的持有组合风险低。假设世界上共有 10 个行业和 10 个地区，同时，我们将找到对某个特定行业或地区投资经验非常丰富的集中性管理经理或选股人，并把资产分配给他们，一旦建立了这样的组合，整合后约有 1 000 只股票，遍布所有地区和行业，因此，它的风险水平将与完全多样化的全球市场指数相近。

然而，由于我们在各行业和国家只有几只股票的头寸，因此我们就不会面临过度多样化的问题，即基金经理管理的组合几乎相当于指数，同时，业绩显著高于基准的机会极低。如果投资经理通过投资非传统、低关联度、非股权策略进一步提高多样性，尽管从单个类别看波动性属于较高水平，但在整体上这可能会降低风险。

当然，满足我们所提到的高标准经理并不一定对所有领域都擅长。一个设计完善的资产组合会在那些找不到出色投资经理的市场或行业里采取被动性策略，这可能包括本地资产管理经理较少的遥远地区以及高度有效的市场行业，如美国高市值企业。被动型投资有其魅力，为了让主动型管理经理有理由收取高额费用，他们必须提供下述有利特质：

- 卓越的能力
- 勇于大幅拉开与基准的差距
- 基于测算，进行中等水平的收费
- 拥有一项或多项重点技能因素：非流动性、杠杆、速度和集中度
- 鉴于前面所述的方法有一定限制条件，管理的资产规模应与策略匹配

如果综合拥有上述特质，主动型经理能够为投资者带来可观的净回报。这样，在一个结构完善的资产组合中，主动型经理与被动型经理

都有重要的位置。

供进一步思考的问题

1. 你目前的资产组合中，哪些地方采用了非流动性、杠杆、速度或集中性的方法？

2. 基于对你资产组合的了解和设定的目标以及对波动性的承受力，请想象你的资产中哪一部分能够用于主动型策略？哪些可以用于被动型策略？

3. 你的主动型基金经理是"柜子里的指数投资者"吗？他们是如何运用前面所说的这些方法的？你如何计算你付出去的费用所带来的价值？

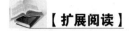 **【扩展阅读】**

Randolph B. Cohen, Christopher Polk, and Bernhard Silli, "Best Ideas," 2010, http：//personal. lse. ac. uk/POLK/research/bestideas. pdf.

以上是我合著的一篇论文，证明了即使是非常普通的经理，如果他们基于各自最好的想法构建一个集中度高的组合，业绩也将大大高于基准。

Martijn Cremers, "Active Share and the Three Pillars of Active Management：Skill, Conviction, and Opportunity," *Financial Analysts Journal* 73, No. 2 (second quarter, 2017)：61 – 79, https：//papers. ssrn. com/so13/papers. cfm? Abstract _ id = 2860356.

Bruce C. N. Greenwald, Judd Kahn, Paul D. Sonkin, and Michael van Biema, *Value Investing：From Graham to Buffett and Beyond* (Hoboken, NJ：Wiley, 2004), http：//www. amazon. com/Value-Investing-Graham-Buffett-Beyond/dp/0471463396.

该书作为至今论述通过价值投资打败市场方面最成功最实用的书籍，赢得了广泛赞誉。

Erianna Khusainova and Juan Mier, "Taking a Closer Look at Active Share," Lazard, September 2017.

【作者简介】

Randolph Cohen 是哈佛商学院创业管理 1975 年 MBA 班高级讲师，并担任 Alignvest 投资管理公司合伙人。此前，他还担任 HBS 助理教授，并担任 MIT Sloan 访问副教授，教授金融与创业。

他的主要研究领域是发现业绩超越市场的货币经理，并研究机构投资者行为与资产价格水平的关联，他帮助成立并发展了多家投资公司，并担任多家公司顾问。

他获得哈佛学院数学系文学学上和芝加哥大学金融与经济学博士学位。

第四部分　培养崛起的一代

世人相信孩子是生命中最伟大的成就之一，父母愿意为子女做任何事。这种对孩子的爱是家庭财富最大的悖论之一：许多父母日复一日地为家庭积累财富，同时又担心自己经济上的成功会毁掉子孙后代。

鉴于这一悖论，如今有些富豪承诺只留给后代一小部分金融资产就不足为奇了。一代又一代的经历表明，财产继承会对接收者造成巨大伤害，包括缺乏自我价值感、难以与他人建立健康的关系、滥用药物、药物上瘾，或普遍存在空虚感。

然而，尽管这些隐患真实存在，但为下一代"付出所有"并不是唯一的解决之道。

本部分将讨论一些最为棘手的问题，即如何确保我们最爱的人从金钱中受益，而非受害。

Suniya Luthar 和 Nina Kumar 指出，成功的环境可能促使年轻人出现某些令人不安的行为，父母可以采取具体措施解决这些隐患。

所有父母都希望自己的孩子拥有独立生活的能力，而非肩不能挑、手不能提、百无一用之人。尽管来自贫穷甚至中产阶级家庭的孩子们因生活所需而被迫走上独立的道路，但是财富极易导致依赖。Jill Shipley 提供了父母可用来促进孩子独立的具体做法，Coventry Edwards-Pitt 分享了金融教育方面的重点：金融教育更重要的是从培养个人价值观开始，而不是从学习金融术语知识开始。

金融教育是贯穿于本部分这些文章的一个主题。Lee Hausner 同时也提出了一些非常实际的考虑，比如何时与子孙后代分享金钱、赠予财产时如何使用及管理信托基金、当财产接受者自身的赚钱（或存钱）能力与这笔财产不匹配时怎么办。Peter Evans 也提出了类似的问题：家庭成员应该如何帮助孩子们将财富融入他们自己的生活，并让财富发挥更大的作用。

虽然独立也许是育儿的最高目标，但父母也希望孩子能在与家人的相互依赖中找到力量和快乐，另外两篇文章探讨了这种微妙的平衡。Kelin Gersick 在家庭治理的背景下提出了这一观点，家庭状况在父母和孩子眼中有何不同以及如何弥合这种差距。Chareles Collier 提出了清晰而富有吸引力的话题，可以引发父母和孩子就财产继承问题进行家庭讨论。尽管这样做可能会让人觉得"把精灵从瓶子里放了出来"，但Charles 的问题提供了一个框架，可以让每一代人都能以舒适和受尊重的方式分享各自的观点。

最后是关于本部分标题中的一个词：在家庭财富的世界里，许多顾问会使用"下一代"这个词来形容客户的子女或孙子。我们和我们的撰稿人试图避开这个词，而更倾向于使用"崛起"的一代。我们从许多家庭成员那里听说，"下一代"这个词让他们感觉不那么重要，那些令人印象深刻的财富创造者才被认为是"第一代"，相比之下，"崛起"这个词更加尊重每一代人成长、自我定义和繁荣的机会，这也是所有父母共同的希望。

第 21 章　如何培养负责任、
独立和富有成效，
而非依赖信托基金生活的孩子？

Jill Shiphey

白手起家的故事是现代思想的核心，努力工作、冒险和经济上的成功是令国家强大的原因。虽然这个梦想是伟大的，鼓舞人心的成功故事是强大的驱动力，但这是不完整的。当你登上成功的巅峰时，你所面临的挑战可能同样令人望而生畏，并且计分卡也不那么清晰：我如何在这片财富之地抚养孩子并繁荣昌盛？[①]在这片土地上，我自己的生活可能都不是百分之百地舒适和惬意。

真正的问题是，**我如何确保这笔钱不会把孩子的生活搞得一团糟？**

许多有钱的父母担心他们的孩子会成为典型的信托基金婴儿——懒惰、浪费和被溺爱，还有一些合理的担忧是，继承的财富会导致孤立、上瘾、情感发育迟缓和抑郁。[②]令人害怕的是，在实现了为家庭提供更好生活的梦想之后，这些资产可能起到反作用，并对家庭关系、孩子的发展和幸福产生负面影响。

作为父母，无论我们做什么都不可能有百分之百的保障，没有什么神奇的解决方案可以确保你的孩子能脚踏实地、独立、负责任，但我发

[①]　James Grubman, PhD, *Strangers in Paradise: How Families Adapt to Wealth Across Generations* (Boston: Family Wealth Consulting, 2013).

[②]　John Levy, Coping with Inherited Wealth: *Opportunities and Dilemmas* (North Charleston, SC: Book-Surge Publishing, 2008).

现以下做法有助于个人和家庭世代繁荣昌盛。

从以身作则开始

要真正回答这个问题，得从以身作则开始。从自身的价值观、奋斗史、忧虑、希望和偏好中深入挖掘，以获得更强的自我意识，只有非常了解自己还需要做什么，才能帮助他人成长和发展。所以，请通过别人对你的评价、不断练习或自我反省中挖掘出更多的自我意识吧。

反思自己的习惯和行为也很有帮助，光说不练是没有效果的。你想让孩子成为什么样的人？善良、乐善好施、经济独立、积极、靠谱还是快乐的人？想一想你能做些什么才能帮助孩子塑造这些特质。如果你出行只坐私人飞机，你的孩子自然会希望每次都坐私人飞机（他们可能不知道飞机安检为何物）。如果他们从未见你做过有意义的事情，比如工作、志愿者活动或用心抚养小孩，他们可能会觉得这些都是没有价值的事情。我不是说你要活得像个穷人，而是像 Ellen Perry 建议的那样，露天看台和豪华包厢都要让孩子体验一下。[1]

从内心深处增强自我意识，以身作则才能让你所期盼的特质呈现在自己孩子身上。

给一个离开沙发的理由

在经济上非常成功的父母或祖父母的陪伴下长大可能会给新生代留下阴影，[2]这种生活可能会麻痹人，让新生代几乎无法达到前人的标准。培养并庆幸孩子拥有自己的兴趣和梦想，[3] 无论是否与你自己的兴趣和梦想相关（或与你在他们身上看到的潜力相关，你看到的可能是

---

① 　Ellen Perry, *A Wealth of Possibilities* (Washington, DC：Egremont Press, 2012).

② 　James Hughes Jr, Susan Massenzio, and Keith Whitaker, *Complete Family Wealth* (New York：Bloomberg Press, 2017).

③ 　James Hughes Jr, Susan Massenzio, and Keith Whitaker, *The Voice of the Rising Generation* (New York：Bloomberg Press, 2017).

根据你定义的成功驱动的，而不是他们认为的成功驱动的）。

当人们梦想彩票中奖时，通常说一旦中奖我就不工作了，继承遗产（哪怕是为数不多的遗产）会降低为养家糊口而工作的动力，尤其是任务或工作变得艰难时，往往更加想辞职。我有生以来还没有见过快乐、适应力又好的人不需要一个离开沙发的理由，所有人都需要生活的目的和意义，既可以是成为全职爸爸的承诺，也可以是付出时间、精力、意愿帮助有需要的人，或者是承担一份传统的工作。积极心理学认为，生活过得充实的关键在于参与一个项目或任务，维护有意义的人脉，服务他人，把精力集中在感恩、成就或成绩之上。[①]

鼓励独立，把时间和资源用在帮助孩子们发掘快乐之源上。

谈论困难的事情

公开、诚实和透明的沟通是无法替代的，尤其是在困难的时候。

有些父母问何时和如何跟孩子谈论财富转移计划——谈论孩子会继承多少财富及何时继承。有些人甚至不愿意提起这一话题，他们认为过世之后孩子们自然会发现的，我曾听年届七八十岁的父母说，与他们五六十岁的孩子谈论财产继承还"太过年轻"。

我不相信关于何时及如何讨论你的财富的问题只有一个正确答案，这个问题的影响因素很多，包括年龄、生命期、成熟、经验、个性和学习方式。我极少听人抱怨太早听到财产继承这件事，相反很多继承人表达了悲伤或失望，因为没有及时获得相关知识、渠道，或想提问时已经"为时已晚"，以至于完全没有准备或从资源中受益。告诉继承人的时间不是资产转移到他们账户的日期，也不是他们收到信托分配或财务报表的日期，因为那时已经没有时间让他们在情感上做好准备或对财务负责。

---

① Martin E. P. Seligman, *Flourish* (New York: Free Press, 2011).

根据我的经验，不管你决定什么时候分享这个信息，你的孩子们早已凭直觉或查谷歌，就知道他们与别家孩子不一样。也许更重要的是营造一个环境，在这个环境中可以提问，感觉或谈论不安全感，即使害怕也没有关系。正如 Brene Brown 所说的，勇气、亲情和同情心（对我们自己和彼此）都是无可替代的。[①] 培养关系和真正的亲情需要时间，因此建立一个安全的空间，从一开始就鼓励脆弱和真实，因为这个做法将持续一生，能够开诚布公地讨论成就、挫折、金钱、期望和情感，这些与你要传承给孩子们的财产一样宝贵。

在学习上投资

除了以身作则，在家里营造学习的文化吧。为崛起一代在今日及未来的角色和责任制订一个计划，学习作为继承人、信托受益人、家族企业中的股东或基金会董事成员的定性和定量含义。不同家庭成员的准备方法会有所不同，这取决于用在哪个家庭成员上以及他或她最擅长的学习方式，同时也取决于家庭的价值观。学习内容可以从有效的沟通和冲突管理技巧到更精通财务，再到领导能力和性格建设，[②] 以及遗产规划和慈善事业。此外，寻找机会让孩子们学习如何成为继承人，包括如何淡然面对被视为富人或信托基金婴儿的耻辱。

你在金融资本的托管、管理、保存和转移上花了多少时间？想象一下，花更多的时间和资源在你家庭的人力、智力、社会和精神资本的发展上。

放手

Hodding Carter 说，"我们能留给孩子的遗产只有两个：一个是根，

---

① Brene Brown, *The Art of Imperfection*（Center City, MN: Hazelden, 2010）.

② Greg McCann, *Who Do You Think You Are? Aligning Your Character and Reputation*（CreateSpace, 2012）.

另一个是翅膀。"最阻碍父母实现本文目标的是控制问题，孩子们需要被告知"不"，在他们成长的岁月里需要边界、规则和结构才会感到安全。通过塑造你的价值观，表现出爱和同情心，创造一个安全的空间，让孩子们真正成为自己，这就是"根"深蒂固的方法。

随着儿童成长为年轻人，他们需要区别对待，他们需要空间和鼓励来制定自己的路线，学会摔倒后重新振作起来，这就是"翅膀"。提供丰富的资源——成为各种后果的庇护所，提供他们不应得的机会以及纵容依赖性，反而会阻碍这种成长。

简单地说，不要用钱包来教育小孩。当女佣为你的孩子打扫卫生之前等一等，当要求财务顾问从你的大学生银行账户中扣除透支费用之前等一等，当使用你的关系或资源为孩子找工作之前等一等，当他或她带着孙辈来探望你、你把现金放进孩子的钱包之前等一等，当你要购买年度礼物而你的孩子却没有出席家庭会议或基金会会议时等一等，在为现有的几代人和你将来永远也不会认识的后代最终确定一个严格的激励信托之前，先停一下，这个信托可以让你从坟墓中继续影响和控制后代。

奋斗是有价值的，失败的教训是有价值的，在旅途中塑造的性格是有价值的，所以要支持和装备他们，但不要过度保护和控制他们，世界上所有的钱都不能给你的孩子（内部和外部）提供声誉——他们需要自己去争取。

结论

你和你的家人努力奋斗实现的富足生活带来了新的好处、机会和挑战，大量的资源可以确保家庭基本需求得到满足，并通常可以为子女、孙辈和后代提供自由和财政保障，令他们纵情发掘自己的爱好所在。

要培养富有成效、独立、有同情心、脚踏实地的孩子，首先要审视自己，明确自己的价值观和目标，并树立自己希望在孩子身上看到的行为榜样。支持他们的梦想，认识到他们对成功的定义可能与你不一样。与孩子们坦诚地交谈，不必隐藏你脆弱的一面，除了成功的故事，还可以分享你的忧愁和失败的经历。不要等到为时已晚才来谈论金钱和财产对继承人的影响。最后，金钱可以用作维护人脉、促进发展和独立性的工具，小心不要把它当作与权力、控制力和依赖性挂钩的胡萝卜或大棒。

供进一步思考的问题

1. 什么可以帮助你提高自我意识和同理心？

2. 重要讨论（你一直在避免的）可以从何处入手？

3. 你如何帮助你的孩子培养自我意识和目标？

4. 能够帮助你的人员、资源和支持力量有哪些？

【扩展阅读】

Ellen Perry, *A Wealth of Possibilities* (Washington, DC：Egremont Press, 2012).

Jessie H. O'Neill, *Golden Ghetto* (Delray Beach, FL：The Affluenza Project, 1997).

James Hughes, Susan Massenzio, and Keith Whitaker, *The Voice of the Rising Generation：Family Wealth and Wisdon* (New York：Bloomerg Press, 2014).

【作者简介】

Jill Shipley 致力于帮助家庭守住财富，确保财富对家庭、每个家庭成员和社区产生积极影响。作为 Cresset 家族理财办公室的高级常务董事和合伙人，她致力于向家族阐明价值、加强沟通、制订传承计划、参与共同的慈善事业并为继承人做好准备。

在加入 Cresset 之前，Jill 是 Abbot Downing 家庭文化研究所的常务董事，在那里她率先创建了体验式发展计划，并促进了多代家庭会议制度。Jill 的职业生涯始于 Stetson 大学家庭企业中心助理主任，也曾任该项目的副教授。

Jill 荣获 2014 年家庭财富报告奖，成为家庭财富管理行业的新星。她是关于家庭财富的著名演讲者，她的观点曾被《华尔街日报》《巴伦五星报》《信托与房地产杂志》和《金融顾问杂志》等引用。

第 22 章　在强调胜者为王的世界里，如何帮助孩子们茁壮成长？

Suniya Luthar 和 Nina Kumar

锦衣玉食中长大的孩子将面临什么挑战？

富裕家庭的孩子通常被视为"拥有一切"，然而，在卓越家庭或学校长大的学生往往面临多个挑战，首先就是要求不断超越自我的高压力。

这些孩子的父母经济富裕，身边的同龄人也同样承受成功压力，在他们包围下长大的年轻人处在一个高压力环境中。这些学生从小就面对父母、教练和老师的殷切期盼，等他们稍大一点，许多家长就给他们报名参加最具竞争力的学校、体育联盟和艺术班，有时，孩子还未出生，家长已把孩子列入竞争激烈的学龄前教育候补名单，这些孩子可能面临从初中就要开始准备和强化他们简历的压力。对成功的不懈追求营造了一个高度紧张的环境，使这些学生产生了适应力问题，与普通青少年相比，他们在药物滥用、违反规则、抑郁和焦虑方面的发生率更高。当地学校和社区一级的研究，以及美国和挪威对大量国家样本的研究都指出，成功的压力可能对富裕家庭的儿童带来挑战。

你应该注意什么？

要注意的第一个迹象是孩子是否过于看重成功和地位，这可以反映在日常行为的许多方面，最显著的迹象是对失败有明显的焦虑和压力，比如未在每门课上取得最高成绩，或者未在每件事上做到最好。学生们通常竭尽全力希望在众多活动中同时获得完美的成绩，以打造一份完美的简历，尽管努力在各种体育运动、活动中取得成功是值得称赞的，但这种追求完美的愿望很快就会落空。

对同龄人的过度嫉妒是孩子感到压力过大的另一个迹象。当孩子的自我价值取决于他们的成绩是否能令人印象深刻时，他们会变得非常嫉妒那些他们认为在学业、吸引力或在学校受欢迎程度上比他们做得更好的同龄人，这种嫉妒继而又与活动中出现的抑郁、焦虑和退缩有关，而他们曾经是很喜欢这些活动的。

此外，要谨慎监控孩子的违规行为和药物使用情况。有些孩子可能会觉得需要通过欺骗或偷窃来达到目的（如在学校获得极高的分数）和获得同龄人的认可（如穿戴昂贵的衣服和配饰）。关于吸毒和酗酒，父母不仅要保持警惕，更重要的是，不要将其视为"所有孩子都会做的事"，因为父母的容忍与青少年滥用药物的风险上升有关。此外，许多学生使用药物来缓解压力，但安非他明和利他林等兴奋剂在辅助学习和放松身体上被滥用了。

这些问题往往出现在七年级左右，那时孩子们差不多13岁，出现问题的原因有很多。在这个年龄段，孩子们开始从父母那里寻求独立。他们经常无人监管，因为他们的父母认为他们在"好邻居和学校"的环境中是安全的。在这段时间里，学生们也比以往任何时候都体验到了被同龄人群体接受的强烈愿望，这种接受的欲望常常涉及叛逆的行为，例如偷窃和尝试酒精和毒品。另外，在13岁左右，青少年还必须应对青春期荷尔蒙的变化。

女孩和男孩之间是否存在不同类型的问题？

研究发现，男孩和女孩所反映的问题模式略有不同，而且在某些因素上存在一些差异，这些因素往往会加剧各自的困境。例如，对于男孩，自述药物滥用水平高的人往往与同学中"最受欢迎"的人显著相关，换句话说，他们的同龄人积极支持和加强他们对毒品和酒精的使用（比不太富裕的年轻人更多）。同龄人对药物滥用水平高的女孩也最为喜爱，但使用药物的女孩同时也与最不受欢迎的人相关，这表明同龄人对药物滥用的看法是基于性别的双重标准。双重标准也适用于与多个性伴侣的"交往"，同龄人钦佩男孩这样做，而女孩往往被消极看待。

由于同龄人喜欢强势的人和外形有吸引力的人，女孩们也表现出了其他的问题。在富裕的学校社区，被同龄人视为强势的女孩受到赞赏，"凶狠的女孩"通常在社会上占主导地位，外形有魅力的女孩也会受到同龄人的高度赞赏，因此许多年轻女性过分关注自己的外形也就不足为奇了。女孩们也面临来自同龄人和成年人的高要求，通常还是相互矛盾的要求，同龄人和成年人认为尽管女孩在学习和体育方面的表现应该和男孩一样好，但她们也应该是善良和体贴的，要在多个领域成为"杰出的"人令年轻女性感到压力，往往会嫉妒她们认为比自己做得更好的女孩。

由于害怕失败，一些年轻女性不愿意在生活中冒险，她们可能对能带来舒适、支持和肯定自我的至关重要的亲密关系持谨慎态度，这最终导致了一种潜在的焦虑感、自我批评，并认为无论多么努力，她们将永远不会足够成功、足够有吸引力、足够受欢迎或足够让人钦佩，这种完美的面具往往会阻碍学生寻求帮助。

男孩可能会非常关注漂亮的外表、高超的运动技能、被众多女孩认为性感以及频繁滥用药物的"酷男"，因为这些因素与在同龄人中占据高地位有关。同样，如果一心关注这些方面，可能难以与他人产生真正亲密的关系，也可能过度投资在权力和地位上。

虽然男孩和女孩面临不同的问题，但是不管在真实生活中还是社会媒体中，常常看到同龄人毫不费力的完美形象，这些欺骗性的描述为向上比较设置了不可能的标准，实际上，学生们是在把自己与那些似乎拥有理想生活的同龄人所讲述的误导性故事进行比较。

你能做什么来预防这些问题的产生？

想照顾好孩子，父母必须先照顾好自己。作为父母，你能做的防止孩子出现问题最重要的事，就是首先确保自己心理稳定和健康，而不是长期承受压力、过度劳累、疲惫和焦虑。数十年来，做个"足够好的父母"是项具有挑战性的任务，在高压环境中尤其如此，除非你能在心理上"加油"，否则无法对孩子的压力做出有效的第一反应。孩子们知道你何时处在挣扎窘境中，他们会受到你的影响，因此，有意识地优先照顾好自己是很重要的。

在高收入家庭中，父母工作的性质可能导致高水平的压力。由于利益重大、犯错代价高昂、工作时间长且要求很高，父母通常需要远离家庭花费大量时间在工作上，长期远离家庭，反过来会让父母离开家庭圈，加剧他或她的疏离感。如果你正处于这样的位置，需要特别留意你离开家人的时间，并且必须做出协调一致、深思熟虑的努力，真正地与家庭成员建立联系，与家庭及每一个家庭成员保持开放的沟通，你还须承认你的生活需要有人支持、需要真诚的关系，并有意识地优先发展和维护这些亲密的关系。

塑造良好的行为和价值观

孩子倾向于模仿在父母身上观察到的行为，特别是同性别的行为，因此必须认识到你为孩子所做的行为以及你所展现的价值观是很重要的。在富裕的社区里，年轻女性和她们的母亲都倾向于坚持过高的、不合理的完美主义标准，受过良好教育的母亲应该既独立又有抱负，事业上和男性一样成功，同时又有女性魅力，高效协调家庭日程的同时，还能培养和顾及孩子的情感需求，当然还要漂亮、有条理。在追求完美的道路上，母亲和女儿一样不懈追求着，这让她们筋疲力尽，对个人幸福来说是一种折磨，因此，母亲向女儿展示这种可望而不可即的完美之前要三思。

在许多家庭中，父亲工作时间长，是主要的经济支柱，然而，孩子与父亲关系的好坏确实很重要。尽管孩子们与母亲相处的平均时间比父亲多，但与父亲的关系有其独特影响，例如，十几岁的男孩似乎对父亲的抑郁反应特别强烈，女孩的学业成绩往往与父亲的亲密程度挂钩。

作为父母，你需要特别注意是否过于强调成功，而不是正直或诚信。我们的研究表明，当要求学生从 6 个价值观中选 3 个父母希望他们具备的价值观进行排序时，那些有着过分重视成功父母的学生，比其他学生更容易遭遇各种适应力问题。

相比之下，相对诚信、同情心、正直这些品质，对成功的关注程度只有中级至低级的父母，他们孩子的报告最为健康。因此，你需要确保在家里不要过于强调外在价值，而是保持警惕，让你的孩子牢牢地扎根于内在价值之中，需要提醒孩子们，在追求一流的大学或最赚钱的工作时，有些事情是不能妥协的，包括善待他人、为更多人做好事以及保持密切、相互支持的人际关系。

营造安全、关爱的环境

在为人父母的过程中（其他活动也一样，比如管理），"坏比好更强大"，也就是说，贬损的话产生的效果可能是赞美或喜爱的话三倍之多。因此作为父母，你应该尽一切努力减少对孩子的批评和负面沟通，同时多说充满爱意、肯定的话，并直接传递他们真的"很重要"的信息。此外还要记住，你的失望或批评可以通过非语言的方式传达，当你的孩子回家报告说他们没有进入优等生名单或没有在学校话剧中担任主角时，他们会对你扬起的眉毛或变化的语调很敏感。

有个关键的问题是，尽管我们所有人都倾向于保护孩子免受失败的打击，但孩子需要从生活的失败中学习，虽然看着孩子在困境中挣扎是很困难的，但你需要时刻留心不能替孩子解决所有问题。注意挑战需适龄（比如 3 岁小孩不可能有 11 岁孩子的毅力完成相同任务），重要的是给孩子们学习和实践日常生活和应对技能的机会。

要对孩子痛苦挣扎的迹象保持警惕，必要时迅速求助专业人士。一般来说，父母只有在孩子学习成绩不好或总是捣乱的时候才会寻求外界的帮助，然而，对逆境的适应力并不是一种全面的现象——压力下的孩子在某些方面可能表现得特别好，而在另一些方面却默默挣扎——因此，学业和课外活动均取得出色成就的孩子可能同时受高度的抑郁和焦虑的折磨，如果不加以关注，这种高度的内心不快乐会随着时间推移，滚雪球般发展到危险的程度。

设置严格的限制

富裕家庭的父母应该特别留意孩子在发现青少年使用毒品和酒精后的反应。在美国，父母对药物滥用的"遏制"程度低与青少年自我报告中药物滥用程度高呈正相关，对这一问题做出坚定和一致的限制是至关重要的。同时，认识到这一点很重要：青少年成长过程中可能想尝试一些药物，所以父母"零容忍"的态度和过于严厉的惩罚可能适得其反，高中学生可能会在背后偷偷使用，隐藏一些更小但也更危险的药物，比如摇头丸和可卡因，一旦进入大学，来自"零容忍家庭"的高中生可能更容易酗酒。因此，留一些余地绝不意味着你应该在这个问题上放任自流，你必须努力与孩子就药物使用问题保持诚实和公开的对话，并就反复或严重违反这些家庭规定和限制的后果达成明确的、双方都认可的处理结果。

总结

虽然在富裕家庭中长大的孩子可能会因为强调成功而遇到困难，但作为父母，你可以采取措施减低压力对孩子的负面影响。首先，确保你自己有良好的身体和心理素质，为此，你要努力与可信赖的人建立真诚的关系。其次，树立良好的行为榜样，营造容忍失败的环境淡化成功的重要性。最后，严格限制过度饮酒和吸毒。

供进一步思考的问题

1. 在富裕的家庭环境下，你能从哪里找到帮助或支持来面对育儿的挑战？

2. 在孩子的学校里，你能和谁一起努力减少对学生的不良压力？

3. 孩子学校的政策在哪些方面帮助或损害你作为家长为孩子提供安全环境的努力？

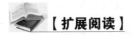【扩展阅读】

Suniya S. Luthar, *Mothering Mothers* (New York：Routledge, 2018).

Suniya S. Luthar and Nina L. Kumar, "Youth in High-Achieving Schools：Challenges to Mental Health and Directions for Evidence-Based Interventions," in *Hadbook of School-Based Mental Health Promotion*：*An Evidence Informed Framework*, eds. A. W. Leschied, D. H. Saklofske, and G. L. Flett (New York：Springer, 2018).

Suniya S. Luthar, Samuel H. Barkin, and Elizabeth J. Crossman, " 'I can, therefore Imust'：Fragility in the Upper-middle Classes," *Development and Psychopathology* 25 (2013)：1529 – 1549.

Suniya S. Luthar, Phillip J. Small, and Lucia Ciciolla, "Adolescents from Upper Middle Class Communities：Substance Misuse and Addiction across Early Adulthood," *Development and Psychopathology* 30, No. 1 (2018)：315 – 335.

【作者简介】

Suniya Luthar 博士是亚利桑那州立大学心理学基础教授、哥伦比亚大学师范学院荣誉教授、Authentic Connections 创始人兼执行董事。Authentic Connections 是一家以科学为基础的非营利性组织，致力于在社区、学校和工作环境中最大限度地提高个人幸福感和适应力。她的研究涉及不同人群的脆弱性和适应力，包括贫困青年、中上阶层家庭的青少年以及生活在高收入、生活压力大社区的父母（尤其是母亲）。Suniya 的作品经常被美国的主要新闻媒体引用，包括《纽约时报》《华盛顿邮报》《华尔街日报》《大西洋月刊》、NPR、PBS 和 CNN，以及欧洲、亚洲和澳大利亚。Suniya 是美国心理科学协会的成员，也是美国心理协会（APA）第 7 和第 37 分部的成员。

　　Nina Kumar 是马萨诸塞州剑桥市 IBM Watson Health 的产品经理，也是 Authentic Connections 运营副总裁。Authentic Connections 是一家以科学为基础的非营利组织，致力于最大限度地提高个人在社区、学校和工作环境中的幸福感。她毕业于威廉姆斯学院，获得计算机科学和心理学学士学位，并以认知科学荣誉毕业。

第 23 章　该给孩子留多少钱，
　　　　何时给？

Peter Evans

我最常从父母和祖父母那里听到的问题是："我需要做些什么，才能确保钱能放大家庭成员的优点，而不是缺点？"这个问题背后的焦虑程度令人惊讶，我还没见过哪个家长愿意为自己的孩子或孙子孙女提供津贴。没有人愿意回想当初的选择，意识到自己已经创造了有利于富裕的氛围，我们都希望我们的家庭成员是自我实现的、快乐的、富有成效的、有贡献的社会成员，我们希望他们的人际关系蓬勃发展，生活充满意义和活力。

但很多时候，本来好意的父母和祖父母无意识地延续那些不再有用的家庭和文化模式，破坏了他们的后代过上有意义的充实生活的机会。财富之机可以增进受益者的生活和他们周围的世界，"我应该给孩子留多少钱？"我听过的最佳答案来自一位睿智的禅师，他的回答有点令人沮丧，他说："他们准备好了多少就给多少。"

毫无疑问，下一个问题就是："好吧，我该如何让我的孩子做好准备？"该学什么课程？每个年龄段和阶段该关注什么？这时，禅师坐着向后靠了靠，苦笑着，等待着学生脸上出现认知的曙光，答案既复杂又简单。

我还记得初为人父的那段日子，我发现这个小家伙出生时没带说明书！我既渴望又害怕踏入父亲的新角色，在没有说明书的情况下，要么重复我的成长方式，要么决定永远不做我父母做过的事，同时还要努力协调我的冲动和我妻子的冲动，我不知道这会如此复杂和微妙，我怎样才能把父母给我的价值观和榜样发挥到极致，而摒弃无用的部分呢？正如尤达所说："你必须忘却你所学到的。"

旅程就这样开始了。我们开始关注礼仪和如何公平竞争……然后是分担家务，在一些家庭里，人们更注重精神上的修行或更实际的事情："站直，要有眼神交流，握手要有力！"我们则教育孩子要有责任感、可靠、可信、有道德，并传递我们的价值观。

但很多时候，围绕金钱的实践被抛在了后面。是的，有父母尝试给孩子零用钱，做了额外家务活也许还有奖励，但通常情况下，父母想要帮助孩子的愿望反而成为阻碍。例如，孩子获得驾照后送其一辆新车作为礼物是经典做法，乍一看，是庆祝孩子迈向成年的美好方式，但是这个礼物给 16 岁的孩子传达了什么信息呢？许多家庭选择的道路略有不同：父母只支付第一辆车一半的费用，并请年轻的家庭成员自己去赚另一半的费用，没有什么比通过自己努力去实现目标更好的了。

当孩子 5 岁的时候，就可以开始尝试真实的理财教育了。先给些零花钱，然后鼓励他们进行储蓄。当然，孩子最终会想买一些他们没有存够钱的东西——利用这个学习机会教他们如何做预算，帮助孩子努力解决这个问题是他们学习理财最好的方法之一。最后，理财课程是写一本"财务日志"，学习如何投资股票以及如何进行慈善捐赠。

当孩子长大成人，也许上了大学会有更复杂的金融需要。父母（或受托人）应该在什么时候支付所有的教育费用、医疗费用，并提供一个安全的住所，有个简单而可靠的公式。也许在某些情况下，帮助支付房子首付或投资创业是非常有用的，但除此之外，我渐渐坚信，在他们 35～40 岁之前不应该继承任何重大的遗产——应该在他们自己努力长大成年之后，没有什么比爱和工作更能建立健康的自尊了。

无论谁是金钱的守门人，父母或受托人都须与成长中的年轻人建立良好的关系，如此才能了解他们的动机、目标、抱负和倾向，以便围绕财务做出合理的决定。我们都知道，孩子从出生起就是独立的个体，在学习风格、需求、能力和抱负、思维方式、内向或外向、能否成为艺术家或数学天才等方面都有所不同，我们可以称之为因缘，或者是上帝让事情变得有趣的方式，但真相很简单，我们都有不同的挑战、机会、偏好和表达创造力的方式。

我强烈推荐以下评估测试法，这种方法可以帮助家庭成员通过测试首先了解自己，了解家庭中的每个成员，然后让家长/受托人更清楚地了解他们是如何紧密相连的。优秀的评估测试法有许多，但最经典和最有效的是迈尔斯—布里格斯人格类型指标（MBTI）、九型人格（Enneagram）和智力三维结构模型（SOI）。第一次做可以从 MBTI 开始，首次体验 MBTI 测试的小组通常会对他们之间的关系产生重要的建设性见解，该方法基于四种基本偏好来识别性格类型，并提供框架解释不同类型的人如何交流。

对于那些想要投入大量时间和精力的人来说，九型人格测试是对个人和家庭发展最微妙、最有用的工具之一，九型人格显示了我们的相同之处和不同之处，最重要的是我们之间的关系，这九种人格类型中的每一种都反映了思维、感觉和行为的模式。智力三维结构模型则对帮助个人发现学习风格、优势以及如何改进非常有用。

评估只是个开始，每个家庭和每个人都可以开始规划终身学习。我强烈建议每个家庭成员都制订个人发展计划，这些计划可以简单列出每年 6 到 8 个目标，或者是未来的战略路线图，通常情况下，在生活老师或导师指导下，根据目标要求创造动力和责任感是很有用的。

有些家庭甚至将分享目标仪式化，以更好地支持每个人的愿望。分享这些计划的一个好处是会为整个家庭带来主题，因此，可以创建一个综合的家庭发展计划，内含每个家庭成员的目标。例如，如果几位新一代成员表示有兴趣学习如何成为董事会成员，那么在家庭范围内关于家庭治理、过程、角色和责任的讨论或会议可能是正确和及时的。当家庭成员开始自我意识之旅，并在无数的起起落落中成长时，他们就能从人生的经历中获得自我效能感。

钱是不可知论者，它本身没有观点，其作用仅限于放大它目前所服务的一切。金钱肯定会像放大坏事一样毫不费力地放大好事，因此，无论是金钱的管理者、财富的拥有者，还是往存钱罐里塞第一个 10 美元的孩子，都有责任去认识金钱的力量、自己与金钱的关系。有准备的继承人更能够把好事做得更好，并从坏事中吸取教训作为学习的机会。

供进一步思考的问题

1. 你在金钱方面有什么经验？
2. 你在工作和犯错方面有什么经历？
3. 你想从你的经历中得到什么？你想从你的家庭中得到什么？

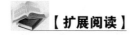

【扩展阅读】

Joline Godfrey, *Raising Financially Fit Kids* (New York：Ten Speed Press，2013).

Lee Hausner, *Children of Paradise* (Los Angeles：Jeremy P. Tarcher, 1990).

John de Graaf, *Affluenza：The All-Consuming Epidemic* (Oakland, CA：Berrett Koehler Publishers，2001).

Roy Williams & Vic Preisser, *Preparing Heirs：Five Steps to a Successful Transition of Family Wealth and Values* (Bandon，OR：Robert D. Reed Publishers，2003).

【作者简介】

Peter Evans 是 aFgo（家庭成长机会）协会的负责人，这是一家专注于帮助富裕家庭繁荣发展的咨询公司。作为顾问，他为客户保守秘密、为人可靠、值得长期信任，致力于为客户建立充满凝聚力、活力和意义的多代家庭体系。

第 24 章　如何开始关于财产继承的家庭对话？

Charles Collier

"我过去认为，在女儿的继承权问题上，我面临的挑战比实际情况更大，"波士顿的 Spectrum 股权投资者（Spectrum Equity Investors）的创始管理合伙人 Bill Colatos 表示，"我与妻子之间的对话发生了有趣的转变。有一段时间，我们在给三个女儿多少钱的问题上存在分歧，但是经过数年无数次的讨论，我们提出了分配的原则和策略，然后就聚焦在该给多少数额的问题上了。"

关于财产继承的决策有几个关键问题：

- 你将为你的子女和孙子留下多少财产？
- 如果有的话，你会告诉孩子你的遗产计划和他们的继承权吗？如果你真的告诉他们，你会提供多少细节？
- 你会积极帮助下一代了解金融和投资吗？
- 这些对话中应该包括女婿和儿媳吗？
- 你认为孩子继承财产的目的是什么？例如，是用来提供一个安全网、购买度假屋、资助金融或社会初创计划、选择职业时不必考虑经济因素，还是满足孩子的任何选择？

我认为你家庭的真正财富不是金钱，所以你应该先讨论一下决定给孩子多少钱的**指导原则**，在实施各种房地产规划策略之前先讨论一下是有意义的，记住，钱很重要，但不是最重要的，你能为家庭做的最好的事情就是为他们投资人力、智力和社会资本。

"我相信，最重要的事实是，"James Hughes 是科罗拉多州阿斯彭市的退休法律顾问，也是《家庭财富——财富永流传》一书的作者，他说："捐赠的财富是否能让受赠者实现自己的梦想，使其能选择一种使命，因此首要任务是帮助你爱的人，并为他们的人生旅程投资。另一个事实是，如果受赠者得到的钱比他们过上自由生活所需要的多，那么他们就要管理好这些额外的钱——为他人或其他事情服务，而不是为他们自己，这些多余的资金将强加给他们一种责任，从而限制他们获得该捐赠后想过上更为自由生活的体验。"

最好的方法是什么？

工作系统公司（Working Systems，Inc.）的首席执行官、家庭调解员 Kathy Wiseman 问道："父母应该从哪里开始？""应该从配偶或成年子女开始吗？"就像任何敏感话题的讨论一样，所有关于家庭财产的谈话都要有计划、实事求是、基于细节、开诚布公，并提出问题，这一点很重要。困难的谈话总是具有挑战性的，但好处非常明显。第一步是计划和思考你想要实现的目标，同时记住，提问题是了解下一代想要学习什么的良好开端。我推荐谈话三步走，先从你的配偶开始，然后是孩子，解决上述问题的方法是一系列"突破性的谈话"，这些谈话对家庭未来的成功至关重要，谈话可以从小事开始，随着时间的推移而逐步深入，先从与配偶的谈话开始，重点是研究你们所有的选择：给予多少钱，通过哪些工具——即直接给予或通过信托——等等。

该谈话的关键目标是明确财产继承应该达到的目标，以及留给子女的总体金额，你可能不同意，但分歧是至关重要的，应该充分讨论和尊重分歧的地方。也许你可能还会发现，在你原本以为意见会一致的地方也存在分歧，以为存在分歧的地方也有意想不到的一致之处。

问问自己如下问题：

- 指导我们决定子女继承权的原则是什么？让我们难以遵循这些

原则的潜在因素是什么？

- 我们平等地对待孩子，还是公平地对待孩子？这两种情况的挑战和解决方案是什么？
- 我们应该在什么阶段告诉他们自己的财产继承？
- 对于我们计划留给孩子的金融财产，我们的父母会怎么说？
- 孩子们使用继承的财产时，我们最担心什么？
- 我们对下一代和未来几代人的希望是什么？
- 留给孩子多少财产才是赋予生命意义的给予？
- 在财产继承上，我们能给孩子发言权吗？

谈话的第二步是与孩子谈论你在第一步中做出的决定，你可以每次只和一个孩子谈，也可以与所有的孩子一起谈，有时，有些家庭只需要谈一次，而有些家庭也会谈很多次，通常会持续好几年。

你可能想从以下几个一般性的问题开始，也可以根据自己的家庭情况增加一些更具体的问题：

- 对你来说，财产继承的意义和目的是什么？
- 你需要多少钱才能过上有价值的生活？
- 你如何看待你这一代人继承财产的目的？
- 你想让你的丈夫/妻子/伴侣参与到这个谈话中来吗？
- 你做过最好的财务决定是什么？最糟糕的呢？
- 在财产继承上，与兄弟姐妹合作对你来说重要吗？
- 父母赠予的财产给你和你的家庭带来的挑战是什么？
- 你需要什么样的指导/咨询意见来帮助你管理父母的财产？

谈话的第三步应该是讨论指导你做出决定的原则、财产计划的本质，以及孩子们将获得多少金额。此外，你还可以解释你是如何将他们的一些想法融入到你的计划中的，你还可以尽情讨论下一步和其他与未来有关的问题。

我的主要意思是：

仔细考虑财产继承的目的，让孩子们都参与到关于你的财富和他们财产继承的谈话中。计划财产继承既是一个法律程序，也是一个家庭程序，这是一个加强联系、增进教育、敞开心扉的机会，它也可以是改善家庭关系的机会，因为你以坦诚的态度、相互尊重的姿态解决困难的问题。

"到目前为止，我和我的妻子都对我们的决定感到满意，" Bill Collatos 说，"但我们认为这是一个反复的、迭代的过程，我们还没有告诉女儿们我们都做了些什么，但是当最后一个女儿大学毕业时，我们就会好好谈一下。"

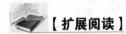

【扩展阅读】

Charles W. Collier, *Wealth in Families*, 3rd ed. （Cambridge, MA: Harvard University, 2012）.

【作者简介】

Charles Collier 曾经是哈佛大学的高级慈善顾问，他在哈佛大学工作了25年，为数百名个人和家庭发展他们的慈善事业，帮助他们做出明智的捐赠决定，并就家庭关系中的财富问题提供建议；曾担任多个机构和组织的发言人和顾问，从大学、私立学校到私人银行和社区基金会。Charles 在《信托与房地产》《ACTEC 杂志》《家族企业评论》《捐赠计划杂志》《推进慈善事业》和《今日捐赠计划》上发表过文章，《波士顿环球报》《纽约时报》《泰晤士报》《华尔街日报》《金融时报》和《福布斯》都曾引用他的话。2004 年，他被《非营利性时代》的"权力与影响力"榜评为50 强，2014 年《家族财富报告》授予他终身成就奖。2008 年他被诊断出早发性阿尔茨海默氏症，并于2018 年辞世。在此期间 Charles 一直大力倡导研究这种疾病，并对患者表示同情。Charles 毕业于菲利普斯安多福中学，并于2002 年获得杰出服务奖，他拥有达特茅斯大学学士学位和哈佛神学院硕士学位，在 Bowen 家庭研究中心完成了家庭系统理论的研究生课程，著有《家庭的财富》（第三版），于2012 年由哈佛大学出版，同年获得了"为学校作出卓越贡献"的哈佛奖章。

第 25 章　如何避免把金钱赠予家人所带来的负面影响？

Lee Hausner

对于彩票玩家来说，"中头彩"的梦想创造了一种从此可以永远幸福生活的幻想，然而，对一夜暴富的彩票中奖者的研究结果表明，事实恰恰相反：生活被颠覆、家庭关系破裂、"财富"迅速消失，中奖者处于绝望的状态。富裕家庭能从"暴发户赢家"身上学到什么，从而有助于创造积极而富有成效的财富转移？给予财富礼物面临的挑战是什么？为什么把财富留给孩子、孙辈或其他后裔会给继承者带来不适和功能障碍？

"一夜暴富"的成功或失败似乎取决于中奖人的成熟程度、面对大奖的心理准备以及公众对财富的普遍看法等因素。

货币只是一种交换商品或服务的手段，然而，我们独特的货币历史创造了各种情感联系。明智的给予，第一步是坦诚地面对你从上一辈继承而来的、在家庭中占据主导地位的金钱观念。你是否像圣经告诫我们的那样，从小就相信对金钱的爱是万恶之源？你家里的钱是用来替代爱和情感支持的吗？它是一种控制行为和运用权力的方法吗？当我们用金钱来奖励"好的"行为、惩罚不可接受的行为时，接受人积极发展的自尊可能会受到损害，使其觉得自己不配得到这份财富礼物。

许多经济上取得成功的家庭总是担心被他人利用，他们把不相信别人的观念传递给了下一代。你或你的家庭成员在成长过程中是否担心过朋友们是真的喜欢你，还是只想从你的经济资源中获得些好处？你们是否认为金钱是家庭幸福的关键，而不是强调发展家庭内部资源？金钱被看作是达到目的的手段还是目的本身？金钱是否主要由家庭中的男性分配，而让女性受益人不堪管理责任的重负？上述问题只是经济上的成功或财富礼物可能带来的几种情绪反应。

接下来要考虑的是，如果你想要有效地给予财富，就要把握好时机。被动收入将带来积极还是消极影响，给予的时机似乎是一个重要的决定因素。与彩票中奖的随机性不同，富裕家庭在财富转移方面有各种选择，经验表明，当受赠人正处于通过教育和职业建设培养自我认同感和自我价值感之时，向其赠送贵重的财富礼物反而会阻碍他的重要发展，被动财富会让人跳过生活中必要的挑战和自律，而生活中的挑战和自律是获得个人成就和自尊的重要因素。

准备工作的关键是金融教育。培养受赠人的金融知识也有助于确保其收到这份大礼时不会被财富管理压得喘不过气来，当一个家庭只有很少或有限的金钱时，所有家庭成员都参与讨论如何使用这笔钱，很多购买需求可能会因为出现了其他优先事项而被推迟，家庭成员必须在很小的时候就开始工作，以便为日常开支和/或教育攒钱，做好预算是生活中的日常。然而，随着家庭变得越来越富裕，似乎鲜有人谈论成本、预算或如何管理，没有做好准备就要承担责任，那就是灾难的组合体。

甚至，选择合适顾问的过程也可能是痛苦的。如果没有这方面的专业知识，可能会做出非常糟糕的选择，因为每个人都在争夺自己的那块财富蛋糕。有很多优秀的项目和书籍（包括本文后附的参考书目）可以帮助家庭完成这个教育，金融教育应该从小学早期开始，这是重要的持续学习的过程。此外，孩子们许多用钱的习惯往往是通过观察父母处理金钱的方式学来的，因此父母应诚实地考量他们的行为可能会给孩子们树立什么榜样，这个非常重要，你的一言一行将如何帮助下一代做好准备，以便负责任地处理他们可能继承的财产？

另一个需要正视的话题是信托。通常，当资金通过信托进行转移时，受益人对信托的基本原理知之甚少，委托人也没有详细解释，这让受益人很疑惑："你为何不直接给我，是不相信我吗？"为了避免这种结果，你需要亲自或写意向书向受益人解释"为什么要以这种方式设立信托"。这种赠予方式还需要仔细挑选合适的受托人，被选中的受托人是否具备必要的专业能力管理资产？是否能投入足够的工作时间？以及同样重要的是，是否具备担当受益人的老师/导师的能力？（关于这几点，也请参阅 Hartley Goldstone 在这本书中的文章。）受益人需要接受足够的教育，以便能够理解信托的基本原理和条款，以及受托人和受益人的权利和责任，这将使受益人能够欣赏而不是怨恨信托结构，并将受托人视为值得信赖的顾问。

一个长期存在的问题是，是否要将财富平均分给各位受益人。例如，我经常被问到这样一个问题："我的孩子在经济上各自取得了不同程度的成功。我是否应该分多点的钱给收入较少的孩子，分少点钱给收入较多的孩子，拉平一点他们之间的差距？"一般来说，给兄弟姐妹不同金额的财富，又不说清楚为何这样做，会造成兄弟姐妹之间关系疏远。如果你的财富计划试图通过"按需分配"纠正这种不平衡，有责任心的成功者可能会因为他或她的努力工作而感到"受到惩罚"，而看到那些挣钱或攒钱少的兄弟姐妹似乎得到了奖赏。然而，如果经济上更成功的兄弟姐妹主动或在与父母的谈话中同意将更多财富分配给不那么富裕的兄弟姐妹，良好的关系就可以保持不变。在这一点上，深思熟虑的、广泛的沟通至关重要，解决这个问题无法"一步到位"。

当家庭中有一个兄弟姐妹创造了可观的财富，并希望与其他家庭成员分享财富时，也可能会出现挑战。给父母买房子可能会引起怨恨和嫉妒，因为"出资人"得到了父母的偏爱，而溺爱兄弟姐妹则会给每个人的配偶带来不适，这种情况也需要家庭成员和潜在的给予者之间坦率和诚实的沟通，才能出现积极的结果。然而，有些给予的方式可以将慷慨解囊带来的负面影响降到最低，这些方式可能包括：

1. 创建一个教育信托基金，供侄子侄女或兄弟姐妹使用，帮助他们完成学业。

2. 资助一个家庭基金会，让家庭有机会一起参与慈善项目。

3. 每年资助一次家庭休假，允许由不受出资人支配的家庭委员会进行规划。

似乎给予一份礼物——尤其是给予巨额财富的礼物——应该被视为完全快乐、受欢迎的事情，但对金钱力量的更清醒的分析表明，如果想要财富礼物产生积极影响，就像赠予人预想的那样，就必须先深思熟虑。

供进一步思考的问题

1. 学习金钱历史时，你学到的关于金钱最强大的信念是什么？

2. 你是如何让年青一代做好接受良好教育的准备的？你还想做些什么？

3. 你对"平均地"和"公平地"给予财富有什么看法？

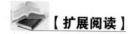

【扩展阅读】

Dr. Lee Hausner, *Children of Paradise* (Los Angeles: Jeremy P. Tarcher), 1990.

Dr. Lee Hausner and Douglas K. Freeman, *The Legacy Family: The Definitive Guide to Creating a Successful Multi-Generational Family* (New York: Palgrave Macmillan, 2009).

Ernest A. Doud and Dr. Lee Hausner, *Hats Off to You: Finding Success in Family Business Succession* (Glendale, CA: Doud/Hausner and Associates, 2000).

【作者简介】

Lee Hausner 博士是国际公认的临床心理学家和商业顾问，她在比弗利山联合学区担任了 17 年的高级心理学家，并在青年总裁组织、世界总裁组织和首席执行官组织上发表主旨演讲、担任研讨会领导人，备受追捧及好评。

她是一位公认的财富和财富转移心理问题专家，曾在达沃斯世界经济论坛担任演讲嘉宾，并经常主持大型金融机构的高级财富/私人客户会议以及全国财富管理会议。

最近，她协助南加州大学创建了家族企业中心，并担任该项目的高级顾问。

Lee 和丈夫居住在洛杉矶，有两个已婚的孩子和五个孙子孙女。

第 26 章　你的家庭如何鼓励 每个成员学习金融知识？

Coventry Edwards-Pitt

在财富咨询领域，你经常可以听到关于金融知识的介绍，家庭成员尤其是年轻的家庭成员，都能从中学到复杂金融世界的基本知识，比如复利的力量、股票和债券的区别、信用评分的重要性，等等。我们希望通过学习和掌握这些课程，家庭成员能更好地走向社会，做出经济上合理的决定。

但值得一问的是，我们所说的金融教育到底是什么？通常，家庭金融教育指的是家庭成员拥有金融智慧——他们能理解一美元的价值，知道不要花的比挣的多，也不要花得比能得到的多，他们会明白金钱要用在合适的地方，物质上的收购虽然有时很有趣，但并不是真正幸福的基础。

换句话说，家庭希望每个成员对金钱持有一定的价值观，这就是问题所在。价值观无法在课堂上教授，价值观必须向榜样学习，与其朝夕相处，日久年深，方能根深蒂固，成为第二天性。

价值

我曾为撰写《健康、富有和智慧的养成》（2014）一书做了些采访，采访中听到的言论在很大程度上影响了我对价值的看法。我采访了那些在富裕家庭中长大的孩子，他们在成长过程中变得富有创造力、具有自我驱动力、志得意满，然后我询问他们从父母那里学到了什么，帮助他们取得了这样的成就。

令我惊讶的是，很少有人把他们健全的金钱价值观归功于教科书上的金科玉律，相反，他们通过观察父母来学习——他们如何生活、他们谈论什么、他们买什么和不买什么、他们重视什么和不重视什么。我听到的父母如何树立榜样的故事往往是父母在收银机前说"不"，父母提供的支持与孩子存钱买车的努力相匹配。这些采访和家庭故事表明，金钱要用在合适的地方，金钱无法决定一个人的性格或幸福，金钱来得容易去得也快。

更有趣的是，许多受访者都是在良好的金钱价值观中长大的，他们主动学习金融知识的基本要点，由于他们具备金融智慧，也有动力做出良好的财务决策，因此他们能在面对金融选择时找到自我教育的方式——例如，申请什么类型的信用卡、存多少钱在第一份工作的公司401 K 账户上，或者应该选择什么类型的公寓使得初入社会的自己能负担得起。

那么，如果价值观才是关键，那么哪些价值最重要？当然，价值观因人而异，这并不是一个放之四海而皆准的药方，尽管如此，通过无数次的采访，某些信息一再出现，这些信息对年轻家庭成员最有帮助：

•**财务上的自给自足能带来快乐和自由**，这意味着自己能挣钱，能用自己挣的钱买东西，能解决自己的问题。

•**充实的工作是一份终生的礼物**。工作就是关于贡献和目标，从事你热爱的工作是目标，但这可能需要一段时间来发现自己热爱什么，与此同时，没有什么工作是微不足道的，所有的工作都是学习的机会。

•**我们有钱并不意味着一定要花钱**。物质财富不能创造生活，需求和欲望是有区别的，金钱应该被视为工具（为了确保安全，为了给世界带来你希望看到的变化等），而不是目的。

•**如果我们真的要花钱，那就好好花吧**。存钱购买优质之物，把钱花在家庭团聚、学习新事物或其他有意义的目标上，均为赏心悦目之事。

- **我们应该对金钱提供给我们的机会充满感激之情，并保持远见。**我们应该铭记拥有这些资源是多么幸运，而不是忽视（或不满足）一般的体验，或忽视那些缺乏体验的人的生活。

- **不管有多少钱，我们都不应该浪费。**重要的是要通晓金钱的去向，确保物有所值，并尽我们所能负责任地管理好金钱。

父母如何为孩子树立这些价值观的榜样？往往就在不经意的一刹那，日复一日，年复一年。这里有一个关于 David 的故事，他记得星期天早上和父亲一起度过的时光，他爸爸在 Quicken（家庭及个人财务管理软件）上列出家庭预算和开支，作为三个孩子中的一个，David 很珍惜与父亲独处的时光，而他也告诉我，那些早晨给他留下了深刻的印象，他了解到预算的重要性，知晓每一块钱是怎么花的。还有一个关于 Taylor 的故事，她富有的父母总是把家庭和家人团聚放在首位，现在她发现自己也把同样的价值观传递给了孩子们，最近有一次她们去商店，路上她的孩子们哭闹着要买东西，她这样回应："你为什么要哭呀？你已经拥有所需要的一切——你的父母爱你，祖父母也很爱你！"

基本要点

价值观的榜样一旦树立，就要想尽办法在这个基础上增加金融基本知识的课程，但要尽可能把它融入日常生活中，这样家庭成员处于每个财务决定都对他们有意义的环境之中，并可以随时随地练习这些财务技能。比如，你可以预计当一个十几岁的孩子逐渐长大，衣服开销的比例会逐渐上升，他需要在预算之内做好各种购物决定。或者，不要只是给年轻人提供信用卡，而是让他们研究各种不同的信用卡，然后向你提出建议使用哪一种，为他们制定一些基本的参数，比如哪种信用卡最能让他们建立自己的信用记录，利率和罚息分别是多少、服务费是多少，以及他们将如何每个月偿还信用卡账单——然后你就等着他们如何在这个话题上给你惊喜。

所有这些日常学习的底线是给予尽可能多的"所有权（ownership）"，这适用于任何年龄的家庭成员，甚至那些经济上需要依赖别人或对金融知识一无所知的家庭成员也可以逐渐断奶、接受金融知识教育、掌控自己经济生活的方方面面（比如建立自己的预算，然后对受托人提出建议）。

事实上，只要方法正确，强调所有权是金融教育中行之有效的、更为"典型"的学习方式之一，大多数金融知识课程都认为学生需要知道这些信息，因为他们的决定很重要。这种强调家庭成员所有权、强调他们对自己的成功和失败负责的概念，可以为真正的金融素养奠定基础，特别是如果随后的实践证明，家庭成员需负责金融生活以及所有的决定和责任——从养活自己，到为未来存钱，再到用储蓄去投资。

任何一个文学爱好者都知道，阅读经典和真正理解经典之间有着天壤之别，通常真正的理解是难以捉摸的，直到读者有足够的生活经验来理解字里行间隐藏的意义、重要性和辛酸之处。金融知识也是如此，价值观的基础在于这些课程能在心里扎根之前所过的生活。

供进一步思考的问题

1. 想想你是如何在自己的生活中学会理财的（赚钱的重要性以及如何储蓄、消费和投资）？哪些经历对你最有价值？

2. 你想培养其金融知识技能的家庭成员能够指出他或她自己生活中类似的经历吗？

3. 如果没有，你是否有机会为他们创造类似的经历？

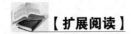 【扩展阅读】

Coventry Edwards-Pitt, *Raised Healthy, Wealthy & Wise*: *Lessons From Successful and Grounded Inheritors on How They Got That Way* (Waltham, MA: BP books, 2014).

Joline Godfrey, *Raising Financially Fit Kids* (Berkeley, CA: Ten Speed Press, 2003).

Ron Lieber, *The Opposite of Spoiled*: *Raising Kids Who Are Grounded, Generous, and Smart About Money.* (New York: HarperCollins, 2015).

【作者简介】

Coventry Edwards-Pitt 是波士顿地区投资和财富咨询公司 Ballentine Partners 的首席财富咨询官，她在大学攻读医学预科，后被财富管理行业所吸引，希望帮助人们——帮助他们在一个复杂、嘈杂、经常冲突的金融世界中航行，帮助他们实施不仅财务复杂而且与情感相关的策略。Coventry 著有《健康、富有和智慧》，这套书共两本，内容是关于对年轻人及心态年轻的人的采访，听他们讲述成功的故事，她曾出席八十多个活动场合，为富裕家庭及其顾问提供讲座，并就如何在生活和家庭中实施这套书所述的最佳实践向个人提供咨询。

第27章　家庭如何既支持个性发展又支持共同的梦想？

Kelin Gersick

为人父母是特别困难的工作，从孩子出生那天开始，他或她的幸福——安全、健康和快乐，就成为你生命中最重要的事情，但每一个方面都有陷阱，在这些威胁之间的安全通道感觉就像剃刀一样薄，你如何保护他们，既不用令人窒息的方式，也不当天天围着孩子转的"直升飞机"父母？在不照搬他人经验的情况下，你如何树立行之有效的策略？你如何建立亲密关系，而不助长过度依赖？

此外，父母没有假期，也没有终极目标。事实上，如果养育子女不能同时带来极具吸引力的、快乐的意义，那么它将是一笔糟糕的交易，充满成本、风险和焦虑。尽管有这些要求，但大多数人似乎天生就能从对孩子的爱和被爱中汲取能量。

尽管所有的父母都面临抚养孩子的挑战，但在企业大家庭中，父母必须处理更多复杂的事情。家族企业所有者和家族财富管理者需要两代人有良好的关系，不仅在家族层面，还在伙伴关系层面，经济成功、架构良好的企业目标与个人发展、一团和气的家庭目标相互作用，**相互作用的结果就是拥有企业的家庭养育后代的核心挑战：平衡向个性化发展的离心力与向共同目标和协作发展的向心力之间的关系。**

第一个推动力是父母的基本梦想：培养孩子成为有能力、有自我意识、自信满满的人，他们知道自己是谁，自己有多独特，擅长什么，喜欢什么，不喜欢什么，以及如何在家庭和世界中成长为真正的自己。

第二种需要是创造一种强烈的"归属"感——共同的历史、身份和愿景，将家庭团结在一起，持续经营集体所有的企业，如果对共同目标没有认同感，相互的承诺就会减弱，归属感带来的好处也会消失。

能够在这些离心力和向心力之间保持平衡，并让孩子们进入成人世界时尊重他们个性中**"小我"**和**"大我"**的父母，无论是作为父母还是企业所有者，已然尽了一切努力为未来做好准备。

说起来容易做起来难，尤其是那些不仅想要处于同一屋檐下，而且希望共同拥有和经营事业的家庭。当重点从核心家庭扩大到数代同堂的大家族时，养育子女面临的挑战对公司治理的影响更为突出，大家族和家族各方与小家庭的家长一样面临左右为难的困境：一方面需要尊重不同子家庭的财力和日程安排，另一方面又要找出大家共同的目标和相同的优先事项。

这就要求大多数老一辈家族领导人从根本上转变家庭观念。大多数老年人尤其是创始人，最初都将家庭视为人力资本的金字塔，每一代都在金字塔的底部增加更宽的一层，这个家族的文化、历史、宗教信仰和积累下来的智慧就像水穿过层层石灰岩，顺着金字塔从上往下渗透，带走了其中的矿物质，金字塔周围的边界是有意义的——它定义了"我们是谁""我们拥有什么"和"我们如何做事"。婚姻使个体在边界之间流动，或深入到相同一代人的核心，或越过边界进入姻亲，但无论如何还在金字塔内部，因为这些婚姻生下的孩子构成了金字塔非常重要的下一层（参见图27.1）。

但在大多数情况下，年青一代对家庭的看法并不是这样的，随着年青一代步入成年，他们开始创造属于自己的金字塔（至少在西方文化中是这样），参见图27.2。

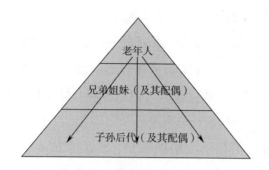

图 27.1　老年人眼中的家庭"金字塔"

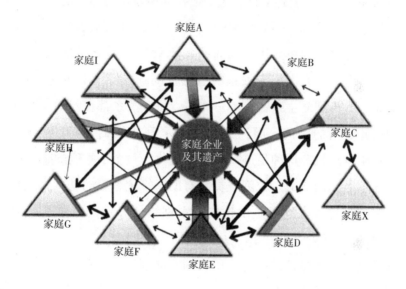

图 27.2　复杂的家族网络

　　上学、工作、寻找伴侣、生儿育女，随着孩子的成长创造出一个"自我"，成为更加独立的成年人，这些都是分化的"离心"力量，他们新金字塔的一些部分将与原金字塔的结构相连（粗箭头）——如果他们在家族企业工作，或住在父母附近，祖父母和孙辈之间培养了密切的关系，这种联系就会更多；如果他们搬走了，无论是地理上还是心理上，这种联系就会减少，且与企业所有者的经营和财务利益几乎没有关系，但在所有情况下，与原生家庭金字塔的联系只是他们生活的一部分

（尤其是配偶也与他或她自己的原生家庭"金字塔"或松或紧地联系在一起）。非常重要的是，新的子家庭之间有着不同程度的亲密关系（细箭头），他们不通过父母直接联系在一起。在三代或更多代之后，家族的血缘关系和表亲关系日益壮大，他们像同心圆一样向外发展，就像细箭头远多于粗箭头一样。

　　这种自然发展的最重要的结果是，统治家族不再是一个统一的金字塔，而是一个由多个单元组成的网络，不断地在整个系统中调整着相互之间的关系。"这就是我们，这就是我们做事的方式"这一理念让位于一系列单元到单元之间的关系——或松或紧，或强或弱，有些单元紧密地嵌入到许多其他单元中，而有些单元只与一两个其他单元有关联，与核心几乎没有联系。个人关系的情感基调，从持续不断的敌对情绪，到漠不关心，再到终生亲密，不一而足，每个关系都在勾画相互依赖的模式和彼此之间的距离，而这正是每个家庭网络的独特"足迹"。此外，随着年岁渐长，这种足迹每年都在进化，每个子家庭的金字塔随着岁月变迁不断增加或减少家庭成员。有助于管理家庭的基本观点是，无论经历何种变化，家庭都是由这些关系网络所界定的，而不是由单一的、围绕同一群体"进""出"的规则所界定的。

　　这不是一个革命性的概念，所有的家庭理论家都在思考，随着时间的推移，家庭多样性必然会增加。然而，家庭管理往往掌握在资深所有人手中，他们可能试图忽视代际复杂性的影响，他们有理由担心大家庭会解体，因此过于注重"保持家庭的团结"，而没有充分认识到并乐于见到家庭在新方向上的演变。

　　试图捍卫单一金字塔的父母可能夸大了生活方式、政治观点、金钱支出、宗教和婚姻等个人选择的多样性对家庭共同经济利益或声誉的威胁，即使是善意的、有价值的工具，比如家庭宪法、使命宣言、家庭委员会、婚约规则、直到中年才能获得决定权的保守信托，以及受约束的、保密的遗产计划，都可能被过度使用，以试图强化正统观念和服从性。

如果父母在阻止子女与原生家庭分化的路上走得太远，那些感觉不被重视或不被接受的后代和大家庭成员就会失去动力，产生怨恨或变得冷漠，感觉越来越不像一家人，正是保持家庭连续性的目标，导致家庭政策的效果反向发展，导致黏合家庭的凝聚力溶解。

另一种选择是什么？父母和高层领导如何平衡他们对子女在个性化与相互合作两方面的支持，如何建立能够跨代成功的管理体系？看到和理解两难之困境——离心力和向心力之间的张力正是让企业保持在轨道上运作的力量，与过去保持联系的同时要走出自己的道路，才是最重要的一步。

除此之外，父母在考虑家庭治理架构和流程时可以采用四种基本方法，所有这些方法都偏向于开放式的，这些方法并不是绝对的。有些孩子对药物上瘾，或天真的性情被人利用，或受到伤害需要终生照顾，但典型的情况是，父母太谨慎，往往夸大孩子"尚未准备好"，低估了下一代对家庭深深的（如果没有说出口的话）感激和承诺，低估了成年子女自我管理和学习经验的能力。培养良好判断力和管理能力的最佳途径是从小就把子女视为合理的参与者，能够负责任地平衡他们的个人欲望和家庭的共同利益。

1. 在给孩子们提供资源和机会时，**要认识到公平不等于平等，平等也不等于相同**，父母要努力了解每个孩子的独特需求和能力，要相信这种差异不会自动引发兄弟姐妹之间的竞争和怨恨，只要父母是基于良好的理由，并公开与孩子分享这些理由。孩子往往会被不平等的对待、不平等的爱所伤害，但并不一定会被个性化的、不均匀的分配所伤害，事实上，兄弟姐妹们看重的是彼此不嫉妒、慷慨大方的机会。年青一代比父辈更倾向于想要个"最合适的解决方案"，将企业的需要与最具领导能力的个人相匹配，以造福所有人。

2. 要提供大量的机会锻炼孩子解决问题的能力。要避免想给孩子全面保护不使其遭遇失败的冲动，处理失望和挫折可以增强孩子的免疫系统，为其建立自信和自我价值感，这些都是孩子应对权利、自以为是、浅薄狭隘和易受盘剥的最佳解药。对孩子来说，自信不是来自父母说你有多棒，而是来自对自己行为的观察、对挑战和挫折的应对以及成事的能力。

3. 对于各种各样的计划——继承、财务、战略计划，不要做好给孩子，而是与孩子一起做。把面临的挑战和要做的决策当作整个家庭面对的困境，而不是应该由父母解决的问题，告诉孩子你们的实际情况，尤其是财务和组织结构方面的情况。从孩子小时候就开始尊重他们的意见，即使他们的经验比你少得多。① 最后，不仅让他们当参与者，也让他们当领导者。

许多父母担心，让年轻的成年子女意识到家庭富有会让他们失去动力和不知所措，父母没有意识到孩子在很小的时候就已经知道家庭有多富有，他们是从父母的生活方式中知晓的，他们心里很清楚拥有自己的公司、享受这样的假期、拥有如此之多的奢侈品需要多少财富，如果不让他们了解家庭的财务状况，他们就会幻想家里到底有多少钱，钱从何而来，而基于猜测而非事实的假设和选择又有何用呢？

父母可以问问自己以下"如果……会怎样？"的问题。"作为一个年轻人，如果我对父母所拥有的财富和所有权有足够的了解，如果我从小就被赋予责任自己可以决定使用一部分资源，我会做些什么？这对我的教育、工作、支出和生活方式会产生什么影响？"几乎无一例外，深

---

① 父母总是急于了解该在哪个年龄段与孩子分享哪些内容，其实儿童性格和成熟度存在巨大差异，很难进行概括，但要考虑以下问题：（1）诚实地回答十三岁以下的孩子关于家庭事务的问题，即使是"我们富有吗？"这样的问题（比如这样回答："我们比大多数人富有，但还有些人比我们更加富有，因此我们需要成为大家负责任的朋友和邻居"）；（2）青少年（12～18 岁）可能急切地想讨论关于工作的意义、志愿精神和公民身份、预算和资金管理、在家族企业工作的机会；（3）18～30 岁的年轻人应该逐步接触所有或几乎所有关于家庭财富、信托基金、企业治理和职业机会的信息，在一定程度上拥有对一部分资本的决定权；（4）成年人（30 岁及以上）应该成为合作伙伴，邀请他们根据自己的能力和兴趣参与制定决策的过程。

思熟虑的老年人认为他们会做一些愚蠢的事，但不会很多，他们会从经验教训中学习，在支出和风险承担方面，他们会显得过于保守，他们也会同样努力地工作，同样追求远大的目标，但不会那么焦虑。然而，他们不愿假设自己的后代也会表现出同样的节制，他们并未意识到在家庭治理设计中，他们刻意保守的机密和保护性约束是对后代的微妙的侮辱。

4. 邀请配偶全面参与企业管理。即使是那些早年并肩打拼、建立起自己事业的年长夫妇，也可能会禁止后代未来的配偶在家族企业就职，参加董事会，甚至知晓家族企业的情况，这些政策的代价很高。在后代的家庭中，有一半的人力资本来自联姻，当然，对后代可能会离婚的担忧也是合情合理的，因为与复仇心重的"前任"打交道可能会很痛苦，如果离婚的配偶是家族企业的股东或重要的男性管理者，情况就会更糟。但是，由于有离婚的可能性，就先拒绝整个配偶群体及其愿意为家族贡献的雄心壮志，这明智吗？

也有一些特殊的情况，根据配偶的优缺点来决定其能否在家族企业任职是必要的（对于血亲后代也应该如此）。许多配偶对进入家族企业不感兴趣，事实上，有些配偶可能会努力捍卫家族企业业务与子女生活空间之间的界限，但其他姻亲可能是当代人中最积极的成员，他/她们渴望为家族做贡献，而不仅仅是享受家族的成就，他／她们是下一代的父亲或母亲——下一代孩子的支持对家族的连续性至关重要，孩子也在观察每一位父母受到怎样的对待，没有什么比尊重配偶的才能、让她/他以自己的才能得到参与家族事业的机会并帮助家族履行责任更能体现人们对家庭"网络"模式的理解和接纳了。

家庭网络正在挑战各种体系，他们很难控制，但他们也有不可思议的潜力去利用人力资本，制造关于创造力、责任感和适应性的连锁反应。怀着保护和养育子孙后代的美好愿望，父母可能会陷入试图保持他们单一家庭特征的困境中，这些特征曾经刻画了他们自己的历史。拥抱崭新的、截然不同的世界观是他们的秘密武器，使他们与成年子女保持密切关系，使家族企业保持适应性和连续性，使家族在不断进化中世代相传。

供进一步思考的问题

1. 兄弟姐妹和大家族之间，如何能在不加剧竞争和冲突、不分赢家和输家的情况下，就共同的目标和战略进行谈判？

2. 父母如何决定孩子们应何时知道有关家庭和公司的信息，以及应了解多少？

3. 如果亲戚总是捣乱、不合作，你该怎么办？

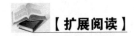 **【扩展阅读】**

商业连续性中的代际关系

Kein E. Gersick, John A. Davis, Marion McCollom Hampton, and Ivan Lansberg, *Generation to Generation: Life Cycles of the Family Business* (Boston: Harvard Business Review Press, 1997).

Ivan Lansberg, *Succeeding Generations: Realizing the Dream of Families in Business* (Boston: Harvard Business Review Press, 1990).

为人父母与财富

Madeline Levine, PhD, *The Price of Privilege: How Parental Pressure and Material Advantage Are Creation a Generation of Disconnected and Unhapy Kids* (New York: HarperCollins, 2006).

Madeline Levine, PhD, *Teach Your Children Well: Why Values and Coping Skills Matter Mone Than Grades, Trophies, or Fat Enuelopes* (New York: Harpe Perennial, 2012).

以及:

Lee Hausner, *Children of Paradise: Successful Parenting for Prosperous Families* (Los Angeles, CA: Jeremy P. Tarcher, 1990).

James Grubman, *Strangers in Paradise: How Families Adapt to Wealth Across Generations* (Boston: Family Wealth Consulting, 2013).

【作者简介】

Kelin Gersick 是耶鲁大学医学院的精神病学讲师, 同时也是该学院的心理学教授, 他也是位于康涅狄格州纽黑文的研究和咨询公司 Lansberg, Gersick & Associates 的联合创始人。该公司为世界各地的家族企业、家族办公室和家族基金会提供服务。

作为一名研究人员、顾问、作家和教师, Kelin 的工作主要关注家庭关系——婚姻、育儿、兄弟姐妹、堂（表）兄弟姐妹和数代同堂——对家族企业和慈善事业的管理和连续性的影响，他是《世代相传：家族企业的生命周期》（1997）和《世代奉献：家族基金会的领导力和连续性》（2004）的主要作者，还撰写了许多文章、案例和专栏。

Kelin 拥有哈佛大学和迈阿密大学的博士学位，曾在哈佛大学任教。他为家族企业和家族基金会提供咨询、开展演讲和研究，足迹遍及北美、南美、欧洲、亚洲、大洋洲、中东和非洲的 35 个国家。

第五部分　共同决策

富有的或拥有企业的家族有时会谈论家族治理（family governance），但从不谈论**家族政府**（family government），这是有原因的。政府意味着权威：一个统治集团和另一个被统治集团，它意味着法律，也就是说，以武力为后盾的规则。至少在强调个人主义的西方家族中，家族"政府"永远不会流行。①

因此，家族治理可能成为一个模糊的术语，这到底意味着什么？每个家族都是民主国家吗？几乎不可能，也不是每个家族都必须如此。

与其谈论治理，我们更愿意关注如下问题："我们如何共同做决策？"谁参与决策，参与什么样的决策，可能每次都不一样，也会根据不同的决策而变化。当然，首要的也是最根本的问题是"我们如何做决策？"

这一根本性问题是本部分所有文章以各种方式讨论的重点。

Barbara Hauser 首先强调了经合组织的原则和实践，这些原则包括透明度和财务信息的共享，这些原则往往以家族宪法的形式体现出来。

但是，怎么才能设计和商定出一个家族宪法呢？接下来的两篇文章将回答这个问题。Jennifer East 为改善家族沟通提供了实用、具体的步骤，这些步骤归结为良好的计划、架构和行动的勇气。然后 Christian

---

① 其他文化可能接受一种更为"政府式"的家族决策方式。因此，仅在本部分（不包括这本书的其他部分），我们包括了除美国之外拥有其他广泛地理经历的作者：Barbara Hauser 有欧洲和中东的经历、Jennifer East 有加拿大和中东的经历、Christian Stewart 有远东和澳大利亚的经历、Katherine Grady 和 Ivan Lansberg 有欧洲和南美洲的经历、Mary Duke 有亚洲和欧洲的经历。

Stewart 提供了一个可以建立家族健康关系的实际课程——着重于优势、故事、困难的对话和信任，这些是让共同决策能长长久久的基础。

对许多家庭来说，共同决策的过程与他们物质资产的组织结构（如企业实体或信托）相互交织在一起。在下一篇文章中，Katherine Grady 和 Ivan Lansberg 描述了如何正确使用企业董事会和家族所有人委员会——以及非常重要的，这两者的交集之处，她们还就如何让家族成员为这些审议机构作出有效贡献提出了建议。

召开家族会议是对家族财富或企业事务做决策的基本工具，家族会议有各种形式和规模，历史悠久的成功家族总是定期召开家族会议，Mary Duke 就家族会议的内容、地点、参与对象和形式提供了实用的指导。

最后，冲突是家族生活的自然组成部分，因为不同的家族成员有不同的利益，有时还有不同的价值观。Blair Trippe 概述了家族可以更好地界定和管理其自然冲突的方法，并特意将发展作为管理和解决冲突的手段，以家庭作为一个整体的发展，以及身处其中的个人的发展。Doug Baumoel 考虑了一个关键性问题："你们应该像一家人一样待在一起，还是各自独立发展?"尽管考虑独自发展是件极具挑战性的事情，但能在面对这个问题后还决定继续在一起生活的家庭，做出了最基本的共同决策。

第 28 章　家族做共同决策的最好方法是什么？

Barbara Hauser

"为什么人们要谈论家族治理？""家族治理是什么意思？为什么重要？""家族治理意味着我需要一个家庭委员会或家族宪法吗？"

治理这个词听起来很吓人，我建议用决策一词来代替它，做决策是每个家族的常态，问题是他们做决策的方式是否对所有参与者都公平，当这些决策被认为不公平时，可能会带来怨恨，甚至是反抗——有时还会招致戏剧性的媒体报道。

从国家到企业再到家庭，每个群体都已就谁有权力为全体做决策达成了共识——以明确的或含蓄的方式。在我的《国际家族治理》一书中，我比较了六个国家的治理体系：美国、日本、印度、沙特阿拉伯、法国和纳瓦霍民族，每一国都赋予较小的代表团决策权，我们看到有日本国会、议会、君主制和长老委员会。

每个体系都有优点和缺点。严格的君主制似乎最难长期存在，我们可以将君主制与家长专制的家族进行比较——家长专制是许多家族的共同特征，这种治理形式让人想起法国大革命和美国对只缴税却没有代表权的反抗。

我发现很多家庭在观察了其他社会群体的运作模式后，能更好地理解他们家族是如何运作的。从宏观上考虑国家的情况，如果善政的目标是使人民自由安全，并能够从事自己追求幸福的事业，那么总有些制度会比其他制度运作得更好。我在沙特阿拉伯与很多家族企业开展广泛合作，我经常会问族长："把你的家族想象成一个小的国家，你希望如何做决策？"

在商业层面，在良好治理领域已经做了很多工作，我们可以把大部分的学习方法应用到家族中，经济合作与发展组织（OECD）制定了良好治理的标准，可以很容易地应用于家族层面，例如，OECD 第五项原则强调完整、正确信息的重要性：

公司治理框架应确保及时准确地披露公司所有重要事务的信息，包括财务状况、绩效、所有权和公司的治理。

根据我的经验，家族成员之间缺乏信息共享是造成不信任和冲突的最常见的原因，换句话表述这项原则即是将透明度作为强大的家族价值。

共享财务信息尤其重要。我曾为一个巴基斯坦家族工作，他们的族长把这个建议牢记于心，他有一本活页笔记本，上面有每个家庭成员的净资产和投资情况，他把这个本子放在书房里——所有家族成员都可以看到，这是一个高度重视透明度的家族。我认为 OECD 另一个适用于家族的关键性原则是原则六，其中规定了"董事会对公司和股东负有责任"的重要性。但这两条原则还不够，多年来，我认识到参与家族治理体系有多么重要，因此我认为，对于家族来说，良好的治理有三个需要遵循的普遍性原则：透明度、问责性和参与性。

让我们假设有个家族目前同意这个建议，那下一步该做什么？

大多数团体从基本协议开始。在国家层面，这通常是一部宪法——英格兰是个例外，英国没有成文的宪法——宪法明确规定了谁有权做出哪种类型的决定。在商业层面，大多数管辖区提供了一个基本的治理框架，规定要建立公司章程和附属细则，根据这些文件选出董事会，为了简化治理，一群股东（可能包括也可能不包括所有成年的家族成员）对董事会的选举（和罢免）进行投票，并聘用（和解雇）公司的最高管理层。

在家族层面，你可能有一个董事会，或者更常见的情况是家庭委员会，其作用类似于董事会。大家族（通常指所有成年家族成员）将选举家族委员会委员，无论他们是否是股东或财富持有人，就像股东选举董事会一样。同样的问题也出现了：谁有资格成为董事会成员？有最低年龄限制吗？多久举行一次投票？允许通过代理人投票吗？等等。在家族环境中，通常还要考虑家族中的"分支"，应该以家族的分支来安排代表权，还是以世代来安排代表权？也就是说，家庭的每个分支，不论它有多少成员，是否应该在家族委员会中拥有同样数目的席位？同样，每一代人都应该有一些代表权吗？

这些问题没有一刀切的答案，关键是要询问和讨论什么才是正确答案。我很喜欢帮助家族选择适合他们的体系，因为有各种灵活的选择，尽可能多地了解其他家族是怎么做的及他们认为行之有效的做法，这是件充满乐趣的事情。

现在我们谈谈家族宪法。当大家就谁做决策、做何决策达成一致意见时，把这些讨论的内容写下来是很有用的，有时它被称为家族宪章或家族契约，甚至是家族使命或家族价值观，我认为把它称为家庭宪法最有帮助，这是它的本色，许多家庭慢慢地习惯了家族宪法的概念，当家族宪法的讨论和起草工作完成时，他们能体会到所有权的自豪感。

我曾为一个华裔家族工作，他们半信半疑地开始了治理过程。我们研究了他们所有的决策领域：家族企业、家族慈善机构、家族收藏、家族住宅、信托和投资的监管、分配协议，等等，我只让他们增加了两个部分的内容，其一是序言，用于记录为什么要有家族宪法——在本例中，是为了纪念他们的祖先，其二是最后的条款，允许子孙后代做出相应改变和修订。当家族宪法制定完成时，这个家族的成员自豪地、有些惊讶地告诉彼此："这是我们家族的宪法，这就是我们自己的模样。"

John Ward 给我上了一课，我发现每当我与这些家族就治理问题进行讨论时，我都会更加认同这一观点——即最有价值的成果是逐一讨论问题并达成协议的过程，而不是最后形成的文件，通过这项工作，家族成员学会了如何讨论和解决棘手的问题，如果不鼓励甚至禁止讨论这些问题，就不可避免会产生冲突。

最重要的是在家族中培养良好的治理能力，可以增进家族成员的自豪感和幸福感。

供进一步思考的问题

1. 你如何描述你的家庭做决策的方式？
2. 你认为每个家庭成员都觉得自己公平地参与了这个过程吗？
3. 你能想出一些不应该在家里讨论的问题吗？
4. 年青一代是否也在合适的年纪参与了决策的制定？

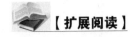 **【扩展阅读】**

我建议阅读 OECD 公司关于治理原则的全部文件：

G20/OECD Principles of Corporate Governance，OECD Report to G20 Finance Ministers and Central Bank Governors，2015（https：//www. oecd. org/daf/ca/ Corporate-Governance-Principles-ENG. pdf）.

我推荐阅读《世界幸福报告》关于哪些国家拥有最幸福的生活，你可将书中的结论应用于家庭：*The World Happiness Report*，2018（https：/s3. amazonaws. com/happiness-report/2018/WHR _ web. pdf）.

Barbara Hauser，*International Family Governance*（Rochester, MN：Mesatop Press，2009）.

Mihaly Csikszentmihalyi，*Flow*：*The Psychology of Optimal Experience*（New York：Harper & Row，1990）. 这是我最喜欢的关于幸福美好生活意义的书。

Jay Hughes，Susan Massenzio，and Keith Whitaker，*Complete Family Wealth*（New York：Bloomberg Press，2017）.

【作者简介】

Barbara Hauser 以私人客户律师身份为全球富裕家庭提供服务（毕业于韦尔斯利学院、宾夕法尼亚大学法学院，曾于美国最高法院任书记员，曾任律师事务所合伙人）。一开始，她只帮助实现族长的愿望，但最终她意识到这些单方面的计划往往会导致诉讼。于是她开始与整个家族合作，担任家族的顾问，这种方式颇有成效，Barbara 就此写了一本书《国际家族治理》。在过去的 15 年里，她乐于帮助家族建立良好治理，并为很多家族制定了家族宪法。

第 29 章　如何改善家庭沟通?

Jennifer East

Ernesto Sinclair① 遇到个问题。两年前，他卖掉了自己的制造企业，他认为自己将有更多的时间与妻子和孩子谈论新获之财、对未来的计划以及慈善目标，可是每次他提出自认为"重要"的话题时，家人似乎都不理睬他。

最糟糕的是，他一直忙于工作，并不擅长与家人谈论敏感问题，他十几岁的女儿和两个二十多岁的儿子似乎除了用智能手机聊天，对与其他人交流都不感兴趣，每个人都忙得不可开交，日程排得满满当当。他从来没有和妻子详细谈过他的生意，所以他感到在自己家里相当孤立，这一切令他焦虑，不知如何是好，他该怎么办?

把家庭沟通作为优先考虑的事项

你听到的关于富裕家庭的悲剧都是因为家庭沟通出了问题，而家庭沟通往往被认为是一个软问题。

一家之主和家庭顾问通常优先考虑税收计划等棘手的问题，家庭成员的情感和关系是否健康则非优先考虑的事项，这是个简单的等式：如果你确信家庭需要更多或更好的沟通，你必须承诺改善它，这包括分配时间（你的和你家人的时间）、资源（是的，这是要花钱的），以及愿意卷起袖子为情感而努力，当然，不是每个家庭都愿意或能够做出这

---

① Ernesto 是个虚构的人物。

种承诺。

设定时间和目标

直到有一天，Ernesto 关上办公室的门，开始认真思考家庭的目标是什么以及为什么担忧与家庭成员之间缺乏沟通，如此他才有了明确的方向感。他邀请妻子一起吃工作午餐，讨论一些简单的问题，如她的目标、对孩子的关切等，他才意识到自己之前完全不知道家里其他人在想什么，原来女儿很生他的气，因为他们新获得的财富影响了她与一些朋友的关系，他之前感觉到女儿发生了一些变化，但他以为这只是青少年的荷尔蒙在作怪，事实比他想象的要严重得多。

寻求外界的建议和支持

财富创造者通常是足智多谋的人，但他们高估了自己解决家庭问题的能力。家丑不可与外人语也是自然现象，如果一家之主真的很信任某个人，愿意告诉他家庭内部的矛盾，那他定是一位服务多年的顾问。你目前的顾问团队也许很能干，但很少能解决家庭沟通不畅的问题，你需要合适的专业人士来改善家庭沟通，这些顾问来自不同的背景，但通常都受过沟通、指导、促进、治疗或调解方面的培训。

与中立的第三方合作有助于在家庭中创造公平的竞争环境，让所有成员都觉得自己在桌前有发言权。困难的问题可以用体贴的方式处理，家庭顾问可以倾听每个成员的难言之苦并为之保密，一个好的顾问也会把教育融入这个过程中，这样你的家人就能一起学习新的技能。

让你的孩子参与计划

尽管 Ernesto 很难与最亲近的人进行有意义的交谈，但他总是善于从员工那里征求意见和建议，因此，当两名家庭调解员建议让尽可能多的家庭成员参与决定雇用谁时，他欣然同意了，这使得谈话内容从

"一个父亲希望孩子们参与的项目"变成了整个家庭参与的项目，孩子们也有机会与每个顾问联系以做出正确的决定。

这种协作的方法贯穿整个过程，Ernesto 发现，让妻子和孩子作为他的"伙伴"参与到计划中来，他们对他的提议态度变得更开放了，也更愿意接受他或家庭集体做出的决定。

显然，他不同意孩子们提出的所有建议，但孩子们能提出一些他们认为重要的事项：不要在家开会、由第三方机构教授更好的沟通技巧、年青一代能畅所欲言而不受父亲喋喋不休的指责，最后一项 Ernesto 不太认同，但他还是尽力去实现。

制定框架

当与顾问签订改善家庭沟通的合同后，家长往往会为如何定义成功的沟通而烦恼，商业人士习惯于有形的、可度量的结果，那么如何衡量沟通上的进步？

Ernesto 的家庭制订了一个为期 18 个月的计划，包括一系列的个人和小组会议，所有家庭成员都参与制定项目目标，这样他们就可以衡量自己的进度，这些包括：

• 家庭成员承诺，当出现问题时，他们会互相提醒，以便能够立即得到解决，这就避免了问题积压可能导致更严重的抱怨。

• Ernesto 将每月都抽出时间与每个孩子进行一对一的交流，以加强父子关系，打开沟通的渠道。

• 每隔一个月举行一次家庭会议，每个孩子轮流主持会议，这将有助于培养孩子的领导能力，并使家庭成员进行定期沟通。

Ernesto 发现他们所做的事情很多是常识而大吃一惊，他认识到如果没有家庭顾问和问责制的过程，他们很难靠自己取得进展。

工作和娱乐

你如何让家庭成员一直参与其中，尤其是当事情变得棘手时？改善沟通可能是一项艰苦的工作，特别是要解决困难的问题时，那些能在工作和娱乐之间找到平衡的家庭，做得最为成功。无论你是在当地的会议室开会，还是周末去度假，到户外走走都能帮助你树立正确的基调。寻找不同家庭成员感兴趣的教育话题，确保每个人都能从中有所收获。

平衡你的"工作"时间，穿插一些你们可以一起享受的有趣活动。Ernesto 和家人重新点燃了对户外的热爱，他们选择会议结束后一起去远足，孩子们还小的时候，他们曾经这么做过，但随着孩子长大，就没再去过这些地方了。家人的热情激发了美好的体验，并把非做不可的工作变成了大家都向往的活动。

建立社区

生活富裕虽然能带来很多好处，但往往会让人感到孤立，企业主、创始人、他/她的配偶和下一代都会面对这个问题，当一个家庭致力于更好的沟通时，与有过相似经历的同龄人和导师保持联系是很重要的。Ernesto 重新联络那些在忙碌岁月中遗忘的人，并从中得到了如何克服家庭障碍的宝贵见解，通过 Ernesto 的 YPO（青年总裁组织）网络，他的妻子组织那些通过出售家族企业获得成功的夫妇建立了一个论坛小组。

Ernesto 和妻子鼓励孩子们参加一流大学专门为下一代财富继承人设计的课程，以及领导力发展研讨会，这些活动增强了孩子的自信，提高了他们的沟通技巧，他们还意识到——并非只有他们在家庭问题上苦恼过，最终，每个家庭成员都找到了一个可以向同龄人咨询的群体，这让他们深受鼓舞。

勇敢起来

好事来之不易。打开与家人沟通的大门，你可能会发现自己面临着前所未有的挑战，家人需要你带领他们度过艰难时期，就像你在困难时期对待员工、供应商和客户一样，盘点一下自己的领导能力，并设法在这里用上你的领导力。

Ernesto 商业上的特长在于，当公司需要不同的专业知识时，他能够很好地理解，但在改善家庭沟通的过程中，当家人敞开心怀告诉他那些长期以来与他交流上受到的挫折时，Ernesto 感到非常沮丧，妻子和孩子们解释道，他们曾被他唐突的沟通方式所伤害，还觉得他作为一个丈夫和父亲，离他们是那么遥远，因为他时常在外出差。Ernesto 让家庭顾问为自己额外增加了改善沟通的方案，虽然在几周前还无法想象，但他开始每周去见研究家庭冲突的治疗专家，Ernesto 也鼓励其他家庭成员寻求类似的支持。通过个人努力和顾问指导下的家庭会议，他们克服了彼此曾经历过的困难，为家庭关系建立了更牢固的基础。

家庭关系是复杂的，财富为家庭关系增加一层复杂性，如果没有适当的沟通技巧，可能会使家庭陷入瘫痪。就像生活中的许多事情一样，种瓜得瓜种豆得豆，沟通也不例外，那些愿意投入时间、金钱、努力及彼此间爱的家庭，世世代代都将得到回报。

供进一步思考的问题

1. 我是如何造成家里沟通不畅的？

2. 明明知道这会让人感情疲惫，我还愿意改善家庭沟通吗？

3. 让孩子们在我离去后再处理他们的人际关系和社交问题不是更好吗？

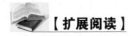**【扩展阅读】**

关于家庭沟通的视频：*Business Families Foundation* （https：// www. businessfamilies. org）.

文库：

For videos on family communtcation：*Business Families Foundation* （https：//www. businessfamilies. org）.

For an article library：*The Family Business Consulting Group* （https：//www. thefbcg. com）.

David Lansky and Kent Rhodes, *Managing Conflict in the Family Business：Understanding Challenges at the Intersection of Family and Business* （New York：Palgrave Macmillan, 2013）.

Craig Aronoff and John Ward, *Family Meetings：How to Build a Stronges Family and a Stronger Business* （New York：Palgrave Macmillan, 1992）.

【作者简介】

Jennifer East 成长于一个加拿大企业家族，她是 ONIDA Family Advisors Inc. 的创始人，该公司自 2006 年以来一直专注于家族企业和家族办公室。作为一名受过培训的高管顾问和家族企业的推动者，Jennifer 擅长连续性规划、政府管理政策和结构、家族团队建设和沟通、传承和下一代领导力发展，她曾为加拿大、美国和中东的家族企业提供咨询。Jennifer 是家族企业研究所的研究员，持有家族企业咨询（ACFBA）的 FFI GEN 高级证书，她经常在家族企业会议上发言，也是家族企业研究所全球教育网的讲师。

第 30 章　建立健康家庭关系的实用工具是什么？

Christian Stewart[1]

如果你的家庭想要随着岁月的流逝不断成功，那它就要变成一个学习型组织，但是你们应该学什么，如何一起学？

作为拥有大量金融资本的人，你处于特殊的有利地位，你可以利用金融资本帮助家庭发展人力、智力、社会和精神资本，如果你到目前为止还没有这样做过，那么你和家人现在就可以开始一段学习之旅，学习如何使用金融资本发展其他形式的资本。增进家庭信任和沟通，以及帮助家庭成员获得相关技能是这项投资的重点，也是家庭学习和发展的关键课题，这一章总结了学习和发展课程中你能用上的具体技能、实践和资源。

在自己身上下功夫

阅读本章时，需要考虑两个视角，第一个是你个人的视角。

你个人能做些什么以改善你的沟通方式，让彼此信任，更易于沟通？ 改变家庭的最好办法就是改变你能控制的那个人——你自己，作为一家之主，如果你致力于改变自己，你就会为每个人树立榜样。

在你自己的学习和发展努力中，最有帮助的是什么？ 可以是阅读、参加外部学习项目、聘请沟通老师或顾问，他们可以教你（及你的配

---

① 　向 Mary K Duke、Hartley Goldstone 和 James E. Hughes Jr. 对本文的帮助表示感谢。

偶/伴侣）新技能，并在你与他人的互动中提供持续的支持。

家庭的领导力

第二个是家庭视角，你应该开始把家庭想象成一个学习型组织，需要专门的领导、行政支持和课程学习。

需要什么样的领导？成功的关键往往是家里有一个志士——充满激情并致力于提高家庭技能水平，如果家庭关系不好的话，还要致力于家庭关系的愈合。

家庭学习需要什么支持？富有的人通常有顾问团队，可以帮助解决技术和量化问题，你的顾问团队中谁将提供关于质量问题的专业建议？你也可以考虑在家庭办公室里选一个负责学习和发展的首席学习官。

你的家人如何学习新技能？可以在家庭读书俱乐部学习；聘请外部老师、顾问和/或培训师教授新概念和新技能；为家庭成员提供资金，用在个人或夫妻心理辅导或咨询上，或参加外部项目。

课程

以下课程分个人和家庭学习，但这并不是一个硬性的划分，无论是个人还是家庭，学习和发展的关键是家庭会议（本书的其他文章中有讨论）。

课程 A：个人技能

学会宽恕。你是否对家人心存怨恨？你对家人以外的人有什么不满吗？如果有，是什么原因让你拒绝宽恕？

心怀仇恨会束缚情感能量，改善关系、宽恕他人可以释放这些能量，宽恕是改善人际关系、信任和沟通的实用工具，一旦出现了信任的缺失，宽恕是修复这一缺失的方法。

Fred Luskik 博士在《永远宽恕》[1] 一书中说，宽恕是可以学习的技

---

[1]　Forgive for Good, A Proven Prescription for Health and Happiness（New York：Harper Collins，2002）.

能，许多人不能释怀是因为他们没有学会正确的技巧。另一个障碍是人们不明白宽恕其实是为了自己，宽恕让人心静、健康和幸福，宽恕不等同于容忍或和解，你可以在对方不知道的情况下原谅他。

用积极的情绪来改变视角。 你上次经历正面情绪是什么时候？你当时在做什么？这种正面的情绪持续了多久？你能再次体验这种情绪吗？你知道什么样的活动能给你带来正面的情感体验吗？

正面情绪可以将我们的视野从"我"扩展到"我们"，令人更开放、更灵活、更有创造力。把积极情绪带到生活中，有意识地感受它，可以延长正面效果，助人蓬勃发展。将视角从"我"转向"我们"，让我们对其他家庭成员更加敞开心怀，这是改善家庭沟通的关键部分。

Barbara Fredrickson 在她的著作《积极》① 中总结了具体的应对策略，减少不必要的负面情绪，增加正面情绪，一个有效的做法是写感恩日记，每隔几天列出你所感激的一切，另一个有效的练习是定期做仁爱冥想（LKM）。

定期写感恩日记和/或练习仁爱冥想真的能重塑你的大脑，这些都是自己就可以做的练习，是自我锻炼的一部分，可以对你的人际关系产生积极影响。然而 Fredrickson 解释道，向生活注入更多正面情绪就像移动一条河流，改变河流的流向是可能的，但需要持续的努力。

感恩日记练习和仁爱冥想可以给家庭会议带来更开放和灵活的心态，使气氛更加积极。

发挥你的优势。 你知道你的优势是什么吗？你知道哪些活动能让你体验到"心流状态"（最舒服、表现最好的状态）吗？

Martin Seligman 在《真实的幸福》② 一书中提到，用"行动中的价

① Barbara L. Fredrickson, Positivity, Top-North Research Reveals the Upward Spiral That Will Change Your Life（New York：Random House, 2009）.

② Martin Seligman, Authentic Happiness：Using the New Positive Psychology to Realize Your Potential for Lasting Fulfilment（New York：Simon & Schuster, 2002）.

值观（VIA）性格优势评估"① 确定你的五大个性优势的重要性，这个评估可以帮助你确定 24 种性格优势中哪些是你的最大优势。

发挥你的最大优势是另一种给生活带来正面情绪的方式，根据 Seligman 的观点，发现并利用我们的性格优势会让生活充满活力，让性格优势为"大我"服务会使生活更有意义，尽管性格优势推动的是"小我"的发展，但也有助于家庭的繁荣。

一旦你了解了自己的优点，下一个要做的就是你是否能找出其他家庭成员的优点。

在家庭会议上，一项很有效的练习是"找出伴侣的优点练习"②，每对情侣有意识地对伴侣的优点进行思考并给予反馈，如果在你的家庭中，认可和肯定彼此的优点成为常态，那会是什么样子？

培养人际关系。 你能回忆起某个家庭成员与你分享某个正面事件吗？你听到这个消息有何回应？你的反应是你一贯的风格吗？研究表明，促成令人满意的人际关系的关键是我们如何应对他人生活中的正面事件。对正面事件的反应分两个方面：主动还是被动、建设性还是破坏性，③ 这意味着有四种基本的回应方式：主动和建设性的、主动和破坏性的、被动和建设性的、被动和破坏性的，在这四种回应方式中，只有一种——主动和建设性的回应（ACR）能建立强化好的人际关系，ACR 意味着以主动的态度进一步放大他人与你分享的正面事件的积极性。

ACR 是可以学习的技能，也可以在家庭会议上学习这种技能，有关 ACR 更多的信息，请参见 Martin Seligman 的《蓬勃发展》一书④。

---

① 你可以登录 https：//www.viacharacter.org/www/Character-Strengths-Survey 进行评估。

② Seligman, *Authentic Happiness*, pp. 198 and 199.

③ Margarita Tarragona, *Positive Identities：Narrative Practices and Positive Psychology*（Milwaukee, OR：Positive Acorn, 2015），反过来也引用了 Shelly Gable 博士及其团队的文章。

④ 由 Free Press 出版，2011，pp. 48 – 51.

《家庭信托：受益人、受托人、信托保护者和信托设立者指南》[1]一书讨论了如何利用性格优势[2]和 ACR[3] 在受托人和受益人之间建立积极的关系。

课程 B：家庭技能

你的家庭正处于哪个位置？当你考虑你的家庭及所有家庭关系时，总的趋势是什么？是增长还是混乱（逐渐衰落）、裂变（冲突）还是融合（协同）？作为一家之主，你需要从全局出发，考虑家庭的方向。

以下练习来自 E. Hughes Jr. 的《家庭，几代人的契约》一书[4]。

- 在白板上画一个大圆圈，写下每一个重要家庭成员的名字，每一个家庭成员名字之间的间隔要相等。

- 在每个人之间画一条线。

- 将每种关系都做个标记，趋势为混乱、裂变还是融合。

- 退后几步审视整体情况。

在家庭关系这个系统中，你能看到的总体趋势是什么？这是你的家庭的起点。接下来考虑一下系统中的哪个小变化会对整个系统产生最大的正面影响？当你审视自己以及审视与他人的人际关系时，你应该做些什么改善家庭整体关系？

家庭故事。回想家庭的往事时，你会用什么视角讲述这些故事？是否为：

- 负面的叙述，例如："过去我们在某种程度上曾是个特殊的家庭，但后来我们失去了这份殊荣。"

- 正面的叙述，例如："看看我们是从哪里起步的才达到今日的地位。"

---

[1]　Hartley Goldstone, James E. Hughes Jr., and Keith Whitaker (Hoboken, NJ: Wiley, 2016).

[2]　Ibid., pp. 121 – 122.

[3]　Ibid., pp. 119 – 120.

[4]　New York: Bloomberg Press, 2007.

- 摇摆的叙述，例如："我们有过荣辱交加的时候，但我们总能挺过艰难的时刻。"

最健康的叙事方法是摇摆型的，因为它不粉饰过去，而是通过克服困难的例子教会人们如何恢复活力。[1] **另一个需要思考的问题是，你的亲戚或祖先的故事是否能让你从中汲取力量？**

尽你所能分享家庭往事是加强家庭联系和纽带的源泉，每次开家庭会议时，也预留一点时间讲述家庭往事吧。

培养思考的环境。你擅长帮助别人尤其是家庭成员使其为他们自己着想吗？如果有人带着问题向你倾诉，你会给予关注、仔细聆听，并想知道他们的想法会将他们带向何方吗？

Nancy Kline 在《思考时刻》[2] 一书中说，你在他人倾诉时表现出来的关注度决定了这个人思考的质量，"一个人能否为自己着想，最重要的因素是周围的人如何对待他"。环境也会影响人的思维，家庭会议上，你可以使用 Kline 的"培养思考环境的十个要素"，Kline 的建议包括：

- 当轮到某人发言时，任何人都不允许打断。
- 提醒大家注视发言人，脸上要流露出对发言人的尊重。
- 自言自语是可以的，没想好也可以开始说。
- 平等对待每一个人。
- 鼓励每个人做到最好。
- 倾听者不应该与思考者抢话。
- 放松，不要着急，让思考者放松地讲。

Kline 的书还提供了结伴一起思考（"思考伙伴"）的方法，Kline 认为，注意力很优秀的思考者也会面临思维障碍，这被称为限制性假

---

[1] Bruce Feiler, "The Stories that Bind Us." *New York Times*, March 17, 2013.

[2] Time to Think, *Listening to Ignite the Human Mind* (London: Ward Lock Cassell Illustrated, 1999).

设，是指思考者没有意识到的、对他们来说似乎是真理的信念，Kline的"思考环境"和"思考伙伴"过程包括了一些旨在消除限制性假设的尖锐问题。

在家族企业中，总会有冲突和艰难的对话，《难谈的话题：如何讨论什么是最重要的》①讲述了如何准备和进行困难的对话，还提供了流程表，这本书教我们如何从"信息之战"过渡到"有意义的对话"。任何困难的对话主要分三类：

• 关于"**发生了什么事**"的对话。每一方都各执一词，每一方都将有所贡献，你需要把意图（你永远不知道他们的真正意图是什么）和所发生的事情的影响一分为二地看。

• 关于"**情感**"的对话。这样的对话中总会融入情感，你需要意识到这些情感的存在。

• 关于"**身份**"对话。如果你的身份在谈话中受到挑战，你很容易失去平衡，要提前思考谈话可能会对你的身份产生怎样的影响，这样你才能站稳脚跟。

这一过程包括在开启这种困难对话之前，你要仔细思量，弄清楚你想要达到的目的，再决定是否要提出这个问题。

信任矩阵。你也希望你的家人能够熟练掌握信任这个话题，将信任要素、如何建立信任以及当信任被打破时该怎么办这些内容纳入课程。

家里有你不信任的人吗？

说你不信任一个人是非常宽泛的说法，当你认为自己不信任某人时，缩小范围是很重要的，信任矩阵就是一个可以让表述更为精确的实用工具。②

---

① Douglas Stone, Bruce Patton, and Sheila Heen（New York：Penguin Books, 1999）.

② Joseph Astrachan and Kristi McMillan, *Conflict and Communication in the Family Business*, Family Business Leadership Series No. 16（Marietta, GA：Family Enterprise Publishers）.

（名字）	个人	团队	家庭	公司
诚实				
意图				
技能与能力				
沟通				

信任矩阵

信任矩阵表明，需要对信任的不同因素和你所涉及的内容进行详细说明。

"诚实"指的是讲真话；"意图"指的是对方是把自己的利益放在心上，还是把别人的利益放在心上；"技能与能力"指的是他们有能力在相关群体中有效地工作或发挥作用；"沟通"指的是他们会告诉你需要知道的一切。你的家人可以一起学习信任矩阵，并利用它巧妙地为对方提供建设性的反馈。

本章的重点是把家庭作为一个学习型组织，有意地培养和发展家庭成员的信任和沟通技巧。共同拥有金融资本的家庭比其他家庭更为复杂，在这样一个复杂体系中，冲突无可避免，有意识地增加信任和更有效的沟通对确保家庭可持续性至关重要。此外，本章所概述的课程也可以用来加强家庭人力和智力资本，教授家庭成员宝贵的生活技能。

供进一步思考的问题

1. 你的家人对课程有什么看法？

- 还可以添加什么？
- 你已经拥有了什么？
- 你如何衡量进步？

2. 在你的家庭中，谁会是实施课程好的执行者？应该成立家庭委员会吗？

3. 什么样的专业支持可以帮助你和你的家人完成课程?

4. 如果将一群愿意分享学习经验的同学组成一个小的学习小组,效果会怎么样?

5. 课程中最容易让你付诸行动的部分是什么? 你能迈出的第一步是什么?

【扩展阅读】

Ian A. Marsh, *If It Is So Good to Talk, Why Is It So Hard? Redisaovering the Power of Communication* (Leicester, UK: Troubador Publishing, 2018).

Andrew Bernstein, *The Myth of Stress: Where Stress Really Comes From and How to Live a Happier and Healthies Life* (New York: Simon & Schuster, 2015).

Fred Luskin, *Forgive for Good: A Proven Prescription for Health and Happiness* (New York: HarperOne, 2002).

Barbara L. Fredrickson, *Positivity: Top-Notch Research Reveals the Upward Spiral That Will Change Your Life* (New York: Three Rivers Press, 2009).

Martin Seligman, *Authentic Happiness: Using the New Positive Psychology to Realize Your Potential for Lasting Fulfilment* (New York: Simon & Schuster), 2002.

Hartley Goldstone, James E. Hughes Jr., and Keith Whitaker, *Family Trusts: A Guide for Beneficiaries, Trustees, Trust Protectors and Trust Creators* (Hoboken, NJ: Wiley, 2016).

Nancy Kline, *Time to Think: Listening to Ignite the Human Mind* (London: Cassell & Co., 1999).

Douglas Stone, Bruce Patton, and Sheila Heen, *Difficult Conversations: How to Discuss What Matters Most* (New York: Penguin Books, 1999).

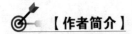 【作者简介】

Christian Stewart 是香港咨询公司 Family Legacy Asia（HK）Limited 的董事总经理，还是波士顿智库和咨询公司 Wise Counsel Research Associates 的合伙人。他就家族治理问题向富有进取心的家族企业和家族办公室提供咨询，在新加坡举行的 2017 年亚洲财富简报大奖上获得最佳个人（顾问）奖。

第 31 章 家族企业治理的意义是什么？

Katherine Grady 和 Ivan Lansberg

如果你提出这个问题，你可能是第一代创始人，不知道为何要费力去设立"真正的"董事会或家族委员会，你可能会问："为什么要把简单事情复杂化？让他们参与决策过程有无必要？因为这超出了他们的专业知识范围，难道大家不知道最重要的是继续增长和发展业务吗？"

或者你可能是第二代继承人兄弟姐妹中的一员，刚刚意识到可能需要开更多的会议来处理第一代创始人不需要讨论的问题，比如兄弟姐妹如何作为一个团队共同工作？如何对待不工作的家族所有人？还有如何规划我们的遗产，从而保护企业？作为第二代家族企业，你开始了解企业、所有权和家族问题以非常复杂的方式交织在一起，但通常这些问题没有企业眼前的需求那么紧迫。那么为什么开会的次数还要那么多？为什么还涉及其他人？难道大家不明白，在经营企业的同时我们需要做好与父母那一辈之间的过渡，还要确保我们有钱支付股息吗？

但除非你想将所有权收回使其集中在一个所有者或少数几个人手中，否则越来越多的利益相关者希望在家族企业中有一席之地，现在的问题是：他们应该有多大的发言权、可以参与哪些决策以及在哪里做出这些决策？在企业工作的家族成员期望在重大商业决策中拥有发言权，当然只是中层管理者的家族成员不应该期望拥有与首席执行官的表亲相同的发言权。未在企业任职的家族股东可能期望能影响企业和所有权决策，但他们不一定能理解这些决策牵涉的所有因素，当家族股东发现家族企业决策如何影响他们和子女的财务、职业和家庭关系时，他们要求参与决策的愿望会越来越强烈，这时，企业、所有权和家庭问题可能会爆发成激烈而混乱的讨论，导致无效的决策和复杂的个人反应，而有时这种讨论造成的伤痕会持续数年。

此时，你需要一个有效的家族治理体系，目的是引导所有利害攸关者适当地参与到符合其合法权利的决策论坛中。怎样才能最好地让他们参与进来呢？让家族企业所有人想象他们拥有的公司是一家大型喷气式客机可能会有所帮助。与任何投资一样，股东期望获得一定水平的回报，确定总体风险回报率，要求飞机的使用符合他们的基本价值观，并坚持飞行员有能力驾驶这架飞机，这些都是股东非常正当的权利，但即使他们拥有这架飞机，所有人也没有权利进入驾驶舱亲自驾驶飞机——除非他们是有能力的、有驾驶执照的、经挑选的飞行员。在第一代中，几乎所有人都是飞行员，所以没有必要把问题划分成单独的决策论坛，然而随着企业进入下一代，则是时候将治理和管理角色分开了。当然，如果他们是合格的驾驶员且驾驶舱里还有位置，你仍然可以让他们坐在决策的驾驶舱里，但是其他所有人则应被引导到管理企业中去，所有人可以也应该参与企业管理。

你可以逐渐过渡到更为复杂的所有权形式中，从创始人一代的橡皮图章发展到董事会，从第一代、第二代的厨房餐桌讨论发展到家族所有人委员会。董事会和家族所有人委员会的模式并驾齐驱很有帮助，这样你就可以将问题和关注点分配给正确的机构。随着时间的推移，你可以考虑其他治理结构，例如召集所有家庭成员开家族大会或股东大会，为进入家族企业工作的成员设立职业委员会，以及为从商的成员成立家族管理团队。根据家族企业的发展情况，你可能需要考虑其他治理结构，如家族基金会、家族办公室或私人信托公司，这些治理机构通常与家族所有人委员会和董事会联系在一起，成为支撑不断演变的家族治理结构的中流砥柱。

董事会……

根据股东的自由裁量权，监督管理层在领导公司实现股东确定的目标方面的工作。

审核并批准战略计划。

监督首席执行官和高级管理层的工作。

监督财务状况和财务报告。

批准高管薪酬。

设定股息和监督赎回计划。

管理董事会委员会。

委员会……

根据全体家族股东的自由裁量权提供服务，管理维护家族价值连续性的活动。

根据家族董事对企业政策关切的问题向其提供指引。

向董事会和管理部门提供有关家族立场和关切事项的资料。

帮助维护家庭和睦。

为家族所有人的发展和教育提供帮助。

就董事会家族董事的选择提供建议。

协助策划家族股东大会。

董事会需成为监督业务增长和业绩的论坛，董事会成员由制定公司基本战略的人组成，管理层负责提出战略，董事会负责检验管理层提出的战略是否可行，并确保管理层对这些战略经过了深思熟虑的研究，一旦这些战略获得适当的审议和批准，董事会就负责监督其有效执行，并责成管理部门实施。随着时间的推移，董事会通常会不断发展，以适应不断扩张的业务和家族所有人的需要：从走形式的董事会，到停留在纸面上的董事会，再到以知识和经验的标准挑选董事组成董事会，再到家族董事和独立董事组成的顾问委员会，最后到主要由独立董事组成的信托董事会。有效的董事会每年召开 4 至 6 次会议制定涉及业务审查和战略规划的专业结构。无论是选举产生还是成为被指定的家族董事都应将家族股东的价值观和观点完整地传递给董事会，这种结构提供了一种方式，让家族股东能够在增长预期、风险、债务、股息和重大收购等关键决策中拥有发言权，而不会让董事会成员陷入家族问题的泥沼，或让家族成员过多地涉足业务。董事会还负责对家族企业进行正式的监督和问责，这始终是至关重要的，特别是由家族成员担任首席执行官时。

家族所有人委员会变成讨论所有权和家族事务的论坛，指导家族股东的发展。一个有效的委员会指导董事会，向其提供关于所有权、家族利益以及关注事项的信息，并管理关于家庭价值观、认同感和教育方面的持续性活动。委员会通常每年举行三至四次会议，进行诸如与主席定期审查、与家庭股东讨论、解决相关家族所有人的问题、制定所有权政策、为家族成员举办教育活动和协助举办年度会议等活动。

这两个基本的治理机构可以映射到熟悉的三圈模型上，该模型显示了业务、所有人和家族这三个相互关联的利益相关群体。为股东服务的董事会，理所当然地属于所有权与商业圈之间的边界上。委员会是为家族和股东服务的，位于所有人和家族圈子的边界上。之后，随着业务的增长及变得更加正式，可能有必要将家族和所有权论坛分开，新设一个理事会处理不断变化的家族需求，并成立一个正式的股东大会处理股东关注的问题，参见图 31.1。

家族企业就像有四个独立房间的家：强大的家族企业需要独立决策，家族所有人、董事会、管理部门和家族各自需要独立的房间（详见《哈佛商业评论》Josh Baron，Rob Lachenauer 和 Sebastian Ehrensberger 的文章）。有效的家族企业能够熟练地将决策导向适当的房间，这些房间不仅仅是空盒子——里面需要合适的人来填充，使其能够有效地为企业的某个领域做出决策。对于许多家族来说，设置这些盒子以后，

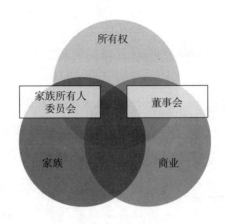

图31.1　委员会和董事会有着不同的治理角色

更容易定义每个房间所需的技能，以及如何挑选合适的人选，如果设置得好，家族所有人就会明白，他们对家族和所有权的决策拥有合法的发言权，并有一个负责任地讨论这些问题的地方。同时，企业管理人也有适当的论坛讨论企业的基本战略、财务和运营问题。

设置治理框架……

就像为不断扩大的家庭设计新房子，为家族企业设计治理框架需要领导者回答以下基本问题：

关于教育，我们的家族了解治理的必要性吗？他们是否理解自身将要扮演的角色？

关于价值观，我们的基本价值观是什么？我们如何才能在家族和企业中更好地保持这些价值观？

关于远见，我们是否知道家族、企业、自我对未来的期望是什么？我们是否了解在保持持续性上有哪些选择？

关于框架，我们需要什么论坛？这些论坛的目的是什么？这些论坛相互之间如何沟通才能最高效？

关于决策过程，这些论坛如何做决策？我们如何挑选、补充每个论坛的人选？如何批准这些人的退休？

关于政策，家族成员在家族企业任职或在董事会任职应遵循哪些政策？我们如何处理利益冲突问题？假如某个所有人想出售他的股份怎么办？

关于领导力，我们的领导者管理未来的企业需要什么技能？吸引、培养、挑选、激励领导者，并最后批准其退休的流程是什么？我们如何管理关键岗位的继任者？

如何回答这些问题、何时回答这些问题、谁来回答这些问题意义重大，关键在于如何将目前及未来的家族所有人纳入精心设计、管理良好、拥有无限可能的框架之中。在规模较小的家族中，这一框架的设计高度包容，鼓励家族成员共同参与。在复杂的大家族中，还需要设立特别的家族理事会来引领家族，并处理主要股东关切的问题。

尽管治理的体系结构非常重要，但是任何治理结构都需要正确的流程和人员来落实。董事会与家族所有人委员会之间的信息交流，以及不断发展的治理机构之间的沟通，都特别重要，有效的董事会和家族所有人委员会总是能让所有利益相关者充分了解正在讨论和决策的问题。例如，一个非常成功的企业在每个季度的股东大会结束后，都会向董事会和家族所有人委员会发出季度函，让股东知道季度会议上讨论了什么，除了这些信件外，他们还会提交年度会议报告和摘要，并定期与家族股东通电话和进行问卷调查。在同一企业，董事会主席和家族所有人委员会主席会定期举行会议进行沟通协调，并确保将有关问题以适当的形式提交给合适的论坛。

创始人看到这些会议和信函时可能会很迷惘，但其兄弟姐妹和表兄弟姐妹们知道，他们正在建立一种新的框架，这种框架将为他们后代的成功提供最佳机会。关键是要记住，经过几代人之后，家族企业所有权会分散，总会有人将对这些基本问题做出决策，你的选择不是事情是否会随着时间的推移而改变——而是一定会改变，你唯一的选择是：是否想要管理好未来企业的传承，过往的经验和越来越多的研究表明，如果这个治理框架没有设计好，家族企业的连续性将受到严重损害。

供进一步思考的问题

1. 你的家族企业目前处于什么阶段——创始人、兄弟姐妹合伙企业还是堂兄弟合伙企业？是否有适合此阶段的治理机构？

2. 你的两个核心管理机构：董事会和家族所有人委员会的效率如何？我们需要做些什么来提高其效率？

【扩展阅读】

Ivan Lansberg, *Succeeding Generations: Realizing the Dream of Families in Business* (Boston: Harvard Business Review Press, 1999).

Josh Baron, Rob Lachenauer, and Sebastian Ehrensberger, "Making Better Decisions in Your Famliy Business," *Harvard Business Review*, September 8, 2015.

【作者简介】

Katherine Grady 博士是康涅狄格州纽黑文 Lansberg, Gersick and Associates 公司的合伙人，曾在耶鲁大学和创新领导力中心任教，25 年来一直担任家族企业顾问。作为一名执业心理学家，Katherine 既是家族企业顾问，又是高管和老师，她将丰富的专业知识倾注于不同家庭和机构的个人和组织发展，还在连续性规划、领导力、职业发展、个性差异、团队建设和家庭活力方面进行演讲和发表文章。

Ivan Lansberg 博士是 Lansberg, Gersick and Associates 的高级合伙人，也是西北大学 Kellogg 管理学院家族企业领域的副教授和家族企业项目联合主任。加入 Kellogg 管理学院之前，Ivan 在耶鲁大学管理学院任教，是家族企业研究所（FFI）的创始人之一，也是专业期刊《家族企业评论》的首位编辑。他的研究和咨询工作涉及复杂的多代家族企业的治理、传承和连续性。

第 32 章 应该召开家族会议吗？

Mary Duke

如何共同为家族可持续的未来增加希望？一个最重要的方法是定期召开家族会议，但是如何开始这样的实践呢？

召开家族会议是每个家族都应该养成的习惯，尤其是那些拥有巨额财富的家族，为什么呢？因为富有的家族通常被夹在两种非常戏剧性的力量之间：复杂性和多变性，家族是极其复杂的体系，金钱的加入让新的、强大的经济复杂性开始发挥作用。

同样，多变性也给家族带来压力。随着时间的推移，家族的一些变化是可以预见的：结婚、离婚、出生、死亡、经济上取得成功和失败等，如今，家族也被要求适应新的变革时代，包括家族范围的扩大和家族成员的日益全球化，这些都给家族带来新的文化活力，也挑战了传统的团聚观念。

所有影响这些变化的力量都在迅速加大，使家族无法为这些变化带来的影响提前做准备，对于富裕家族及其波及的生态系统而言，未能解决复杂性和多变性的代价可能异常高昂。

为什么要召开家族会议？

金钱自身的万有引力对家族产生了一种不可阻挡的吸引力，吸引人们对金钱的关注。管理金钱是个复杂的命题，有许多理财顾问通过广播、电视讨论、审视和计划金钱的使用，然而要让财富代代相传，最大的挑战并不在于如何理财，而在于家族的活力与财富交织的空间。导致家族未能成功实现财富转移的关键因素包括：

1. 家庭成员之间缺乏信任。

2. 家庭成员无法有效沟通。

3. 未能让年青一代为他们未来的角色做好准备。[①]

解决上述问题的妙方，以及家族能采取的第一步措施帮助成员处理这些变化和复杂性，是将家族作为一个整体以应对面临的挑战。那些财富成功流传数代人的家族，采取了家族会议的做法，[②] 家族会议既不是华而不实的节日聚餐，也不是典型的解决财务问题的商务会议，家族会议最好的定义是为家族处理所有与财富相关的事项提供了重要场所，包括人力财富和金钱财富，家族会议上几代人相聚一堂，讨论的话题涉及无形财富——表达梦想、增长能力和知识、探讨关注的问题、探索共同的目标，在这里，家族成员可以讨论既往的烦恼，并对未来树立共同的愿景。

家族会议的机制

会议内容

并不是所有的家族会议都是一样的，有些可能有非常具体的目标，比如需要做决策（接受或拒绝收购家族企业的报价），或者需要传达信息（在创始人去世后审查遗产计划）。但是，在没有紧迫问题、家族可以集中精力发展人力资本的情况下，定期举行家族会议是很有价值的，事实上，当海面风平浪静的时候，才是开展这种练习的最好时机，通过定期召开家族会议，培养信任、沟通和决策能力，使家族在面临挑战和时代转变时能够从容应对。

---

① Roy Williams and Vic Preisser, Preparing Heirs（Bandon, OR：Robert D. Reed Publishers, 2010）.

② Dennis Jaffe, Resilience of 100-Year Family Enterprises（Milton, MA：Wise Counsel Research, 2018）.

会议地点

家族会议的地点和时间通常取决于会议的目的，需要做决策的会议往往需要在会议室里连续讨论数个小时，但为家族纽带和成长提供丰富论坛的家庭会议是不同的。为了获得最佳的效果，家族会议应该在一个中立的地方举行，与任何家族成员都没有关系，我曾听年青一代说，他们不想感觉自己被召唤到长辈的地盘上，因此，公司总部或家族大宅通常不是好的选择。家族会议通常在旅游胜地举行，让会议与娱乐、团建和休闲活动相平衡。考虑到家族会议通常成为家族集体记忆的一部分，且地点可能具有特殊意义，会议室的布置可以打破传统格局，不再设置董事会那样的长桌，不再安排主席位置，而是布置成客厅风格，或用软沙发围成一个圈，这样有助于营造平等、互动的氛围。

参会人员

邀请多少人参加家族会议似乎是个简单的问题，然而"参会人员"实际上涉及家族成员构成的根本性问题，即谁是家族成员，问题的答案将随着家族开始考虑某些成员会带来什么影响而变化。姻亲可能是家族的新成员，但他们是次要成员吗？家族能看到广泛性和包容性带来的好处吗？新成员的技能、活力和经验能否为全体成员造福？将可能被边缘化的成员纳入家族会议，让其既有知情权又有发言权，是否有益？

参加家族会议的成员往往从少数几个人开始，并随着时间的推移而不断扩充。第一次会议可能仅限于核心家庭的成年人，包括也可能不包括其配偶，毫无疑问，参与会议的人将不断增加，而扩大受邀范围通常是非常有益的。根据家族成员的年龄分类，可以考虑让孩子参加部分会议，或让有共同兴趣或面临相同挑战的人进行分组讨论，根据会议内容的不同，也可以邀请具有专业经验或专业知识的客人出席部分或全部会议。

协调

韩国有句谚语说："即使和尚也无法为自己剃光头。"有些事情我们无法自己亲自做，邀请一位协调人协助制订会议计划和管理会议流程，总能令家族受益。能干的协调人会建立一个论坛，让家族成员在这个论坛上建立互信，表达内心深处的愿望和关注的问题，并提高理解和驾驭未来复杂性和多变性的能力。协调人的工作是在推动还是暂停微妙的对话之间保持平衡，并充分考虑不同意见的需求，协调人另一个重要作用是鼓励沉默者发言，并让那些习惯发号施令的人安静下来。

但是，需要家族成员共同完成的工作不能委托给协调人，这可不像聘请律师或建筑师，我们可以交给律师或建筑师一项任务，然后他们转身去完成这个任务。在家族会议中，家族成员需要亲力亲为，协调人只是帮助维护家族论坛的安全港，打个比方，协调人就像是在家族成员旁边陪跑，进行指导和给予鼓励，照亮前方的道路，但是家族成员必须自己坚持到底，克服障碍跑下去。

好的引导者就像炼金术师，可以帮助培养家族凝聚力，激发学习力，治愈既往的伤痛，并为蓬勃发展的未来提供空间。

成本

定期开展家族会议是昂贵的，需要大量的时间和准备，如果我们接受这样的前提，即这些会议为家族提供了最大的机会来发展其人力资本，并采取措施确保成员在克服家族复杂性和多变性的过程中蓬勃发展，那么我相信对家族而言没有比这更重要的投资了。

相比之下，在考虑这些会议的预算时，了解这个家族为保管其金融资产、投资咨询或法律咨询所支付的费用会有所帮助，这些专业服务完全专注于家族的金融资本，而家族在人力资本方面的投资预算在哪里？这难道不比管理金钱更重要吗？以我的经验，成功的家族早就在预算和遗产计划中为家族团聚（包括会议）提供了资金来源，这样子孙后代就不必纠结于他们是否能负担得起参加家族会议的费用，或由谁支付这一费用。①

---

① 家族分支通常以非常不同的速度增长，当涉及为这类活动提供资金时，那些孩子较少的家庭与那些孩子较多的家庭之间可能存在紧张关系。

家族会议的三个主要活动

沟通

家族成员经常在家族会议上共同发展沟通技巧，这些技巧包括：

- 积极倾听，真正倾听别人在说什么，而不是为了回应而听。
- 能够表达情感、动机和期望的目标，帮助家族做出更好的集体决策。
- 同理心：真正理解和分享他人感受的能力。
- 观点和行动的灵活性。
- 耐心和忍受不确定性的能力。

家族里发生冲突是自然而然的事，但也可能因为发生的冲突是不礼貌的行为而被制止，家族成员可以学习如何处理冲突，从而加深成员之间的相互理解。协调人可以在调解冲突和分享实践方面发挥重要作用，这些实践可以帮助家族管理冲突避免升级。

家族会议还为不同辈分的人提供了像同龄人一样相聚的论坛，这样的会议可能是家族成员第一次不再以传统的父母孩子关系而是以平等的身份参与，这是家族成员向互相学习和共同行动迈出的重要一步。

协同决策

巨额财富往往涉及集体决策，这是财富创造者将财富留给子孙后代的自然结果，这些子孙后代通常共同持有这些财富，包括信托、基金会、控股和运营公司以及房地产，一群同龄人（如兄弟姐妹或堂/表兄弟姐妹）突然发现彼此之间存在经济关系，却没有榜样或集体决策的经验可以学习，而家族会议就是一个学习和实践协作技能的强大论坛，它可以倡导、妥协、解决问题、就目标达成一致意见、承担责任和管理冲突。

家族成员之间开展有效协作需要掌握相关技能和知识，这些都是要终生学习的技能，并且需要时间和实践，同时在处理家族面临的复杂问题时非常宝贵。

全家一起学

除了学习各种各样的技能如财务管理、受益人的角色和责任以及商业策略，家族会议中可能学到的最重要的东西与自我发现之旅有关。

很多家族经常在会议上探讨每个成员的价值观和人生目标，了解成员个人的看法和潜在的喜好，在洞察个人性格类型、喜欢的学习和领导风格以及调查成员对家族及其相互关系的看法上，各种评估工具很有帮助。

家族会议让大家对每个成员的个性有了新的理解，这让全家一起学的方式更为有效，重要的是，家族逐渐接受成员之间的差异，并将其作为开展有效合作的基础。

基本规则

建立一套基本规则是家族会议的重要组成部分。基本规则通常在家族会议的第一次会议上编写，然后在每次会议开始时进行审阅，以帮助确定最终规则，这些规则有助于将家族会议与其他家族聚会区分开，并为今后重要的工作预留空间。基本规则为基于相互尊重的互动提供了好的环境（使其不受打扰，并消除技术上的干扰），鼓励团队合作，并为相互沟通和情感交流提供指导。

更高级的做法

成功的家族在共同努力的过程中还会采取其他措施，比如通过设立家族论坛、家族委员会和理事会等机构，制订家族会议计划和创造终生学习机会等，进一步规范家族治理结构。这些家族可能成立理事会，赋予后代参与家族事务的权力，也可能成立由长者组成的家族委员会，邀请他们贡献智慧，帮助解决难题。一些成功的家族会以书面形式记录家族价值观、原则和实践，有时还收录进正式的家族宪章，家族成员还可以从协调人和家族体系中获得培训的机会，使其工作更为高效。总之，可以采取的措施非常多。

破裂情况

家族破裂的方式有很多种，但并不总是以戏剧性的场面或史诗般的战斗开始，有时候，人际关系悄然侵蚀、生活的地方相距遥远也会让感情纽带消失，这些破裂的关系剥夺了家族发现其成员变化、成长和成熟的机会。召开家族会议的做法有助于维护家族联系和加深成员之间的关系，所有这些都将给家族带来希望，奔向未来。富裕家族知道金钱可以买到很多东西，但这并不能保证家族的兴旺发达，富裕家族必须努力解决经济和情感方面的问题，这需要每个家族成员投入时间和精力，共同应对挑战，而这个目标可以通过定期召开家族会议达成。

基本规则的例子

第一次家族会议要进行的其中一项工作是就基本规则达成一致意见，所有人都要遵守基本规则。我强烈建议每个家族都从一张白纸开始，认真思考他们想在家族会议上讨论的重要价值观，一般来说，从四大类开始：沟通、自我管理、与他人互动、领导力和团队合作，参与者通常会遇到以下几个方面，下面是我最喜欢的几点：

沟通

- 接受建设性的辩论，鼓励对问题的各个方面进行探索。
- 充分沟通，不要自以为别人知道你在想什么，或者你知道别人在想什么。
- 参与真正的对话，谈论具体问题，仅代表自己发言。
- 亲切的态度，不要公开批评他人，私下批评也要克制。

自我管理

- 出席会议和活动，人到，心也到。

- 积极主动，认识到问题所在，并为解决问题而努力。
- 善于团队合作，不相互指责。
- 负责任，准时，言出必行，随时待命。
- 勇于改变，不要满足于"我们一直都是这样做的"。

与他人互动

- 善待所有人。
- 拥有共同的遗产或一致的目标作为联系的纽带。
- 对谈话内容保密，不转述给第三者。
- 尊重地倾听，尤其是那些最安静的声音。

领导力和团队合作

- 鼓励大胆的对话，反馈应该是建设性的和诚实的。
- 永远尊重他人！
- 确保平等，每个家庭成员都是平等的，没有谁比谁更重要。
- 开诚布公，不要拐弯抹角或藏着掖着。

玩得开心！

供进一步思考的问题

1. 我们的家族将面临哪些可预见的挑战？我们准备好启程了吗？遇到不可预见的挑战怎么办？

2. 我们能否有效地利用家族优势共同克服弱点？如果可以，如何做？

3. 我们的家族受到挫折时能恢复元气吗？如何在这个过程中吸取教训，重新开始？

4. 家族是否能提供一个平台，让我们能够开诚布公地讨论我们的想法和共同处理关切的问题？

5. 还有哪些可以促进个人成长和家族繁荣的潜在机会？我们成长和发展的道路上还有哪些困难？

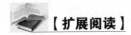 【扩展阅读】

Craig E. Aronoff and John L. Ward, *Family Meetings-How to Bulid a Stronger Family and a Stronger Business* (New York: Palgrave Macmillan, 1992).

Jay Hughes, Susan Massenzio, and Keith Whitaker, "Family Meetings," Chapter 16 in *Complete Family Wealth* (New York: Bloomberg Press, 2018).

【作者简介】

Mary Duke 是一位国际知名的理财顾问，致力于帮助家族管理复杂的、巨额的财富，以擅长家族企业的传承和信托对家族的影响而闻名。

Mary 的主要工作是协调促进家族会议，为家族成员提供精神支持，为家族企业进行战略规划，她致力于培养下一代的能力，帮助家族通过治理加强决策和协作。她拥有法律、商业和金融背景，在家族体系和处理家族冲突方面受过培训，在家族规划取得积极成果方面有着出色的成绩。

第 33 章 管理家族冲突的最佳方式

Blair Trippe

每个人都会为对自己重要的事情而争吵。当不相干的人吵架时，他们可以选择离开，完全断绝关系，但是当自家人发生争执时，事情就没那么简单了，完全切断关系就更难了，因为即使没有亲近感，家族关系通常还在。更重要的是，当家族成员争吵时，除了核心分歧的实质性问题之外，他们经常是因为更深层次、更私人的问题而争吵，他们也在努力想办法以后如何还当一家人。冲突可能无法避免，那你将如何深思熟虑，管理好家族冲突呢？

什么是家族冲突

首先，重要的是要区分冲突和争议。争议是独立的分歧，通常只涉及有限的几个人，可以追溯到特定的时间或事件，通常可以用很有逻辑的语言描述，因此争议可以通过谈判或调解来解决。

相比之下，冲突是系统性的，随着时间的推移而演变，可以直接或间接地牵扯到很多人。冲突通常涉及一系列相互关联的问题，由于对事情的看法不同，人们在这些问题上意见不一，例如，关于遗产分配的争论快速扩展至姻亲，并变成对财富和财产的价值观念、对公平的信仰、对爱和忠诚的质疑，以及维护身份地位的挑战。冲突无法"解决"，冲突必须管理。

冲突可以是主动的（相互争吵），也可以是被动的（感觉被卡住了），通过感觉和声音，每个人都知道主动的冲突是什么样的，消极的冲突或对冲突的恐惧，也可能具有同样的破坏性，甚至更严重。由于担心引起冲突，人们往往避免共同做决策，情愿让家族和企业陷入困境，当家族存在紧张气氛和分歧时，家族成员可能避免做任何将引发主动冲突的事情，而不是争吵，虽然这看起来似乎每个人都相处得很好，但其实对家族的伤害可能和主动冲突一样大。

引起家族冲突的原因

个体之间总是存在差异，任何时候个体之间的互动都是在这些差异的背景下进行的。家族成员之间相互依赖，在某些家族中尤甚，这就增加了不同价值观和目标的人相互交往的机会。家族规模越大，联系越紧密，复杂性就越大，冲突管理就更具挑战性。

此外，当家族企业或家族财富、财产是大家共享时，家族成员相互依赖的程度就更深，这进一步增加了复杂性。当家族成员共享资产时，他们往往同时扮演多个角色，这不仅令他们难以管理自己的目标和关注的事情，而且也更难管理兄弟姐妹、父母和堂兄弟姐妹的目标和关注的事情，当这些差异影响决策时，就会产生冲突，如果处理不当，冲突会一触即发。

所有活动零件多、零件之间连接紧密的复杂机器都有可能出差错，出错时，机器会出故障或表现不佳。在家族中，特别是企业家族中，冲突表明出问题了，当我们说某件事"出问题了"，我并不是在批评什么，我的意思是，家族中正在发生一些预想不到的事情，即使是在治理、家族宪章和委员会上做得最好的家族，也可能发生意想不到的冲突。

冲突存在于任何高度相互依赖的体系中，家族也不例外，尤其是富有创新精神的家族。

当发生冲突时，有时候富裕家庭处于不利地位。家族成员从小在富裕的环境中长大，他们可能生活独立，无须相互依赖。比如兄弟姐妹年轻时从未因为使用家里的汽车而争吵过，可能就没有共同处理冲突的宝贵经验，长大以后，他们可能发现他们比年轻时更加需要相互依赖，他们可能是共同受益人，一起在家族企业中供职，或者可能共同拥有家族房地产的所有权，尽管年轻时的独立帮助他们避免发生冲突，但这也可能阻碍了培养管理冲突的重要技能。

管理家族冲突

　　家族冲突调解人的角色并不讨好。尽管有着良好的意愿，而且往往有高超的技巧，但每个家族成员的利益都与冲突的结果息息相关，这损害了他们保持中立和不偏不倚的能力。当然也有例外，但是一般来说，当你身处其中或者本身就是冲突的一方，管理冲突是非常困难的。

　　这并不意味着所有冲突都需要外部调解人，冲突中的家族成员可以自学解决争端的技巧、沟通实践、家族体系理论和现行实质性问题，并可以直接参与谈判和制订解决方案。尽管聘用一个受过培训的、外部的冲突管理人肯定有好处，但内部人以深思熟虑的方式直接参与可能非常有用。先了解一下解决冲突用哪种手段有效，如谈判、投票或仲裁，对于冲突管理很重要，可以避免犯错，当分歧与其他问题无关且仅限于少数人时，有些系统性冲突可以通过谈判或调解解决。

　　然而，家族分歧很少是简单的争端，可能涉及价值观、信仰、个人经历和身份认同的问题，这些都是不可协商的问题，因此强迫或谈判不起作用，你无法通过谈判让人变得更愿意承受风险或者更喜欢你。投票的方式也无法让别人相信结果是公平的，如果你试图这样做，只会增加紧张感，并可能使事情变得更糟。

将发展作为冲突管理策略

　　解决家族冲突的最佳方法是我们所说的"发展"，可以超越单纯的争端，解决涉及价值观、信仰和性格等根深蒂固的身份问题，这可以分为两类：结构性发展和个人发展。结构性发展处理与企业或家族治理体系相关的问题，如明确角色定义、策略和流程。个人发展关注的是等式的另一边：人力资本，比如对家族成员进行实质性问题的教育，增加可能的解决办法，并软化其立场，他们之前采取强硬的立场可能是因为没有充分了解全局。同样，家族成员通过分享经验可以了解和珍惜彼此，加强同理心，增进沟通，当你对家族成员了如指掌并真正关心其福祉时，他们更容易妥协。

解决争端和管理家族以及调解因身份认同而引发的冲突存在各种框架和方法，学习这些框架和方法将为在挣扎中的家族成员提供更多的帮助。其中一个方法是 Thomas Kilmann 模型（以及 Baumoel-Trippe 扩展），这个方法可以帮助家族成员理解与其他利益相关者的关系相比，手头上的事情如此重要，以至于会影响他们对任一问题做决策。同样，在一场激烈的冲突中，把冲突方的意图及其影响分开来看，会让我们更清楚地了解正在发生的事，这会提供新的视角，帮助各方以有理有据、深思熟虑的方式参与进来。

引入冲突管理专家对家族来说是革命性的。冲突管理专家能够解构局势，关注真正的问题所在，可以把冲突变成家族成员个人成长的机会，改善家族作用，甚至维护家族和谐。

记住，冲突是正常的，因为冲突来自家族企业体系，冲突表明你构建的体系出了问题，需要修补，要么发生了家族企业体系尚未准备好的意外事件，要么这个体系需要更多的能量支撑不断扩展的、复杂的家族。逃避冲突同样会让家族陷入困境，成员关系恶化，你和你的家人如何管理冲突对你们未来的关系影响重大。

供进一步思考的问题

1. 你的家庭是否正在处理（或避免）一场比"争执"要严重的冲突？

2. 当冲突来临时，你仍想留在家族、忠于家族的愿望有多强烈？

3. 你的家族成员是否能充分理解与他们息息相关的经济、法律和社会机构？是否有能力与这些机构打交道？

4. 你是否认同家族紧密的关系非常重要？你对其他成员了解和接受程度如何？

5. 你的家族如何做到真正原谅某个人或某件事？

6. 你是否认为家族必须改变，但前方改变的道路令人望而却步？

【扩展阅读】

Doug Baumoel and Blair Trippe, *Deconstructing Conflict: Understanding Family Business, Shared Wealth, and Power* (St. Louis, MO: Continuity Media, 2016).

Roger Fisher, William Ury, and Bruce Patton, *Getting to Yes: Negotiating Agreement Without Giving In* (New York: Penguin Books, 1981).

Don Miguel Ruiz, *Hhe Four Agreements: A Practical Guide to Personal Freedom* (San Rafael, CA: Amber-Allen Publishing, 1997).

Janis A. Spring, *How Can I Fongive You? The Courage to Forgive, the Freedom Not To* (New York: HarperCollins, 2004).

Douglas Stone, Bruce Patton, and Sheila Heen, *Difficult Conversations: How to Discuss What Matters Most* (New York: Penguin Books, 1999).

【作者简介】

Blair Trippe 是连续性家族企业咨询公司（Continuity Family Business Consulting）的管理合伙人，为富有创新精神的家族在继承计划、治理发展和冲突管理等问题提供咨询服务。Blair 是一位经验丰富的谈判家、调解人和家庭事务顾问，曾在华尔街和其他公司担任高管职位。

Blair 是一位全国知名的演讲者，曾在哈佛法学院、纽约大学沙克房地产研究所、康奈尔大学、家族企业研究所、美国律师协会和家族控股企业律师（AFHE）等机构发表演讲。

Blair 与人合著了《解构冲突：理解家族企业、共享财富和权力》一书，帮助共享企业和其他资产的家族成员成为更好的决策者、谈判者和沟通者。她还与人合著了《妈妈总是最喜欢你：化解家族纷争、继承权之争和养老危机指南》一书。

　　Blair 在西北大学凯洛格商学院获得工商管理硕士学位，在康涅狄格学院获得心理学学士学位，并在哈佛大学获得谈判与调解项目证书。她在波士顿交响乐团、DeCordova 博物馆和 AFHE 担任董事。

第 34 章 你应该留在家族中，
还是另起炉灶？

Doug Baumoe

我们应该留在家族里管理财富、企业或慈善事业，还是应该另起炉灶？这是许多共同拥有巨额资产的家族成员内心深处的问题，在冲突或危机爆发之前，他们很少面对这种情况。

与非家族合伙企业不同，共享遗产面临的关键挑战是家族成员不是主动选择共享这些资产，他们可能有一致的目标、类似的价值观，甚至可能真正喜欢对方，也可能并不喜欢对方，这种不确定性增加了与共享相关的风险。然而，作为一个紧密联系的家族，能够以富有成效和目标明确的方式共同分享资产和机会，其回报可能是非常有意义和影响力的。正是这种风险与回报的关系，让我们想到两个关键问题："共享资产会增强还是削弱家族的归属感？"以及"没有共享资产，我们还是一家人吗？"本章将探讨这些问题，并为家族评估这些问题的影响提供框架。

遗产可以是积极的，它会给我们强烈的认同感和作为一家人的感觉，也可以是消极的，比如打乱个人计划、产生不必要的冲突。对那些拥有大量财产的家族来说，"家族"一词通常会带来一定的期望和责任：对个人行为的期望、出席家族会议、参与家族活动、为了家族而牺牲个人利益，以及大量的法律和受托责任，真正亲密的家族更容易接受这些复杂的情况，互相提携度过此生。

但是，当家族出现对分歧的责任和失望情绪时，家族成员可能会开始质疑，让彼此成为一家人的纽带是否只是那份遗产，拥有一个"百年家族"①的好处似乎难以捉摸，或已不再重要。

家族亲近感的实用性测试

对"家族归属感"进行评估，可以提供有用的建议，帮助你有效地处理现有的差异，或判断与家族分开是否更有益，我们把这种"家族归属感"称为家族因素，你可以问如下问题：

我们的家族纽带是否足够强大以至能在妥协、宽恕和改变的承诺之间取得平衡？

这个问题描述了家族成员管理冲突所需的关键要素。如果他们能管理冲突，他们就有更多的选择，让他们明白如何成为一家人，如何成功地共享和管理重要的资产。

家族因素的框架可以衡量家族凝聚力。当这种纽带牢固时，家族就能从共同应对财富共享的挑战中获得巨大利益，共享的旅程会成为成长和充实的机会。当凝聚力薄弱时，若无解决方案，围绕共享资产和相互竞争的利益就会发生冲突，这可能会侵蚀彼此的关系，甚至还可能妨碍家族的愿景。了解家族因素，明确边界和搭建沟通的桥梁，共享家族企业才能成功。

探索你的家族因素

为了更好地理解家族因素，我们将其分成三个关键部分：

- 共同的历史
- 共同愿景
- 信任

---

① 跨越三代或三代以上的家族要维持共同的家族价值观和身份认同，同时伴有与成功的金融企业建立的伙伴关系。

共同的历史：你的家族有一个独特的、有意义的、共同的历史吗？

共同的历史并不一定意味着积极的历史，它只是意味着共同的经历，即使是在家族成员争吵、意见不一致、站在彼此对立面的时候，共同的历史也可能是强大的。如果家族重视传统和故事、为共同的血统感到自豪、经常交流或见面，那么共同的经历胜过和谐的经历，这种共同的经历并不意味着曾经一起生活，例如共同的种族经历或共同的家族声誉，而每个人都以有意义的方式认可共同的经历，这就构成了家族纽带的基础。

如果你的家族有一段有意义的共同历史，那么当你解散这个家族或不再认为这是一家人时，彼此都会失去一些东西。一些家族成员可能需要提醒他们什么是共同的历史和意义，有时共同的历史与负面的经历和情绪交织在一起，但即便是负面的经历也能提供宝贵的经验并建立纽带联系。当你的家族可以构建共同的历史，即使是在困难时期也能为成员提供意义和价值，你就可以在共同的历史中找到"家族凝聚力"。

共同的愿景：你的家族对未来的家族生活有共同的愿景吗？

家族成员是否认为未来作为家族一分子很有价值？他们愿意举办共同的家族活动吗？或者，当族长或家长去世时，家族的感觉会很快消失吗？如果你的家族将自己定义为未来联系紧密的家族，并在后代中保持联系和分享经历，那么家族成员可以通过妥协、原谅、学习或改变来确保未来家族的凝聚力，大家也必将有所收获。共享资产带来的挑战可以进一步加强这些关系，这种对未来联系的愿景是解决问题、克服分歧、共同决策的强大动力。

当愤怒、不相容的价值观和冲突破坏家族关系时，有时很难看到维系家族纽带的价值。当家族成员或分支有着明显不同的利益和价值观，并且由于分歧和距离而加剧矛盾时，很容易会走到分割资产、断绝家族关系的那一步，将这一问题放到更广泛的家族愿景或代际问题上，往往可以帮助家族成员超越当前的挑战，并扪心自问家族因素是否足够强大，可以让家族成员从共享资产中获益，或者分割资产是否真的能实现他们对未来的愿景。

信任：你的家族成员彼此了解吗？

Erik Erikson 在他关于人生阶段的著作中将信任定义为可预测性，婴儿发现世界是可以预测的——当他哭的时候，他会被人抱起并得到抚慰。可预测性是信任的关键组成部分，我们据此评估家族成员能否从家族中受益，无论他是否拥有共享资产。

家族可能出现困难的环境——尤其是资产共享、决策共议和权力分级时，利益和价值观发生冲突时，常常使人与人相互对立。但是，不要按照通常的做法把信任定义为一致的利益或亲密关系（比如我喜欢你，你喜欢我，我们想要同样的东西所以我信任你），而要像 Erikson 一样将信任视为可预测性。在这种情况下，如果我知道你很有竞争力并会不懈地追求你的目标，那么我知道即使你"爱"我，你也会尽力去"赢"。如果我知道你想要的东西与我想要的正好相反，那么我可以"相信"你会追求你想要的。此外，如果我们都知道如何参与家族企业（即我们具备财务知识，了解将彼此联系在一起的公司、行业和法律文件），我们就可以预测各自将如何追求目标。

如果家族成员彼此知根知底、懂得家族如何运作、了解共享资产的结构，家族成员就不会对彼此的行为感到惊讶或怀疑，当每个人都能预测到其他人将如何做决定时，大家就能为了集体的更大利益而顾全大局，而不仅仅是为了个人的私利。尽管可预测性可能促成妥协和无私付出，但它也不能百分之百确保这一点。

如果家族成员彼此不太了解，也不知道彼此的价值观、兴趣和关心的事情，这种信任（即可预测性）就会崩溃。拥有不同的利益、价值观和关注点并不是信任的敌人，不了解这个人才是，因为他看起来不可预测。此外，当家族成员懂得家族如何将他们联系到一起时，信任就增加了，因为可预测性增加了，为了做到这一点，他们需要学习财务知识、家族企业的运营、与家族相关的协议和信托基金，并了解家族内部如何运作。

什么时候离开家族才是有意义的

家族会议、家族休养、家族网站和家族通信可以帮助建立共同的历史和信任，分享故事和经验、互相了解进而建立相互之间的信任有助于塑造家族和改善家族。选择保持联系的家族成员，无论他们是否继续分享资产，他们都可以从构建家族因素的活动中获益。然而，当资产共享时，花费时间和资源建立强大的家族因素可能是减少风险的最佳方式。

有时候，从家族分离是不可避免的。家族因素框架可以分析家族分离的原因，并提供了分析家族分离的衡量方法。为构建家族因素而制定时间表可以为家族设置清晰的目标，如果家族分离，家族成员通过这个方法能了解分离的具体原因，如果家族选择妥协、改变和宽恕，这个方法也可以帮助他们带着新的目标重拾家族遗产。

家族成员考虑离开大家族往往出于以下真实理由：

1. 对别人没有亲近感，也不想和他们有什么关系。

2. 可能对其他人有亲近感，但不喜欢他们分享资产的方式，或者对投资目标有不同的风险承受能力或价值观。

3. 只是想给自己或自己的小家庭更多的自主权或控制权。

低家族因素会增加共享资产所有人的投资风险，建立家族因素可以降低风险，也可以带来回报，了解你的家族因素对于理解和管理家族共享资产的风险是至关重要的。

分割共享的家族资产可能非常困难，退出的股东往往被迫在一段时间内以显著的价值损失接受折价支付，这给其他家族成员带来的不信任投票除了会导致经济上的分离，还可能加剧家族裂痕。而且，在退出的家族分支中，往往不是所有的成员都同意多数人的意见，有时会在退出的家族分支或家庭中造成分裂。

有效分离

如果分开已是必然，要考虑一下有些家族成员（也许是所有家族成员）可能仍想与那些在经济上分道扬镳的人保持家族关系,[①] 我们要对经济上的分离创造共同的故事，以维护未来几代人之间的家族关系。

某些资产的分割可能是谈判层面的问题，可以由精通信托、房地产和公司法的专家通过其创造性思维和估值建议帮助谈判。当涉及家族企业时，将房地产从企业业务中剥离出来并用保险为股东的退出提供流动性，也是一种选择。尝试将信托拆分或转换成其他信托基金，也是从经济上分离的办法。

有些资产可能带有明显的情感标记，或亲如一家的依恋，这可能更难以分割，要考虑一下这些资产是否可以通过更正式的家族或公司治理共同保留，如果这个办法不可行，也要注意分割这些资产不是简单的价值谈判。当涉及家族身份和情感以及看重家族关系时，分割这些资产需要更多的时间和耐心，若想分离的人还在家族企业中担任管理职务时尤其如此，因为他的职业身份是很难谈判的。

供进一步思考的问题

1. 想象一下 10 年后你的家族，它看起来像什么？你有何感觉？现在想象一个不同的画面，你的家族变小了，这将如何改变你今后 10 年的生活？

2. 为了让你的大家族保持联系，你愿意付出多大的努力？你愿意原谅、学习和妥协吗？

3. 财富共享是如何导致家族成员之间的分歧和冲突的？

---

① 详见"Beyond the Thomas-Kilmann Model: Into Extreme Conflict" in Negotiation Journal。

4. 从你家族经历过的重大冲突中，可以提炼出一个积极的、可以共享的故事吗？

5. 从可预测性的角度思考信任，想三件你能做的事，让别人更容易预测你的行为、提升你预测别人行为的能力以及更好地理解你所处的环境。

6. 想三件你能做的事，建立你的家族因素。

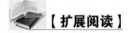

【扩展阅读】

Doug Baumoel and Blair Trippe, *Deconstructing Conflict*: *Understanding Family Business*, *Shared Wealth*, *and Power* (St. Louis, MO: Continuity Media, 2016).

James Grubman, PhD, *Strangers in Paradise* (Boston: Family Wealth Consulting, 2013).

James E. Hughes, Jr., *Family*: *The Compact Among Generations* (New York: Bloomberg Press, 2007).

Blair Trippe and Doug Baumoel, "Beyond the Thomas-Kilmann Model: Into Extreme Conflict," *Negotiation Journal* 31, No. 2 (April 2015).

Dennis Jaffe, PhD, "Succeeding Against All Odds: Lessons Learned from 100-Year Business Families," dennisjaffe. com, 2017.

【作者简介】

Doug Baumoel 是连续性家族企业咨询公司（Continuity Family Business Consulting）的创始人。他运用超过 25 年的商业经验开发了一个分析家族企业冲突关键变量的流程。他与连续性管理合伙人 Blair Trippe 合著了《解构冲突：理解家族企业、共享财富和权力》一书。

Doug 曾在哈佛法学院谈判项目、康奈尔大学史密斯家族企业倡议、全国企业董事协会（NACD）、家族企业协会（FFI）、美国律师协会、家族控股企业律师（AFHE）、国际合作专业人员学会（IACP）等机构发表演讲。

Doug 在宾夕法尼亚大学沃顿商学院获得工商管理硕士学位，在康奈尔大学获得电气工程学士学位，他获得了 FFI、NACD 和康奈尔·史密斯家族企业计划的实践学者奖，持有马萨诸塞州法律继续教育的民事调解证书，接受过 NACD 主任专业课程培训。Doug 还曾担任家族企业研究所新英格兰分会的主席。

第六部分　整合家族与企业

Wise Counsel Research 在一项独特的家族研究中发现，有些家族在最大限度上保留了家族企业，顺利传承给了第三代甚至超越三代人，该机构发现这项研究中有77%的家族继续拥有或管理共同经营的企业，原始企业成立后的延续时间平均为114年！就该项研究的结果表明，延续的家族企业以及伴随而来的认同感、承诺、合作影响力，对长期的家族成功起着很大的作用。[①]

当然，将家族与事业结合起来也会面临财务、管理和情感上的挑战，家族企业持续发展的道路会遇到强大的阻力，本部分的文章将阐述如何应对这些挑战，并提供一些方法增强持续经营家族企业的可能性。

没有子孙后代的支持，家族企业就无法延续，因此每个企业都必须找到吸引年青一代的方法，这是 Dennis Jaffe 在本部分的第一篇文章中提到的观点。他特别关注加强联系、增加透明度、提升能力和重视承诺，因为家族会议对家族企业至关重要，所以他还强调了一些设计家族会议及有效举办家族会议的最佳方式。

接下来的两篇文章讨论了如何将新一代家族成员转变为家族企业领导者。Greg McCann 考虑了在不同情况下所需的不同领导类型，然后提供了一种"垂直领导"的模式，该模式着眼于潜在的家族领导者是否能发现自我、怀有同情心、有效地解决问题并激励他人进行变革。Dean Fowler 提出家族及其成员都可以培养的七个习惯，确保继任者不

---

① 详见 Dennis Jaffe, *Resilience of* 100-*Year Family Enterprises* (Milton, MA：Wise Counsel Research, 2018)。

仅在生意上而且在生活中也能取得成功：从实现心理和财务独立，一直到将自己的资金投入家族企业。

　　本部分接下来的两篇文章将退后一步，全面审视家族团结与家族企业之间的关系。Andrew Hier 和 John Davis 在阐述这个问题时，强调了不团结的危险，并提供了加强家族团结的具体做法，包括从改变组织结构到改变共享资产所有权。接着，Josh Baron 和 Rob Lachenauer 描述了你可能失去对家族企业控制的那些预警信号，这些问题很多是由于习惯或对效率的错误理解，因此提防这些问题尤其重要。

　　最后，英国省郡保险公司创始人的后代 Alex Scott 提出了一个关键问题："卖掉家族企业经营的业务后，一家人还能在一起吗？"他的回答是响亮的"能"，但是如果没有强烈的意愿和共同努力，这种结果当然不会实现。他提供了一些对他家人有用的做法，并总结了培养管理的态度和成为有价值公民的愿望的重要性，通过这个结论，他让我们全面了解了本书开篇的几篇文章。他暗示家族的成功可能不仅仅取决于对共同企业的承诺（为客户、为员工造福），而且还取决于（也许是最重要的）我们的公民身份以及我们对国家的贡献，因为有国才有家。

第35章 如何让孩子参与
管理家族财富或生意？

Dennis Jaffe

在建立了一家成功的企业后，创始人往往会转而关注如何将企业传给"正在崛起"的新一代继承人。家族财富将如何影响他们？这会让他们成为不劳而获和内心空虚的人吗？会让他们无法自立门户和取得成功吗？由于财富创始人通常不是在富裕的环境中长大的，他们往往会担心出现最坏的情况，或许还会嫉妒孩子的好运气。

他们的关注点通常集中在如何让孩子为财富做好准备，他们的问题包括：

- 我应该给他们多少钱，什么时候给？
- 我如何才能让他们不觉得自己不劳而获、坐享其成？
- 我应该什么时候告诉他们我们有多少财富？

这些问题没有答案，即使有，这些答案也不会帮助你解决核心问题，即如何明智而有效地使用你引以为豪的家族资源，这是必须探究的价值观问题，而不是专业人士可以为家族回答的技术性问题。

为了解决这些问题，必须先想想你对孩子的预期是什么。你可能会认为财富分配是父母能够而且应该做的决定，如果你创造了财富，你可能会得出这样的结论：这是我的钱，但你应该考虑这将如何影响孩子。你的孩子在富裕的环境中长大，可能会突然惊讶地发现，家族财富与他们不相干，若孩子对什么是公平合理存在误解，那么会对其自身造成巨大的影响。

　　另一个问题是谁来做这些决定。父母为年幼的孩子做决定是完全正确的,但当他们成年后,父母什么时候停止单方面的决策,而与孩子一起探索各种可能性和共同决策呢? 你可能会重新思索家族财富和资源的未来,孩子正是在锦衣玉食的环境中长大,但这是每个人都要面对的难题,这并不是说每个人都有平等的投票权,但无论如何每个人都应有所参与。

　　当客户问我" 给多少钱"和" 什么时候给"的问题时,作为家庭顾问,我的第一反应是:"你孩子对这些问题有什么想法? 你们在一起讨论过什么? 你已经说过或暗示过什么?"有些家族从未谈论过这些事情! 因此,这些父母不知道孩子对家族财富有多少了解、有什么期望或预期,他们对倾听孩子心声的忧虑导致他们完全回避与孩子的谈话,当这些家长开始敞开心扉讨论这个问题时,他们会感到有些意外。

　　尽管父母担心会出现最糟糕的情况,即孩子希望继承足够多的财富,这样就不需要做任何努力了,但父母可能会发现,孩子也会关心未来,也会负责任地努力思考他们想要什么以及什么对他们有帮助。你的孩子可以成为与你一起探索的伙伴,而不是被动旁观者,对影响他们未来选择和机会的事情袖手旁观。

　　Paul Schervish 多年来一直在研究财富对家族的影响（他在这本书中有一篇文章）,他这样定义这种困境:

　　对于那些富裕家族,尤其是拥有成功企业的家族来说,他们面临的困境是如何在满足子女需求的同时教会他们承担财富的责任。历经千辛万苦之后,他们不希望孩子经受同样的不安全感,他们想为孩子提供富裕生活,同时又希望灌输节俭、谦逊和责任的美德……问题是,一旦他选择住在富裕的社区,他的孩子自然而然暴露在可能会变成物质主义者的环境中。

百年富裕家族的智慧

　　过去的五年里,我一直在采访世界各地"富有活力"的家族,这些家族传承财富或家族企业已有三代甚至更久。[①] 一个重要的发现是，这些家族均做出了明确的决定：为了培养成功的新生代，在投入家族资源时，不仅要维持经济上的财富，还要发展每一代新人的技能和能力。这太重要了，他们不能让孩子自由发展，这些家族都以某种形式定期召开家族会议，并积极地让新一代从小就参与讨论对家族至关重要的期望、价值观和责任感。

对于家族财富在未来怎么用才是公平和合理的，每一代人的预期都有可能不同，但每一代人也可能害怕惹恼或挑战另一代人，这导致相互回避的状态。在很多情况下，年青一代是在家族财富的熏陶下长大的，他们关心的是对未来的期望以及如何发现和追求自己的人生道路，他们通常生活在非常成功和著名的父母的阴影下，他们想知道还能干出什么重要的事。而他们的父母往往出身卑微，白手起家，并不能真正理解孩子的忧愁，该如何弥合这种沟通上的鸿沟？

不同的家族成员在成长过程中对什么是公平合理有着强烈而深刻的观念，这些观点深藏心中，一般不会表露，除非有人做了违背公平的事。相比之下，在我们的研究中，富有活力的家族设法为每一代人创造机会去定义该如何公平地使用家族资源。当孩子还小时，这些家族就规定了下一代人应该遵守的关于公平的规则和规定，因此，两代人可以互相信任、彼此期待、彼此依赖。

从成功地将财富和责任传承至两代或两代以上的家族例子中，我们了解到"富有活力"的家族通过四种方式共同启发和培育下一代，如图35.1所示。

联系

他们定期安排时间让孩子参与到未来的挑战中，这些会议和讨论

---

① Wise Counsel Research 出版了数篇关于这项研究的工作论文，包括"Good Fortune"（2014），"Releasing the Potential of the Rising Generation"（2016），"Governing the Family Enterprise"（2017），and "Resilience of 100-Year Families"（2018）。

通常在孩子还小时就开始了，这些家族总是留出时间讨论拥有大量财富和资源对家族意味着什么。老年人分享他们的希望、梦想、价值观和原则，也愿意倾听孩子的关切、想法和需求，每一代人都学会倾听另一代人的心声，明白需要大家合力发展家族政策和实践。

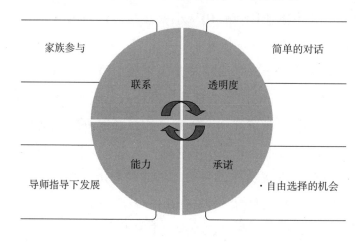

图 35.1　培养下一代

透明度

他们公开分享家族企业和家族财富的性质，教导孩子他们所做的事业，与孩子谈论家族生意（详细程度与其年龄相称）以及未来还需要做什么。他们营造了一种开放的气氛，会与年青一代谈论、参观、讲述家族"企业"，即使是家族投资办公室或家族基金会，他们以提问为乐，家族成员能够了解家族事业，甚至他们期盼成员熟悉家族事业。

能力

他们为孩子提供各种资源，让他们接受指导，发展财务和商业技能，无论孩子想过何种人生。他们真正认识到，拥有巨额财富意味着他们的子女必须具备监督和管理将要继承的遗产的能力，并鼓励孩子寻求帮助和发展自我。他们希望所有的孩子及其配偶都能熟悉情况，并对维护家族资源负责，然而承担责任意味着家族成员必须学习其他年轻人并不具备的财务管理能力，他们为家族成员提供了解家族企业、与其他家族见面和学习的机会。他们有正式和非正式的教育和学习机会，让年轻的家族成员一起学习。

承诺

他们让孩子选择以多种方式参与家族企业，虽然只有少数成长中的新一代家庭成员可能成为家族企业的领导者，但是所有的下一代都期望拥有股份，他们可以通过多种方式参与到对家族的支持中来，他们认识到在家族企业中他们的角色不是"要么全有，要么全无"，也不是一次性的选择，家族成员可以追求职业生涯，也可以成为艺术家，但仍然可以参与家族治理或董事会的工作。所有权是一种责任，而不是一种权利，他们教育和培养家族成员更为积极地管理家族企业。

召开家族会议，倡导家族参与

在沟通这条道路上家族如何起步？如果你还没有主动开始，但孩子已想谈一谈，且他们已意识到沟通有多么重要，那该怎么办？我们的研究发现在很多家族中，这种主动性来自年青一代，他们想在对未来的期望上主动与父母沟通，他们对父母说："我们需要谈一谈"。当然他们带着情感和尊重提起这一话题。在其他家族，他们邀请顾问促进跨代交流，并帮助他们建立首次家族会议。

家族可能会有家族委员会和家族治理文件，比如家族宪章。在最基本的层面上，年青一代的参与往往始于一场关于家族财富和未来的跨代家族会议。一次成功的会议就能让这个家族决定他们应该定期见面，也许一年两次，这些定期会议就是一个尚处于萌芽阶段的家族理事会。无论你是在孩子成长过程中定期聚会，还是在年青一代即将成年、对未来充满担忧时才开始聚会，参与家族事务都是从家族会议开始的。

家族会议不仅仅是普通的家族聚餐或周日的拜访，家族会议是一个有组织的、关于困难话题的讨论。对于家族来说，谈钱从来都不是件容易的事，所以参加家族会议的成员必须尊重这不是一次普通的谈话。

一个良好的跨代家族对话必须让每个人都感到舒适和安全，能够畅所欲言，坦诚相待。

好的家族会议有几个要素

一致同意召开家族会议

举行会议首先要征得家族长辈的同意，他们可能会感到焦虑或担忧，你要让他们感到舒适，抚平他们的担忧。你必须决定你将谈什么，应邀请谁参加，例如，是否只有血亲才能参加，还是配偶也可以参加；家庭成员要多大年龄才能参加；与会者的期望是什么？

制定会议议程，为每个人设立明确的期望

家族会议最重要的部分是如何安排和计划。每一代人选出数个代表（两三个人），他们就是会议的计划者，应主动与家人谈谈他们想要什么，然后确定一个主题或一项重大任务，制定一个议程，让大家知道会议目的和将要讨论的内容。有时在会议开始前大家就已经达成一致，即会议不会做出任何决定，这样大家就可以放心地说出各种想法，并以学习者的身份参与其中。

大家可能会讨论邀请谁参加、是否包含姻亲、孩子要多大才能参加等问题，选择一个合适的时间和地点，让大家自由讨论吧。会议议程应提前写好并交给每一个人（如果你的家族成员众多，可能会出现很多困难的问题，你可以邀请一个外部协调人帮忙）。

创造一个安全的环境，明确参与的基本规则

安全的环境是这样的：人们在这个环境中感到自在，可以做真实的、开放的自己，敢于提出有冲突性的或有争议的观点，这个环境通常在远离家和办公室的地方。

会议召集人要欢迎大家的参与，鼓励对他人的观点以及他或她自己的观点、感受和反应持开放的态度，当人们相信开放的态度会得到支持，而不是批评、嘲笑或其他方式的谴责时，大家愿意以开放的态度参

与会议的意愿将会增加，在安全的环境中渐入佳境。建立互信和见面都需要安全感。

在会议开始时，召集人应该想好怎样做才能为每个人创造安全的环境参与会议，典型的基本规则包括：

- 带着尊重倾听：不要打断别人。
- 对事不对人。
- 放下头衔：视对方为同辈。
- 以体谅和善意反馈意见：避免攻击。
- 表述时，使用"我"而不是"你"（如"当别人打断我时，我感到愤怒和受伤"，而不是"你很讨厌，总是打断我"）。

做笔记并跟进

家族会议很重要，会议上说的话应该记下来，因此记笔记很重要。可以在房间前面放个挂纸白板，这样人们就可以随时记下自己的想法，会议结束后把白板上的笔记誊写下来。如果会议做出了决定或达成了协议，就应仔细地记录下来。

还需要准备一份行动清单以及安排谁负责这些行动，这个清单强调了家族会议是个持续进行的过程，而且这个会议是具有影响力的，发送行动清单并确保执行相关行动，为下次会议做计划，让开会这件事持续进行。

建立跨代的密切联系有很长的路要走，其中建立跨代的对话是这一进程的重要部分，也是开展其他活动的第一步，这些活动确保两代人共同努力、为家族的美好未来而努力。

供进一步思考的问题

1. 家族回避直接与下一代谈论未来的原因有哪些？

2. 你如何为家族成员创造积极的动机来参加家族会议？

3. 每一代人可以向另一代人提供什么？每一代人想从另一代人那里得到什么？家族如何才能了解这些？

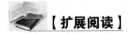 **【扩展阅读】**

James Grubman, *Strangers in Paradise*（Boston：Family Wealth Consulting，2013）.

Dennis Jaffe, *Releasing the Potential of the Rising Generation：How Long-Lasting Family Enterprises Prepare Their Successors*（Milton，MA：Wise Counsel Research，2016）.

Dennis Jaffe, *Stewardship in Your Family Enterprise：Developing Responsible Family Leadership Across Generations*（Maui，HI：Pioneer Imprints，2010）.

【作者简介】

Dennis Jaffe 博士是来自旧金山的家庭顾问，专注于家族企业治理、财富和慈善事业的研究。根据近期对国际跨代家族企业的研究，他完成了多篇工作论文，发表在 Wise Counsel Research 上，包括《管理家族企业：家族委员会/集会和家族宪章的演变》《释放年青一代的潜力》和《好的财富：建设一百年的家族企业》。

Dennis 著或合著有：《跨文化：全球家族如何讨论跨代改变》《管理家族企业：跨代培养负责任的家族领袖》《与你爱的人一起工作》，还有管理书籍《重新点燃承诺，变革你的机构》和《接受并热爱这份工作》。Dennis 拥有全球视野，在亚洲、欧洲、中东和拉丁美洲从事教学或咨询工作，2017 年他被家族企业协会授予国际服务奖，2005 年他获得贝克哈德奖（Beckhard Award）以表彰他在该领域的贡献。他拥有耶鲁大学哲学学士学位、管理硕士学位和社会科学博士学位，是旧金山塞布鲁克大学组织系统和心理学荣誉教授。

第 36 章　你的家族如何培养领导者来面对企业和家族的诸多挑战？

Greg McCann

当今世界比以往任何时候都更具挑战性和复杂性，且这一趋势只会继续增强，这在家族企业的内在复杂性上表现得最为明显。在动荡的形势下，如何培养具备灵活性和能力的领导者，帮助我们的家族在这种新常态下生存和发展？

新常态是什么？

许多人使用术语 VUCA（易变的、不确定的、复杂的和模棱两可的）来描述这个世界，我对这个词的担忧是，它可能意味着这是一个暂时的阶段，我们终将恢复正常，但我认为这永远不会发生。

2011 年，一项具有里程碑意义的研究（《从企业寿命到家族跨代创业：引入家族创业方向》，或称 FFI-Goodman 研究）着眼于家族企业的变化，这项研究调查了全美国各个行业的第二代（及更长时间的）家族企业：平均受访者拥有三家以上的企业（20% 拥有五家或更多！），他们至少调整过两次核心业务，研究得出的结论是：创造财富的关键载体不是企业而是家族。

这一结论提出的问题是：面对企业和家族的不断变化，如何才能使你的家族保持强劲而有韧性的增长？

我们如何培养具有这种灵活性和能力的领导者？

答案的关键部分在于培养家族领导力，家族需要的领导者包括以下能力：

- **视野开阔**，拥有制定战略和创建文化的能力。
- **敏捷**，拥有能随着环境而改变管理方法的能力（如指挥和控制、指导或团队合作的能力）。
- **有韧性**，有灵活应变和压力管理能力。

一切都告诉我们，世界上所有的参与者如政府、非政府组织、企业、教育机构，都需要培养更大的能力才能更有效、更有弹性、更全面地取得成功。（参见 Thomas L. Friedman 的《谢谢你姗姗来迟：乐观主义者在加速时代走向繁荣的指南》，该书是针对这种情况的优秀著作。）在家族企业中，没有什么比这更重要更真实的了，企业和家族是家族企业中的两种不同体系，两者的文化似乎常常相互冲突，经验和研究证明如果做得好，家族参与是一种战略优势。

培养纵向领导力及其特点

如何在家族中培养这种更有能力的领导者？当今培养领导力的第一趋势是纵向领导力发展。横向领导力侧重于在容器中放入更多的东西（如技能、知识和证书），而纵向领导力则是能力发展，或叫改造容器（或改造领导者本身），横向一词指的是丰富领导者的简历，而纵向一词指的是提升视角和能力，纵向能力发展有点像俄罗斯套娃，在这个意义上，每个发展阶段都包含前一个阶段的能力。这两种做法是相互交织的，但以前很少有人专门研究能力的纵向发展。

可通过以下四个方面提高能力：

1. 更强的自我意识。
2. 更深层次的同理心。

3. 更有效地组织问题。

4. 领导他人从改变中创造价值的能力（即创新）。

我还想在此加入性格的概念。我所知道的对性格最简单的定义是：当你觉得没有人在看着你或者无须承担任何后果的时候，你会怎么做。这是领导者能力之硬币的另一面，性格就是问问自己，作为一个领导者，你的行为是否树立了一个口碑，这个口碑与你如何看待自己的性格（以及想要的性格）相一致，这种反思可以扩展到你的家族和集体性格，特别是家族领导人的性格。性格提供了一个强有力的方式来谈论你的家族文化，套用一位领导力大师的话说：家族的能力无法超越其领导者的能力（和性格）。

对你的家族来说，发展纵向领导力可以提供机会来利用你基于价值观的决策、长期关系和对人全方位的投资，以便：

● 培养领导者作为人的更大能力。

● 帮助家族成员从"我"的视角转变为"我们""他们"的视角。

● 做一个愿意并且能够放弃当前角色的领导者（这一点至关重要，因为一切都在快速变化，而老一辈人参与其中的时间更长）。

● 培养每个家族成员的性格，使其达到他们期望的口碑，不仅塑造企业的战略，还要塑造企业的文化，使之成为企业的优势。

如何在家族领导者或潜在领导者身上培养这种能力？其中一个方法是分阶段发展，如 Bill Joiner 和 William Josephs 提出的领导力敏捷模型，在这个模型中领导力发展分六个阶段（如作者所述：预专家［~10%］、专家［~45%］、成功者［~35%］、催化剂［~5%］、共同创始人［~4%］和增效剂［~1%］）。在他们这个模型的研究对象中，大约85%的人处于其中三个阶段（也就是说，他们主要处于这个区间），这三个阶段是专家、成功者和催化剂。由于这三个是最常见的起点，我将重点介绍这些阶段，你的家族成员可以从这些阶段不断拓宽视角、增加灵活性和增强适应力，这些阶段是渐进式的（你必须经历）

和包容式的（随着进步，你保留了早期阶段的能力）。

专家

专家关注的是"我"，专家的视角往往较狭隘，其身份与知识紧密相连，对自己专业领域的正确认识很重要，因此他们倾向于将事务视为问题，他们是最有资格解决问题的人。在这个阶段，领导者往往只具备四种能力（自我意识、同理心、框架和创新），把关键的对话看作是对与错的较量，把团队更多地看作是领导者告诉个人该做什么。组织变革是渐进式的，整体效率（即对现有系统的渐进式改进）能以有效性成本来衡量。

比如，假设莉莉是某家族企业的负责人，她的兄弟打电话问她是否可以雇佣她的侄女，如果这是她需要解决的问题，她可能会在电话中就做出决定。非常高效：一个电话就能解决问题。

成功者

成功者注重"我们"，在此，我们可以从这个问题后退一步，审视全局，看看是否需要一个系统性或战略性的解决方案。如果莉莉是个成功者，她很可能会说"要考虑好几个兄弟姐妹和堂兄弟姐妹的需求，也许我们需要一个更系统的方法，让我们这些兄弟姐妹制定一个家族就业政策吧"。这种方法效率较低，无法在与兄弟姐妹通电话时完成，但事实证明可能更有效得多。这个层次对领导者的策略有更高的要求，并且领导者必须进一步发展这四种能力：自我意识、同理心、框架和创新。如果在倡导和妥协之间的对话更加平衡，那么其他人的观点则被认为是合理的（即灰色与黑色和白色之间的阴影），并且团队的能力得到增强。现在，效果很重要，而不仅仅是效率，机构变革倾向于遵循行业或领域的最佳实践。

催化剂

催化剂将焦点转移到"他们"身上，领导者不再依附他人，不再把他们的身份与成为"英雄"或负责人联系在一起，他们可以扮演这样的角色，但他们不必这样做，他们的四种功能正在整合，更贴近当下。回到莉莉的电话中，她可能会说"我们有几个表亲对家族企业很感兴趣，现在他们已经够大了，让我们把他们作为年轻的家族成员（而不是顺从的家族成员）与我们打交道吧。换句话说，让我们致力于家族文化"。作为领袖大师，Peter Drucker 有句名言："文化把战略当早餐（文化胜于战略）"。

根据最后一点，问问你自己"谁对我们家的文化负责？"如果你的答案是"所有人"或"没有人"，你可能需要更深入地思考这一点。

总之，这提供了一些行之有效的方法来"纵向地"发展领导者。此外，高层领导往往会在工作之余进行日常锻炼，每日反思或冥想，并进行创造性练习。

如何培养有强烈自我意识的领导力

---

1. 始终让自己沉浸在复杂的环境中（人际关系、工作、教育）。

2. 有意识地参与生活中的问题（如探究、深度对话）。

3. 越来越多地意识到并持续地探索你的内心状态。

4. 拥有成长的强烈愿望和承诺。

5. 当出现困难时，愿意开放并建立一个新的参考框架。

6. 培养一个开朗随和的性格。

7. 坚持与他人进行对话和互动，致力于自我发展。

8. 培养开放的个性，求新求异，勇于尝试，敢于质疑现状，敢于探索非传统的道路。

资料来源：Barrett C. Brown, "The Future of Leadership for Conscious Capitalism," MetaIntegral Associates, 2015.

结论

我们的世界正在发生变化，要求所有人具备强大的能力，特别是通过家族企业联系在一起的人。为了适应新环境，我们需要新的模式、思维方式，以及性格、文化和目标一致、能力不断加强的领导者。随着家族变为更集中的体系和价值的支柱，家族自身往往还要制定家族企业目标，发展家族能力的需求就变得必不可少，而不再是一种随意的选择。①

供进一步思考的问题

1. 你的家族谁是领导者？你如何描述他们的领导风格？

2. 你的家族已经培养了哪些纵向领导力的要素？哪些还需要进一步发展？

3. 你的家族现在可以采取什么措施来培养更敏捷的领导者？

---

① 作者要感谢 Jill Shipley 和 Audra Jolliffe 对这篇文章的帮助。

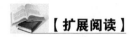 **【扩展阅读】**

Greg McCann, *Who Do You Think You Are? Aligning Your Character and Reputation* (North Charleston, SC: CreateSpace, 2012).

Greg McCann, *When Your Parents Sign the Paychecks: Finding Success Inside or Outside the Family Enterprise*, 2nd ed. (North Charleston, SC: CreateSpace, 2013).

【作者简介】

Greg McCann 是 McCann & Associates 的创始人、负责人和领导者，McCann & Associates 是一家全国性的家族企业咨询公司，主要就家族企业的重要问题举办研讨会、提供咨询、出版书籍，以及就纵向领导力发展等家族企业的重要问题进行创新性研究。Greg 从事培养领导者和高管近 20 年，并获得领导力灵活性培训和 Myers-Briggs 类型指标培训认证。

Greg 帮助家族加强传承、领导力发展和沟通，他帮助培养对家族的承诺、更大的信任、基于价值的决策和长期思考，这些都是经营良好的家族企业的重要优势。

他还是 Stetson 大学家族企业中心的创始人，领导创立了第一个家族企业本科专业；著有《当你的父母为你发薪》一书，是 Stetson 大学家族企业课程的一部分。他还著有《你认为你是谁？调整你的性格和声誉》一书。

第 37 章　如何确保你的
继任者取得成功？

Dean Fowler

　　导师如何帮助确保家族企业的继任者获得成功？一种有效的方法是鼓励继任者模仿能促进企业代代相传的行为。在过去 35 年为众多家族企业提供咨询的工作中，我总结出了成功继任者的 7 个习惯（我要向《高效能人士的 7 个习惯》的作者 Stephen R. Covey 致歉）。好的导师会推广这些最佳实践，并指导学生实施。

　　这七个习惯包含了家族企业继任者的三个不同角色：家族成员、公司管理者和企业所有人，前两项——建立独立和重塑沟通活力——是为了培养健康的家族关系，通常在学生二十多岁时发展，接下来的三项——展示能力、参与战略决策、明确界限——是为学生三十多岁时的管理职责和成长提供框架。最后，通过制定流动性策略和承担财务风险，继任者从被动的股东转变为企业所有人的积极参与者，最后阶段通常发生在学生三十多岁至四十多岁。

建立独立

　　第一种习惯——建立成人式独立，改变两代人之间的关系，这是其他六种习惯的基础。导师应该鼓励学生打造自己的独立于家族和企业的成年生活，在许多情况下，这意味着不在家族企业工作，外部经验有助于年轻人获得技术能力和商业经验，更重要的是，这种经历有助于年青一代克服对父母的情感依赖，并向自己证明他们可以不依靠父母的经济资源。

除了不在家族企业工作，继任者还有另一种选择，导师可以帮助学生找到可以发挥领导作用的关键项目，负责一个项目能使年轻人在自己的独立努力中获得成功。比如，有位继任者发现了一个为家族企业的客户提供附加服务的机会，在首席财务官的指导下，她制订了一份商业计划，概述了该商业提案的财务可行性，利用家族风险投资，这位继任者创立了一家独立的企业，作为这家公司的总裁，她对未来的成功有充分的权力和责任。

重塑家族沟通

重塑家族内部的沟通活力，打破童年的模式，这是继任者的责任，两项能力对于实现新的互动模式至关重要。首先是避免三角关系的能力，这种负面的沟通模式经常发生在两个人之间，两人产生了冲突、愤怒、怨恨或挫折，为了缓解积压的情绪，其中一个向第三方"倾诉"负面情绪，而不是直接与对方讨论冲突。比如，当女儿不同意父亲的决定时，她可能会向母亲抱怨，但其实如果她直接与父亲讨论，这个问题就能得到最好的解决。

非家族成员的员工和管理人员常常陷入三角关系的危险境地，导师可以拒绝参加三角关系的会谈，避免被卷入其中，导师的这一做法可以给学生提供宝贵的经验。与此同时，导师应该鼓励冲突中的两个人以开放和直接的方式解决问题。

第二种沟通技巧是主动倾听，这种技巧的力量在于听者能够真正理解他人的观点。家族成员必须认识到每个人都希望别人能理解自己，导师必须掌握主动倾听，才能真正理解学生的需求。比如女儿很沮丧，因为她觉得父亲没有真正倾听她的话，她的导师人力资源副总裁，帮助她提高自己的倾听技巧，基于副总裁导师教的沟通原则，她创建了一个代码 A 或 O，并提交给父亲，当她想要父亲的首肯时，她告诉父亲谈话代码是 A；当她想听父亲的意见时，谈话代码是 O，在导师的帮助下，她担起了与创业型父亲重塑沟通活力的责任。

展示能力

教给学生的第三个习惯与能力有关，这个习惯有两个维度：某些商业领域的技术能力和表现出来的领导能力。

继任者的培训和发展计划往往只是让他们有限地接触公司的几个不同方面，虽然这种泛泛的接触是有帮助的，但不能使继任者发展任何具体的技术专长，更重要的是，继任者没有机会通过管理下属来培养成为领导者的技能。

为了胜任这个角色，继任者应该承担需要领导力的长期责任。一开始可以是监督某个重要项目和领导项目团队的责任，随着经验的增长，继任者应该承担部门领导的职务或部门职责，以此可以衡量和评估损益结果。某个家族企业要求运营副总裁为家族继任者制订一个全面的培养计划，总裁认为指导继任者也是副总裁职责的重要组成部分，这一职责是副总裁的主要工作和目标的一部分，并作为其年度绩效考核的一部分，这位副总裁与他的学生密切合作，制订了一个为期四年的计划，最终学生升任这家跨国公司一个主要部门的管理职务。

除了财务措施，"360 度"的领导绩效评估是培养学生领导能力过程中，发现其优点和缺点的有效工具。在评估过程中，管理者、同辈和学生的直接下属都要完成一份问卷，评估其在有效领导的几个关键方面的表现，问卷是匿名的，目的是确保坦诚，并准确指出哪些方面学生需要更多指导来发展领导力。

参与策略决策

导师教给学生的第四种习惯与商业策略有关。继任者通常参与日常运营，而日常运营不涉及战略决策，他们必须在职业生涯早期学习战略，可通过将自己的项目嵌入家族企业大战略中学习这一能力。通常,参与企业战略规划的一位高级管理人员会帮助继任者培养项目管理能力,导师指导学生确定如何才能更好地将继任者的项目与家族企业的战略目标结合起来,而不是简单地根据商业环境的变化培养日常业务技巧。

成功的继任者向前更进一步,与长辈共同制定符合下一代人激情和能力的未来战略。在某个专门从事长途卡车运输的家族企业中,继任者认识到该公司的通信技术和物流专业知识也可以为其他企业管理私人车队,于是该公司的运营副总裁帮助他制订了一份战略计划,概述了如何利用这些核心能力为企业创建一个独立的利润中心。

另一个例子,机械工程师父亲通过设计并申请专利的产品创办和发展家族企业,他的儿子在计算机系统方面富有经验,但不知如何在父亲的机械工程领域发挥作用。为该公司董事会服务的、受信任的长期顾问,与儿子一起制定了他的职业目标和抱负,董事会成员和继任者均认识到,他在计算机系统方面的专长可以用来满足客户的硬件和软件需求,因此,企业的战略转变不仅是为了发挥老一辈的优势,而且是建立在下一代的能力和专业知识的基础上。家族企业可以重新定义自己的战略,使企业成为继任者激情澎湃的"家园"。

明确界限

也许商业继任者面临的一个最大挑战是划清经营职责、制定战略和公司财务决策的界限,能干的导师总能帮助学生克服这些界限,这些界限通常因为家族成员和公司管理层之间角色混淆而变得复杂。父母作为企业的主要股东,通常亲自掌握对公司有重大影响的战略和财务事项,同时将经营职责和问责权下放给直接下属,包括他们在公司担任管理职务的子女。

两代人之间的冲突往往根源于两个截然不同的问题。首先,上一辈在没有明确预期和绩效衡量标准的情况下下放运营职责,而当结果无法满足他们未确定的预期时，他们就会在幕后进行指挥。其次，年长的一代往往厌恶风险，而继任者则希望实施未来 20 年实现业务增长的战略。当父母和子女在企业中存在冲突和紧张情绪时，导师在两代人之间就起着非常重要的中介作用。一位非家族成员企业总裁面对挑战是如何平衡两种战略方案以应对当前的业务状况。随着销售额的下降，父亲希望减少日常开支使公司重新盈利，另外，儿子想要聘请一位销售经理来开拓未来的商业机会，导师与父亲和儿子一起分析，客观地评估每种选择的优缺点，然后在正式的战略规划会议上提交两种方案，以便整个执行团队能够确定采用哪个最佳战略。

发展流动性策略

学生必须掌握的前五个习惯定义了任何（家族或非家族）成功管理者的关键特征，这些管理者可能被视为公司的执行官和领导者。接下来的制定流动性策略和承担财务风险这两个习惯则涉及家族成员身份、管理能力和所有权相互交叉的领域。

尽管大多数家族企业都制订了资产计划，致力于为大股东（大股东们）去世时解决财务问题，但很少有家族企业制定流动性战略，在高级管理层仍健在的情况下重组企业资本。从 20 世纪 80 年代末到 90 年代初，随着预期寿命的提高，越来越多的继任者认识到有必要设计一种机制，从他们不活跃的兄弟姐妹或堂兄弟姐妹以及长辈那里购买业务。

导师必须与学生讨论资产顺利代际过渡的各种方法，继任者应该积极主动地学习企业资本重组的有效战略。比如，有个家族正在努力解决这个问题："我们应该把业务卖给战略买家吗？"非家族成员的企业总裁负责管理企业的日常工作，并根据董事会的明确指示为下一代提供指导。作为董事会季度会议的一部分，继任者们一直在研究几种可能的方案，在非家族成员总裁的指导下，他们尝试用员工股票所有权计划

（ESOP）为上一辈创造多样化和流动性，为兄弟姐妹之间的买入/卖出协议搭建未来赎回计划，向未到年限退休的上一辈的退休计划融资，最后分析将业务卖给战略买家的利与弊。在非家族成员总裁的指导下，继承人担起责任，会见父母的顾问和其他专家，确定最佳方案，然后向董事会提出建议，董事会将仔细考虑继任者们的建议，并就公司未来的所有权做出决定。

承担财务风险

在大多数家族企业中，继任者作为企业所有人被赋予无投票权的股票，在这方面，继任者本质上是在参与遗产规划，而不是承担所有权的责任。导师必须鼓励学生参与财务管理，将自己转化为负责任的所有人。在学生职业生涯的早期，这涉及教年轻人如何阅读财务报表并解释财务信息对业务决策的影响，导师应该把继任者介绍给银行家和其他值得信赖的顾问，并说明与这些关键人物建立关系将有助于建立继任者的可信度。

从被动接受财富变成主动持有股票，继任者必须愿意承担自己的财务风险。比如，在某个收购竞争对手的家族企业，银行要求所有家族成员亲自担保贷款，有些家族管理人员不愿共同签署这样一份文件，说明他们不愿意承担财务风险。愿意承担个人财务责任是管理和所有权角色之间的界限。

金融风险往往与流动性战略发展相关联。比如，当我的一位年轻客户准备承担从家族手中收购公司的风险时，他扮演了一个积极的角色，他请求父亲允许他会见律师、会计师和其他顾问，在他们的帮助下，他提出了收购公司的计划，并提交给了父亲。父亲和儿子并肩工作，向家族其他成员介绍这种流动性战略，以便所有权从父亲这一代平稳过渡到下一代。当家族企业有一个正式的董事会时，代际买断最为有效，董事会成员通常是帮助继任者设计所有权转移计划的最佳导师，想构建这个转移框架并承担财务风险，学生必须详细了解企业财务状况以及可用于收购融资的其他融资策略。

　　家族企业很少强调流动性战略和相应的财务问题，大多数辅导活动都集中在前五个习惯上。耐心是一种美德，成功的继任者不可能同时养成这七个习惯，这是个渐进的过程，每一个习惯都是在前一个习惯的基础上形成的，时间跨度约 20 年。作为家族成员，继任者必须首先主动培养独立性，重塑家族沟通模式。作为管理者，他们必须发展技术能力并展示领导才能，必须协助制订业务战略计划，必须明确区分操作、战略和财务角色的边界。作为所有人，继任者必须积极设计流动性策略，愿意承担金融风险，为他们这一代人巩固所有权。

　　继任者必须耐心地完成这七个步骤，导师也必须表现出耐心，在与学生的互动中体现出这种美德，掌握这七个习惯是培养人际关系的过程，长辈和其他家族成员必须愿意接受和鼓励家族企业实现从上一代到下一代的过渡，代代相传。

为家族企业是否成功接班打分（1 ＝差，5 ＝优）

习惯一：建立成年人的独立性，实现心理上和经济上的独立。

习惯二：重塑家族沟通。

习惯三：培养能力。

习惯四：制定战略。

习惯五：明确边界。

习惯六：协调流动性战略。

习惯七：承担财务风险。

总计：

31～35，优秀；24～30，还需努力；低于 24，处于危险区间。

供进一步思考的问题

1. 家族成员是否实现了与大家族分离后的心理独立和经济独立？

2. 家族是否建立了基于信任和尊重的有效沟通模式？

3. 家族成员是否具备在家族企业中发挥作用的必要能力？是否制订了职业发展计划培养更多的能力以促进企业的发展？

4. 在企业战略方面，家族内部是否达成了一致意见？新一代的成员是否参与未来战略的设计？

5. 两代人之间以及兄弟姐妹和堂兄弟姐妹之间的界限、角色和责任有明确的界定吗？

6. 除了过世后所有权转移的遗产计划，在老一代人的有生之年，是否有将所有权和控制权从上一代转移到下一代的计划？

7. 下一代人愿意承担所有权带来的财务风险吗？

 **【扩展阅读】**

Dean Fowler and Peg Masterson Edquist, *Love, Power and Money: Family Business Between Generations* (Brookfield, WI: Glengrove Publishing, 2002).

Dean Fowler and Peg Masterson Edquist, *Family Business Matters* (Brookfield, WI: Glengrove Publishing, 2017).

Dean Fowler, *Proactive Family Business Successors* (Brookfield, WI: Glengrove Publishing, 2011).

【作者简介】

Dean Fowler 博士是 Dean Fowler Associates 公司的总裁。该公司是一家位于威斯康星州布鲁克菲尔德的管理咨询公司，专门研究家族企业面临的家庭、管理、企业和股东发展问题。

第 38 章　为何家族团结如此重要，如何才能实现家族团结？

Andrew Hier 和 John Davis

几乎没有人会否认，家族团结对于维持家族企业代代相传很重要。有太多的例子表明，家族冲突导致对家族重要性的争议。我们深入研究后认为，家族团结对于家族或家族企业的长期成功至关重要，的确，一些分裂的、没有结盟的家族通过丰厚的分红、强硬的领导或对传统的情感依恋，在一段时间内保持有序的状态，没有发生公开的冲突，但当重大决策出台或红利耗尽时，家族内部的严重裂痕和纠纷就会显现出来，这些分歧会阻碍、有时甚至毁掉家族企业。

不团结的影响是多方面的。不团结会导致团体决策和日常活动的摩擦性和缓慢性，有时因为不团结，家族决定停滞不前，只是为了试图维持一个并不存在的和平。不团结通常会导致不信任和戒备心，甚至阻碍简单的行动，为谋取私利采取政治手段，如果拖延下去整个集体就会衰落，即使是轻微的不团结也会恶化发展成严重的问题，所以应予以解决。

目的和手段的统一

任何团队的团结都与以下方面有关：必须与成员就团队存在的意义（其使命或目的）、团队将如何开展这项工作以及如何对待其利益相关者（其方法）达成真实的一致意见。对于一个家族来说，这种一致性为家族的有效工作打下了坚实的基础，无论是经营业务、投资、慈善还是其他活动。

家族在使命和方法上的团结并不意味着每个家族成员在交往中彼

此亲密或在所有问题上步调一致，一个团结的家族可能在战术和策略上有分歧，比如我们是否应该抛弃这种管理实践转而选择另一种、现在是否为退出某一行业的正确时机等。一些关于战略和战术的辩论和质疑对于团队的有效运作是至关重要的，强大的团结能够接受团体成员在某些问题上有不同的意见，接受成员在某些问题上进行激烈的辩论，接受有些成员不喜欢彼此。团结意味着成员致力于相同的基本目标和方法，这种承诺能建立信任，减少戒备心，释放出大量的正能量。

团队成员对于要去哪里、为什么要去那里、应该如何工作以及如何对待彼此达成一致意见（这通常被贴上使命、愿景和价值观的标签），从而使团队具有决断力、创新性、胆识和持久性。团结也激发了团队成员之间的相互关心和支持，因为"这个人和我想做的事情是一样的"，一个团结进取的家族能够更好地积累资产，为企业和家族所需提供资金支持，这种团结也表明了家族企业为了持续成功需要家族和非家族人才。我们发现，成长、人才和团结是家族及其企业长期可持续发展的主要因素，家族团结值得庆祝和保护。

适应变化

不幸的是，团结不是包括家族在内的群体的自然秩序，如果没有积极的对策，随着时间的推移，家族内部往往会出现无序状态或不团结。随着家族成员年龄的增长和时间的推移，他们在许多方面变得多样化，他们需要接受和管理家族的复杂性。若管理家族复杂性失败，通常会导致家族分裂成更小、更自然相连的单元。

此外，群体成员之间发生冲突的原因有很多，这些冲突会滋生怨恨，造成持久的创伤，像病毒一样传播，让大量成员卷入其中，家族尤其擅长将冲突代代相传。我们需要修复或至少管理好成员之间的冲突，培养领导力和管理能力，以适应当前的家族环境，如果没有这些和其他措施，家族就会分裂成更小的单元。

基于使命和方法的团结是维持家族的关键，但使命和方法本身需要进化，随着时间流逝，经历数代人之后，家族使命和方法需要适应不断变化的家族兴趣、才能、资源和环境，家族组织的使命和方法亦如此。为了维持高效运转，团队的使命和方法不需要随着时间的推移而改变，但可能需要改变某些方面。

每隔一段时间（比前几代人更频繁地），家族都需要反思并重申它的"誓言"——我们代表什么、想要实现什么、我们将如何共同努力、如何对待利益相关者。增加家族使命和方法对当代成员的吸引力，家族就可以更好地集中注意力、精力和维持纪律，以克服众多挑战和获得成功。

建立家族团结

我们发现，家族团结是通过以下几个相互支持的因素建立起来的：

1. 一个令人信服的、可实现的家族使命、愿景和价值观。

2. 一个愉快的家族企业组织，鼓励家族成员广泛参与和贡献。

3. 家族企业的组织和活动（家族公司、家族投资、家族慈善等）表现良好（包括对家族的良好回报），并朝着关键的家族目标努力，保持着积极的势头。

4. 为家族自豪，为对其组织和关键活动的贡献而自豪（我们过去和现在都是有能力、有创造力、果断、勇敢、负责任的团队，等等）。

5. 家族内部的高度信任是通过以下途径实现：强大的家族和组织绩效、值得信赖的领导和治理、在关键讨论中充分的透明度和包容性、公平和尊重地对待成员、关心家族成员和主要利益相关方。

6. 管理家族所有人和家族成员的期望。

7. 家族所有人和家族成员将获得家族负担得起的奖励和应得的机会。

8. 及时的冲突管理。

9. 重组家族所有人团队，以维护团结的能力。

即使不对所有这些要素精通，也有可能获得足够好的家族团结，但这些项目是一个很有帮助的检查表，有助于理解哪些方面还可以改进。尽管前面列出的构建团结的大部分要素都是不言自明的，但是有些要素（特别是第 2、3、4、8 和 9 项）需要详细说明。

贡献

对组织的承诺会激发个人对组织的贡献，反过来说似乎也是如此：一个人对组织的贡献越多，他或她对组织的承诺就越大。该原则对于在任何团体中建立团结都是至关重要的，如果你想让某人忠诚于家族事业、使命和方法，那么就给这个人机会为家族和家族企业作出贡献。

大多数家族成员都想为家族作出贡献，而且希望为家族努力增加价值，一些成员脱离家族的一个重要原因是他们觉得自己的贡献在家族中不受重视，家族对他们的利益几乎没有承诺。家族组织需要反映出家族的重要利益，给家族成员一个助力家族实现其使命的机会，随着家族的成长、多元化和利益的拓展，家族使命和家族组织应体现核心的共同利益，事实上，当只有一个家族公司支持、只有少数家族成员可以为家族使命作贡献时，这个家族很难保持高度团结。

组织

为了实现家族使命，家族既需要有组织的努力，也需要资金支持。如果家族使命仅仅是支持自己的家族公司，抚养孩子成为负责任的、受过良好教育的成年人，并且让家人相处融洽，那么这个家族将需要一个家族公司、有益的育儿和家庭活动，也许要准备教育基金，还必须有一套有效的机制（也许是祖父母，也许是家族委员会）来维护家族团结。

除了上述使命外，有些家族还想加上对社会有所贡献，那就不仅需要一个有社会责任感的企业，还需要管理家族金融资产的方法和维护家族宗教信仰的愿望，这些家族将需要相应的组织或活动来完成他们的使命，比如设立慈善基金会，也许还要一个家族办公室等，关键是家族需要有适当的组织来支持他们发展兴趣和追求使命。一个设计良好的家族企业组织对于有效地实现家族使命至关重要，正确的家族企业组织也有助于在家族中建立团结。

自豪感

当然，当家族对其组织和活动感到自豪时，甚至当家族将这个良好的表现归功于家族成员的贡献时，家族团结就会得到进一步加强，这就要求家族人才的培养能够为家族企业作出更大的贡献。

管理冲突

建立家族团结往往需要在处理家族关系时采取一些纠正性措施。当我们看到家族出现紧张情绪和分裂，我们会处理这个问题，尝试让家族成员放下过去的误解、伤害和分歧，并且在重要时刻，我们会用令人信服的使命和方法使家族重新团结起来。

改变所有权

但是我们认识到，家族团结不能总是依靠当前的家族成员，当富有进取精神的家族出现某些人抵制团结，并且严重破坏家族的可持续性时，这个家族就需要分割其资产和商业活动，或买断不团结成员的股份。家族团结对家族及其企业的成功至关重要，如果一个家族的资产基础更小、更团结，那么这个家族成功的可能性就更大。

供进一步思考的问题

1. 共识和一致意见之间的区别是什么？为什么共识是家族团结的关键，而不是一致意见？

2. 家族和家族企业制度如何随着时间的推移而变化，以适应影响家族团结的变化因素？

3. 你如何帮助家人理解冲突是不可避免、不可消除的，接受某些冲突，管理它、利用它、在冲突中持续运作才是目标？

4. 解决家族冲突的政策应该是什么样的？

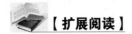
【扩展阅读】

Courtney Collette and Dr. John A. Davis, *Growing Together*, *Not Apart*, Part Ⅰ: *Understanding Conflict in the Family Business* (Cambridge, MA: Cambridge Institutefor Family Enterprise, 2016), https://www.cfeg.com/library/understanding-conflict-in-the-family-businesshasp? n = 320.

Dr. John A. Davis, *Growing Together*, *Not Apart*, Part Ⅱ: *Building the Family Ownership Team* (Cambrideg, MA: Cambrideg Institute for Family Enterprise, 2016), https://www.cfeg.com/library/building-the-family-ownership-team-part-two. asp? n = 185.

【作者简介】

Andrew Hier 是剑桥家族企业顾问公司 (Cambridge Advisors to Family Enterprise) 的高级顾问和合伙人，这是一家为家族企业提供服务的高度专业化的国际咨询公司。

他关注的领域包括所有权问题、家族和企业治理、接班人计划、家族雇员的表现评估以及家族沟通，他是全球公认的家族企业所有权方面的专家，包括所有权战略、信托、遗产规划、股东协议、所有人委员会、股东联合，以及培养下一代成为合格的企业所有人。

Andrew 经常在世界各地的会议、教育项目和私人家族会议上授课，多年来，他一直担任哈佛商学院"家族商业项目" (Families in Business) 的顾问和客座讲师，研究家族企业面临的关键问题。

Andrew 撰写了许多关于家族企业特有的所有权问题的重要著作，他在哈佛大学法学院获得法学博士学位，在哈佛大学获得哲学和经济学学士学位。

John Davis 教授是剑桥家族企业集团的创始人和董事长，该集团是他于 1989 年创建的一个全球性组织，致力于帮助家族获得家庭、企业和金融财富上的持久成功。

在有关家族企业、家族财富和家族办公室的问题上，John 是全球公认的先驱和权威。自 20 世纪 70 年代以来，他一直是家族企业方面最重要的研究人员、作家、顾问和演讲者，并创建了该领域一些最具影响力的概念框架，他与他人共同创建了家族企业体系的三圈模型（Three-Circle Model），这是该领域的基本范式。

他的见解有助于建立股东价值，培养领导者，壮大家族，使企业和家族办公室专业化，并将可持续发展的企业传承给下一代。

John 为超过 65 个国家的多代家族企业提供咨询服务，其中包括一些世界领先的商业家族。

John 是一位著名的学者和家族企业研究领域的创建者，在麻省理工斯隆管理学院领导家族企业投资组合项目。在哈佛商学院任教的 21 年里，他创立并领导了哈佛大学的家族企业管理领域，并创立了"家族商业项目"。

John 在哈佛商学院获得工商管理博士学位，在威斯康星大学获得经济学硕士学位，在凯尼恩学院获得经济学学士学位。

第 39 章　如何发现对家族企业失去控制？

Josh Baron 和 Rob Lachenauer

当非家族成员董事长兼首席执行官出人意料地告诉家族企业的所有人，他们不得不面对要么不分红，要么卖掉公司的状况时，Tommy 凑过去对他的堂兄耳语道："你知道发生了什么吗？这些数据一直都很棒。"①

尽管他们无比震惊，但 Tommy 和其他家族所有人都要对这痛苦的局势负有责任。多年来，他们一直隔绝在家族企业外没有参与其运营，没有任何家族成员在家族企业工作，而那些董事会成员则对管理层的决定言听计从。企业所有人一直被动地坐着，直到面对这样一个现实：他们面临着失去祖传三代的企业的风险。

尽管具体情况各不相同，但家族企业所有人失去控制权的故事很常见。试想一下，当一家之主意外地英年早逝没有留下任何继任计划时，会发生什么？孩子们没有准备好接手，遗孀也无从商经验，她招募了一位非家族成员首席执行官，这个首席执行官将公司视为自己的私人领地，最终他试图自己以低价购买这家公司，这段经历让这个家族在情感上和经济上都崩溃了。

尽管有时在这种情况下，非家族成员首席执行官扮演了小人的角色，但责任更多地归咎于家族所有人，是他们制造了一个权力真空，让

---

① 为了保护当事人隐私，本文中的一些标识性细节已隐去。

别人有机可乘。由于家族所有人没有给管理层实质性指导，这些高管就追逐自己的利益，即使家族非常幸运地找到了无私的、愿意守护的非家族管理者（我们已经看到很多这样的领导者），所有人仍然需要共同发声来表达他们的需求，否则就无法确保他们的所有者利益得到满足。

是否有迹象表明，你可能正在失去对家族企业的控制权？主要有五个危险信号：

1. **股息永远一成不变**。如果你年复一年地获得稳定的股息，那么你应该感到担忧。有个股息目标很好，但一个经营良好的公司的股息总是不确定的，应该根据公司的业绩和未来的机会而变化，每年都应该开会讨论公司利润和如何处理这些利润。如果你逐渐习惯了接受年度分红——在最糟糕的情况下，将其视为与生俱来的权利——那么你就丧失控制企业的基本机制，即决定每年应再投资多少钱。

2. **董事会会议只是走过场**。董事会（或顾问团）对于确保企业致力于股权所有人的目标至关重要，最佳情况是独立董事会带来智慧、专业知识，并敢于挑战管理层。作为所有人，你必须确保董事会的构成和权力是适当的，你的董事会是否很少开会，即"形同虚设"，或者对管理层的建议言听计从？董事会是否充斥着家族朋友或首席执行官及其盟友？董事会的角色模糊且不明确吗？如果你对这些问题中的任何一个回答"是"，那么你就正在放弃一个掌控大局的关键操纵杆。

3. **收到的信息太多或太少**。作为一名股权所有人，你应该及时、恰当地收到有关企业业绩的信息，如果这些信息要么是15分钟的简报（"生意很好！""享受你的红利吧！"），要么是长达200页的"摘要"，那么你就应该敲警钟了。如果你不在公司供职，那么你已处于不利地位，缺乏对正在发生的事情的第一手资讯，当管理层试图敷衍你或用细节淹没你时，你就很难了解企业的真实表现和潜力。

4. **首席执行官似乎无可替代**。有些商业领导者可以经营你的企业，并取得卓越的业绩，同时让家族成员适当参与，尽你所能留住这些人。

但是如果你（以及他们）的言谈举止让人觉得他们无可替代，那你就要小心了，尊重和欣赏出色的工作是对的，恐惧和依赖则不然。当"无可替代"的高管开始独立决策时，他们觉得自己比你更懂，他们甚至会称你为"孩子"。如果你的家族所有人集团对非家族成员首席执行官小心翼翼，你的行为可能预示着一种危险的权力失衡。

5. **家族成员被拒之门外**。有时，家族所有人会失去对企业的控制权，因为在继承过程中，上一代人已经对他们关上了大门。在下一代中要么是真正的人才匮乏，或上一代认为后继无人，要么是人们担心发生家族冲突，从而阻止家族成员在企业中任职，或家族成员难以在企业中任职。有时，家族企业的这种"专业化"可能是有道理的，但要知道，家族与公司运营的直接联系将被切断，你不需要经营企业，但可以让家族所有人在那里工作，有助于家族把握公司的脉搏。

当你意识到你已经失去了对公司的部分或大部分控制权时，就该问问自己是否希望继续拥有家族企业了。你可以决定卖掉，但如果你选择成为一个主动的所有人，那么必须先主动收回所有权，这一决定并不意味着你突然必须开始微观管理高管或干预运营决策。

主动的所有权是什么意思？要解决这个问题和其他重要问题，第一步是创建一个平台，让你和其他所有人可以开会（不包括非家族高管或董事会成员）讨论你们的角色和对企业的期望，我们通常称这个平台为所有人委员会，这是一个论坛，在这里可以决定作为所有人的优先事项，并讨论如何以统一的声音与董事会和管理层讨论这些优先事项。

创建了所有人委员会之后，你就可以开始为公司设定目标了。股东有责任为股息和债务水平制定明确的财务政策，并设定财务和非金融方面的防范措施，比如设定投资目标回报率或禁止投资烟草行业等。你最重要的一项工作就是管理董事会成员的选拔，当然，你可以征求其他人的建议，比如提名理事会，但是最终决定权在所有人。然后，作为所有人，你要让董事会负责挑选一位支持所有人议程的、表现优秀的首席执行官。

控制家族企业绝非易事。首先，所有权通常不是一份全职工作，而是你日常工作和生活的边缘部分，当企业的财务状况看起来高深莫测时，你也会觉得自己缺乏能力好好地行使自己的权利。比如，你可能永远不会成为投资资本回报方面的专家，这只会凸显出结构的重要性，即你可以通过这种结构让那些欣赏你的价值观、遵循你的议程的人发挥聪明才智。成为更积极主动的所有人，你就可以在不失去对家族企业控制权的情况下，下放许多决定权。

供进一步思考的问题

1. 你是否觉得有什么事情瞒着你？棘手的问题很难得到答案？

2. 你的企业或其他共享资产的所有人是否有一个私人论坛，来讨论他们作为所有人的问题和疑虑？

3. 在你的企业中，是否有足够的、独立的声音，如独立的董事会成员或审计师，对管理层进行制衡？你能接近他们吗？他们是否将你视为他们的"客户"？

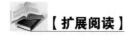
【扩展阅读】

Josh Baron, Rob Lachenauer, and Sebastian Ehrlensberger, "Making Better Decisions in Your Family Busiess," *Harvard Business Review*, September 8, 2015.

Josh Baron and Rob Lachenauer, "Can an Outside CEO Run a Family-Owned Business?," *Harvard Business Review*, August 15, 2014.

【作者简介】

Josh Baron 博士是 Banyan Global Family Business Advisors 的联合创始人和合伙人，在过去的 10 年里，他与共享资产的家族密切合作，例如经营公司、家族基金会和家族办公室，帮助这些家族明确家族所有人的目标，并建立实现目标所需的结构、战略和技能。他的职业生涯始于贝恩咨询公司（Bain & Company），为《财富》500 强企业提供咨询服务。曾与北美、南美、非洲、大洋洲和亚洲的客户合作。之后，他帮助建立了名为 Bridgespan Group 的新组织，该组织已成为美国慈善领域领先的咨询公司。在加入 Banyan Global 之前，他成立了自己的公司，为家族慈善家提供咨询服务。

Josh 经常发表和谈论有关家族企业话题的文章，对家族所有人如何创造竞争优势、家族如何避免重大冲突以及慈善事业如何帮助家族实现更广泛的目标特别感兴趣。他在哥伦比亚商学院教授关于管理家族企业冲突的课程，并经常为《哈佛商业评论》撰稿，他著有一本关于国际关系的书，书名为《大国和平与美国的主导地位：新国际秩序的起源与未来》。

Rob Lachenauer 是 Banyan Global Family Business Advisors 的联合创始人、合伙人和首席执行官，在职业生涯中一直担任顾问、商业领袖和作家。1995—2004 年，他担任波士顿咨询集团（Boston Consulting

Group）副总裁兼董事，帮助一流的跨国公司包括数家家族企业制定并实施了增长战略。他在工业、分销、消费品、金融、科技和汽车公司都有丰富的经验，为北美、欧洲、亚洲和大洋洲的客户提供咨询服务。在波士顿咨询公司工作期间，他与 George Stalk 合著了《硬球战略：你是为了玩而玩，还是为了赢而玩?》一书，于 2004 年由哈佛商学院出版社出版，随后被翻译成六种语言。

作为 Banyan 的创始人兼首席执行官，Rob 与世界各地的许多知名企业都有密切合作，帮助他们应对作为家族所有人面临的决策，同时维护好家族关系，是家族传承治理的专家。Rob 毕业于哈佛商学院，经常为《哈佛商业评论》投稿。

第40章　卖掉家族企业后一家人还能在一起吗?

Alex Scott

1903 年，我的曾祖父和他的兄弟创办了省郡保险公司（Provincial Insurance Company），该公司后来成为英国北部财产与意外保险（P&C）的一流公司，1994 年，我的家族卖掉了公司，从那以后，我们继续共同管理着大部分财富。我回顾了家族在过去 115 年里得到的教训，尤其是发生流动性事件后近 25 年的教训。本章主要围绕 8 个方面展开，我想其中的一些内容可能对其他家族有用。

商业市场在变化，你需要保持警惕

长期以来，商业保险业务发展良好，但在 20 世纪 90 年代初期，非家族成员董事和公司的管理层（均为专业人士和独立人士）建议我们，竞争环境正在发生巨大变化，欧盟跨国保险规则一直在变，新市场实践不断涌现，业务的风险/回报率受到威胁。当时，省郡保险公司是英国仅存的一家规模可观的独立财产保险公司，管理层建议我的家族应该认真考虑出售业务。

家族领导小组（包括我本人，我那时刚以 34 岁的成熟年龄被任命为公司主席）经历了一个漫长的过程来评估各种建议和选择，包括全面出售、部分出售、首次公开募股（IPO）和其他。由于公司是当地城镇的大型雇主，我们还考虑了许多其他因素，比如我们对广大的股东群体和员工的责任，我们最终决定出售 100% 的业务以获取控制权溢价。

我的观点是，随着时间的推移，企业会发生变化，企业所处的环境也会发生变化，企业所有人家族需要时刻保持警惕，以开放的心态面对所有的选择，并定期评估这些选择，曾经伟大的事业可能变成明日黄花。

优秀的独立顾问价值连城

在前一节中，你注意到省郡保险公司由职业经理人经营，他们是独立的，不是家族成员。当时大约有 60 名家族成员是企业的所有人，我们视自己为继承人和所有人，而不是企业管理者。正是独立的经理人和董事们出于战略业务的考虑，向我们提出卖掉公司的建议。从本质上讲，并不是我的家族在寻找出路，事实上，他们的出售建议让我们大吃一惊。

我在回想独立的管理者和顾问对我们家族是多么重要，他们为一个复杂的企业进行了多年的专业管理，当涉及战略销售决策时，他们开始与我们商谈，他们向我们展示继续持有公司的风险，我们认为他们以非常专业、无冲突的方式运作，力求为企业所有人的利益服务。

我们的董事会中也一直有非家族、非执行董事和独立董事，他们敦促我们作为第四代家族认真考虑出售的选择。

多年来，我们也受益于优秀的外部专业顾问（税务、法律、投资顾问等），他们以专业知识为我们服务，从 1994 年以来，我们聘请了专业的管理团队经营我们创立和/或收购的其他业务，这种情况一直在持续。

重要的是，将复杂决策的评估委托给一小部分所有人

以我们为例，在 20 世纪 90 年代初，我们有 60 名企业所有人，其中许多是非金融业人士，对企业的参与度不高。对我们来说，让全体企业所有人对是否出售企业的问题进行严肃、深入的讨论可能会适得其

反。相反，我们全体企业所有人原则上同意对销售方案进行调研，然后授权我们中的一小部分人提出行动方案的建议，非家族董事也提供了意见。无论是从经济角度还是家族关系的角度来看，这是一个非常有用的模式，产生了非常好的结果。

同样，在我们开始的新业务中，我们得到了更广泛的家族支持、善意和宽容，以及他们对新企业需要一致性和持久性的理解。与此同时，家族董事已意识到他们代表一大群所有人和家族成员的利益而工作。

虽然家族中有领导者很重要，但有好的追随者也是有意义和不同凡响的，好的追随者需要适当的认可、荣誉和信息。最终，家族成员之间不断的妥协和善意才是关键。

即使卖掉核心家族企业，你们仍然可以像一家人一样在一起

我们出售家族企业是出于商业原因，而不是因为我们这个家族已经走到了尽头，我们有继承人的出身（是非凡人物的后代），长期以来一直在考虑企业和相关财富的管理，当出售运营业务时，我们认为如果集中在一个池子管理，财富会更长久，这并不适用于每个家族，但对我们来说是这样的。流动性事件也让人们可以根据需要撤出资金，有些人确实这样做了，但我们其余的人决定团结在一起，彼此重新承诺，而差不多 25 年后，我们仍然在一起。

待在一起的坏处就是你不得不妥协，比如一些个人收入较高的家族成员可能希望在公共资产上比那些不工作、靠分红生活的人承担更多风险，但就我们而言，这是值得的。

当然，没有什么是永恒的，但我们一直在做同样的事情，所有人一起做，在将近 25 年的时间里，我们仍然喜欢这种模式，这是个不错的结果。

良好的治理是乏味的，但很有价值

我认为治理是一个论坛（或多个论坛），企业所有人可以在此就家

族和商业利益进行讨论、教育、决策，只要这些话题是合适的和受欢迎的。

在最初的 90 年里，我们的家族没有值得一提的治理结构，企业的监督权委托给了董事会，家族企业董事会主席最终成了事实上的家族领袖。1994 年出售家族企业时，我们决定成立一个家族委员会（FC）作为"家族谈话"的场所，它是我们交流和社交的地方，对所有家族成员开放，我们还每两年举行一次全部家族成员参加的聚会。

我们还有一个代表"公司 80% 的股权"的股东咨询委员会（SAC），我的一个堂兄弟担任 SAC 的主席，另一位家族成员担任 FC 的主席，有趣的是，FC 的章程在过去 20 年里修改了三次。

没人会因为治理到位而感谢你，但这是一个至关重要的基础，尤其是对那些决定留在一起、共同投资的家族而言。

共同的家族价值观是所有家族和商业决策的重要支柱

很少有家族有独特的秘制酱汁，我也一直意识到，谈论价值观很难不显得老套，可能因为这个原因，我们从未将我们的价值观写下来。但是，经过对这一章的思考，我意识到我们这个庞大、多样、复杂的家族确实拥有共同的价值观。

- 我们一直都很清楚，像我们这样的保险公司是靠诚实和信誉经营的，所以责任和声誉之类的字眼一直存在于我们的家族心中。
- 家族企业的其中一位创始人是真正的企业家，他积极管理公司，因为没有太多空间给家族其他成员参与，所以这个家族有相对不干涉的历史，鼓励人们过自己的生活，追求自己的兴趣。
- 始终存在强烈的谦卑感和共同的好奇精神——"我们是如何走到这一步的？"
- 我们也有强烈的公平感，我的祖父曾经对我说："总有一天你会卖掉公司。如果你这样做了，一定要给下一个人留点利润。"

- 我们彼此之间交往不多，但我们真心喜欢在一起，我认为，公平地说，我们没有把自己太当回事！

- 我们也非常善于协商，愿意与聪明人为伍，如果一个家族认为他们知道所有的答案，那么他们注定会失败。

- 管理也是我们家族的核心价值观，我们的目标是保存、保护和发展我们的家族财富，并继续保持家族声誉，我们总是希望留给下一代的东西比我们继承得更好。

积极主动和有耐心引导下一代参与家族事务或承担责任很重要

看到家族中每一个新生代的出现和发展都令人欣喜，领导的任务是找到有意义的方式来吸引和教育他们，我们需要找到能让他们参与的论坛，这些论坛还可以让家族领袖发现哪些人希望更积极地参与，而哪些人不想。

我们学会了耐心地让他们发展自己的兴趣、生活和事业，我们还学会了不要期望他们过早地融入家族。如果他们愿意，我们就给他们参与的空间。另外，在我们的家族中，很少有管理角色，所以我们需要创造性地思考如何为那些希望参与其中的人才创造有意义的角色。

当我还是个年轻的家族领导者时，我们很幸运，老一辈的态度使我们能够向前迈进，而又不必过度地拘泥于尊老，希望我们能长期保持这种态度。

我们还对配偶和姻亲持有包容的态度，我们视他们为家族成员，欢迎他们参加家族委员会。

富裕家族需要考虑未来几年的角色

在富裕家族中，旧的挑战和机遇将继续并存，特别是在一个透明度提高和民粹主义抬头的时代，新的挑战将会出现。

我认为，企业所有人和富裕家族成员一直都需要成为（并被视为）

有价值的公民，而现在这种需求更加迫切。我们需要在社会中扮演有价值的角色，成为积极的贡献者，我们需要站起来并受到重视，我们不能脱离社会，必须接受社会并做出积极改变。

慈善和志愿者活动是家族积极参与社会显而易见的例子，但肯定还有其他的活动，比如创办企业、影响力投资、竞选公职以及公共服务的其他方面，我认为家族应该积极主动地为当地社区作出积极贡献，这将使家族本身及其生活的社会受益。

供进一步思考的问题

1. 问问你自己，如果你必须说服一个陌生人投资你的公司，你能说出令人信服的案例吗？你能说服他们把留给孩子的财产投资进去吗？如果你不能做到这一点，或者觉得需要妥协，仔细想想原因。

2. 你几岁时就准备好了执掌大权？你是否应该确保你的孩子在那个年龄也做好了准备并获得了权力？

3. 你信任的顾问是什么样的人？他们是敢于谏言的良友吗？

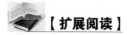 **【扩展阅读】**

Philip Marcovici 很有指导意义：

Philip Marcovici，The Destructive Power of Family Wealth（Chichester，UK：Wiley，2016），https：//sandaire.com/our-views/book-review-destructive-power-family-wealth.

这本书引人深思：

Robert Frank，Success and Luck：Good Fortune and the Myth of Meritocracy（Princeton，NJ：Princeton University Press，2016），https：//sandaire.com/oupviews/success4uck-good-fortune﹡myth-meritocracy-robert-h-frank.

对于"神话"领袖的继任者来说，这本书很值得一读：

Andrew Keyt，Myths and Mortals：Family Business Leadership and Succession Planning（Hoboken，NJ：Wiley，2015），https：//sandaire.com/our-views/myths-mortals-family-business-leadership-succession-planning.

【作者简介】

Alex Scott 是 Applerigg Limited 的董事长。1994 年，他将家族的金融服务集团出售后创立了 Sandaire，这家企业现在是一家国际性的多家族投资办公室，为伦敦和新加坡的富裕家庭和非营利机构提供服务。Alex 促成了以下公司的创立：基金管理公司 Yealand Administration、房地产投资顾问公司 Mount Kendal 以及面向未来领导者的现代网络和学习环境公司 Horizons。他同时是家族投资控股公司和几家私营公司的非执行董事。

Alex 联合创立了英国家族企业研究所（Institute for Family Business），并担任终身主席，是国际家族企业网络（Family Business Network International，FBN-i）的董事，也是家族企业研究所（Family Firm Institute）的前任董事。

Alex 是 Grosvenor 地产（一家英国领先的家族企业）的受托人，并担任 Grosvenor 养老金计划（Grosvenor Pension Plan）和 Wheatsheaf 集团的董事长。

Alex 是 Francis C Scott 慈善信托基金（Francis C Scott Charitable Trust）的受托人、英国皇家艺术学会（Royal Society of Arts）会员、明日公司（Tomorrow's Company）的赞助人。

Alex 毕业于牛津大学埃克塞特学院，获得哲学、政治和经济学硕士学位，并在瑞士洛桑国际管理发展学院获得 MBA 学位。

第七部分　合理赠予

慈善——人性中慈爱的部分——数千年来已经成为富裕家庭生活的一个组成部分。通过贡献金钱和时间，他们接济穷人、捐建图书馆和医院、赞助艺术活动、为人类和政治相关的倡议呼吁呐喊，造福了当地和世界其他地方。

事实上，这些富裕家庭自身也从慈善事业中获益，他们从给予他人以及所带来的改变中感受到了喜悦，通过给予，他们在家庭中营造了慷慨的精神文化，他们意识到一个共同的社会举动可以成为家庭成员的纽带，可以塑造一种持久的世代延续的价值观，也可以让家庭更好应对自然的变换。

某种意义上，我们正处在慈善事业的一个黄金时代，正如我们能想到的比尔·盖茨、沃伦·巴菲特等顶级富豪都将大部分财富贡献给了慈善事业。不管是哪个层次的富裕家庭，都面临着诸多关于慈善的困惑，如家庭财富的多少比例应留给子女，又有多少应贡献给慈善？时间与金钱的投入如何才能取得最大效用？有哪些合适的载体？如何才能做出理性决定？如何引导他人加入其中？

我们的作者会就这些问题提供一些启示，引发您在家族慈善道路上的一些思考。

近来，关于"慈善"出现了一些相关词汇可能会令人困惑。Ellen Remmer 直截了当地回答了："救济、慈善、战略性慈善及影响投资之间有什么区别？"，她还提供了一些案例和建议，以帮助大家决定如何进行赠予和慈善投资。

当提及对子女的期望时，绝大部分人会希望他们拥有真诚的慷慨，表现出感恩、仁慈和对周遭的关爱。Alasdair Halliday 和 Anne Mc-Clintock 回答了"如何在你的家庭中鼓励慷慨的品德?"，并且向我们展示慈善是在所有家庭成员中培育这一精神信念的重要举措。

要吸引年轻一代加入到家族慈善中往往不容易，有时，在他们所处的成长阶段，会有其他的兴趣和优先要做的事情。另一种情况是，慈善已经融入其家庭文化和活动中。Lisa Parker 的文章回答了"如何让孩子，甚至孩子的下一代也加入家族慈善中?"，她提供了一些很具操作性的建议，相信有助于解决子女的参与度问题。

好的慈善需要计划性和前瞻性，但也需要强有力的情感支持，如激情、梦想、欲望。Barnaby Marsh 系统地阐述了这些问题，并且探讨了如何制定一个长期的、理性的慈善战略，他将帮助我们思考为什么我们要给予、当事物变迁时我们的给予如何随之调整以及我们如何能专注于慈善事业又不失灵活性。

对于那些乐于接纳和培育慈善精神的家庭，其在对外赠予的同时，也接受着正向反馈，慈善活动让家庭成员可以齐心对外，可以有更长远的视野、更宏大的梦想，可以更有目标、更有意义地生活，也可以激发家庭成员的人道精神和高尚品格。享受这段旅途吧!

第 41 章 救济、慈善、战略性慈善和影响投资的区别是什么?

Ellen Remmer

要对世界作出积极影响，最有效的途径是什么?

救济、慈善、战略性慈善和影响投资——这些都是你及你的家庭可以为社会和公共福利作出贡献的重要途径，其他方式还包括政治赠予、赞助、倡议、自愿服务，以及鼓励其他人也加入到这个行列中。学者同时也是自称慈善领域的"书呆子"Lucy Bernholtz 在其报告《慈善和数字化文明社会：2018 年蓝本》中指出"所有这些都是工具，只是拥有不同的形态和不同的用途，就像瑞士军刀的不同组成部分一样"。

但是你想要采用哪些? 它们之间又有什么差异? 考虑到这几个词在含义上可能有所重叠，我先跟大家分享一下这几年我从个人、家庭和公司咨询工作中总结出的定义和区别。以救济、慈善和战略性慈善开始，鉴于目前影响投资的热度急剧上升，我会着重阐述这一市场导向的做法对于改变社会的影响，最后，我会以一个框架和问题清单作为结尾，帮助你更好选择在什么场景下应运用什么工具。

救济。救济这个词主要指直接向个人（或通过服务于个人的组织）直接提供物品，以满足其短期需求，通常在救援或接济的情况下，如提供衣物、食物、向流浪者提供居所或者拨付基金救助生活受自然灾害影响的人。救济的动机可能是很情绪化的，因强烈同情引发，我们中的部分人可能受这样的想法激发，即"为了别人拥有个好命运，上前帮忙吧"。还有其他一些人源于根植于心的宗教信仰和道德修养。

慈善。慈善甚至战略性慈善指的是一种超越短期需求、着力于实现长期目标的赠予行为，通常聚焦于一个特定人群、特定问题和/或者特定区域。不同于战略性慈善，很多人使用"支票慈善"或"回应式慈善"来指代向一些慈善组织开立支票、提供资金的做法，这类慈善没有预先设定的计划或特定目标。支票慈善家往往会支持一些每年在运营上都有重要需求的知名组织，但是可能因为缺少时间、兴趣以及深耕慈善事业的信念，这类捐赠者不会将其每年的捐赠转化成一个具有内在逻辑、目标导向的战略行为，其赠予的大部分可能都只是回应朋友或者家庭的需要。

战略慈善。战略慈善家会关注社会问题的根本成因，也会以系统的全局观来思考问题（如流浪行为可能源于人精神健康系统受损），这类慈善家往往被视为问题的解决者。

我在"慈善动议组织（TPI）"工作时，曾经使用 TPI 慈善曲线说明捐赠者转变为战略慈善家的路径，以及此过程中会考虑的因素——从有序组织到关注结果、到运用杠杆以及最终放大影响，如图 41.1 所示。

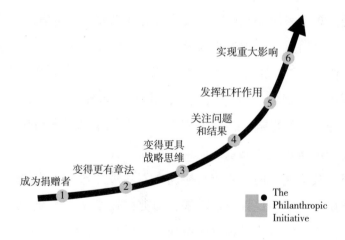

图 41.1　TPI 慈善曲线

如何才能到达曲线的顶部？那些最具战略性的慈善家通常具有一些共性：

- 重点关注一个或多个领域，如一个问题、一个区域和/或一个人群。

- 明确想实现的目标（定量和/或定性的）。

- 持续、深入跟踪进展（或未达预期的情况），包括寻找失败原因并且吸取教训。

- 建立一套关于调整赠予的哲学或理论（如鼓励采用新方式识别突破性的问题解决方案或者采纳一些已证明可行的项目或策略）。

- 愿意更积极地去增进影响（如召集其他捐赠者、撰写专栏或者向公共/私人合作伙伴引荐受赠者）。

将你的赠予进行分类

所有这些方式——救济、回应式慈善、战略慈善——均向文明社会传递了价值，很多捐赠者同时运用了这些慈善方式，有时还很明确要如何在几种中进行配比。如果你想在慈善事业中变得更具战略性，一个有益的做法是就目前你在分配时间和资源上的实践进行分类，并且为未来设置调整计划以维持你理想的分配比例，图41.2的案例中包含了一个"试验性"类别，用来指代那些有望变得更具战略性的赠予的早期阶段。

在某个特定时间，你的配比选择依赖于一系列因素，包括（a）你的个性、经验、抱负和能力（时间及资源）；（b）你目前的境况/期望，或者遭遇灾难后的需求。战略性赠予需要投资时间，这只有在捐赠者相应放慢职业或家庭生活、借助员工或者咨询时才可以做到。

影响投资。最后，还有一个可以通过你的金钱改变世界的途径，即蓬勃增长但尚在发展初期的影响投资，其是指投资于公司、组织、基金，旨在对社会、环境施加影响的同时获取资金回报，其涵盖各类形式，从关注社会民生的公共股权基金，到向收入不稳的非营利性组织提供的现金流贷款，到为保护土地资源、创造就业、培育营养低碳食物而直接投资的本土有机农场。这种投资的资金回报率可能会低于市场利率（有时称为"优惠性的"）、风险调整的市场利率或者简单资本回报率。

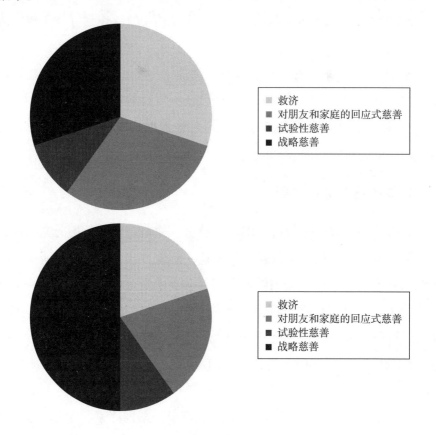

图 41.2　现行配比及经调整的配比

投资对象可能是一个非营利性或营利性的企业或基金，资金来源可能是一个投资组合、一个基金会的捐赠、一个养老基金或者一个捐赠者提议的基金。

为什么影响投资具有如此大吸引力，其与你的救济、慈善行为有什么关系？之所以要开展影响投资，主要的一些原因有：

● **你可以运用更多资源达成社会目标**。拥有基金会的捐赠者通常只会捐献出慈善资产的 5%（规定的最低捐献比例），而若进行影响投资，你可能会考虑将另外 95% 中的部分或者全部投资于社会福利，而且由于可获得回报，这些资金可以循环运用。

- **你可以拓展你的工具箱，造福社会福利**。大多数人赞同慈善没有足够的能量来解决大部分社会问题，影响投资则可以借助市场的力量，着力于持续性的问题解决，例如，你可以通过投资一家已开发出采集沼气新途径的公司来实现环境改善。

- **你可以发挥杠杆作用，实现规模效应**。如果能找到一个可持续的、以市场为导向的问题解决方案，最终你就能吸引大量的市场资本。

- **你可以确保资产负债表的完整性**。至少可以相信，你的金融投资没有削弱社会投资；至多你可以将两种投资有机结合，共同实现特定的社会目标。

目前，尽管仍只有少部分的慈善家和基金会寻求通过影响投资放大其捐赠的杠杆效应，但这一局面正快速转变。早期那些从事低回报（低于市场收益率）投资（所谓的基金会相关项目的投资）的开荒者，主要专注于低收入群体的房产开发、保护性金融（如发放桥梁贷款支持土地保护），以及小微金融（如提供小额贷款用于培养乡村企业家）。今天，我们看到更多的投资者和慈善家在慈善捐赠中融入了投资战略，以期实现特定的社会目标。不仅如此，投资机会的领域和数量也呈指数式增长，一个致力于渔业可持续性的捐赠者也可以投资于环境友好的水产业，一个有志于改善高质量小学教育可获得性的捐赠者可以投资于个性化设计的科技支持型学习产品，自然资源保护者也可以通过投资高效的湿地补偿银行来保护湿地。

将几种形式有机结合

现在你理解了所有这些社会投资形式的区别，那么如何将其有机结合，并且如何决定采用哪种形式、多频繁使用、何时使用呢？

一个总体方法是深入思考你的目标是什么？你想实现什么样的社会影响？答案可能很具体，也可能很宽泛，但必须包含一个动词，并且说清楚你想达成的积极成效，比如目标可能包括增进本社区高质量教育的获得性、减少地球对化石燃料的依赖或者帮助弱势女性群体走出贫困。

　　下一步，你要考虑哪些工具可以有效用来达成这些目标，应该认识到，慈善和影响投资相互补充、相互促进。慈善捐赠可以帮助一个组织获得开展影响投资的资本实力，降低投资者获取市场回报的风险。你对朋友和家庭的回应式赠予可以帮助你构建一个信任关系网，这是你踏上更具战略性的慈善之路时有价值的社会资本。

　　下表可以作为你在选择总体计划起点时的参考，让你对每一类选择有一个初步印象。

你的目标	慈善案例		投资案例	
	回应式赠予	战略性赠予	优惠性回报率	市场利率
增进本社区高质量教育的可获得性	每年向本地学校的基金会捐赠	发起/加入一个增进教师培训的动议	为新建一所特许学校提供融资	投资一个 AP 的技术解决方案
减少地球对化石燃料的依赖	每年向各类保护环境非营利机构捐赠或支付会员费	支持各类政策倡议组织，寻求改变燃料标准	为试验式技术的发展提供低成本融资	投资具有多种解决方案的清洁能源基金
帮助弱势女性群体走出贫困	每年向各类课余或致富组织捐赠	发起和支持非洲撒哈拉地区的女生教育	投资制造低成本卫生巾的本地公司，便于女生在学校留宿	投资一家专注于女性所有企业的中小企业（SME）基金

　　对工具和载体的选择是无限的，选择适用场景的正确工具取决于多种因素，包括内部和外部的因素。

内部因素包括

- 你（或者员工/顾问）需要花多少时间？
- 你有多大野心？
- 你对风险、回报和流动性的偏好如何？
- 你认为最有意义的是什么？

外部因素包括

- 还有其他哪些优质机会？
- 是否有成功所需的足够资源和合作伙伴？
- 对于成功/学习是否有现实标准？

已经有越来越多的机会可以给本土或世界的其他地方带来改变，所有的捐赠者都可以转变为战略慈善家投入时间和资源，以及/或者加入其他有共同目标的捐赠者的行列。年轻一代尤其表现出了对影响投资的热忱，投资机会也越来越多元和便利，一个慈善家族可以有多种选择，那些能够从慈善中得到最大价值的往往是那些有清晰目标、乐于接受开创性解决方案、勤于向他人学习和总结自身经验的人。

供进一步思考的问题

1. 你会如何将你目前的赠予行为在以下几种中进行分类：
- 救济
- 支票慈善或回应式慈善
- 战略慈善
- 影响投资

2. 你是否想在以上任何一类中采取更多行动？为什么？

3. 在制订计划和学习中你需要采取哪些步骤以将慈善事业推向前进？

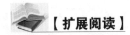【扩展阅读】

"Strategic Planning: Potential Roles and Strategies" (Boston: The Phlianthropic Initiative, 2015). Accessed at https://www.tpi.org/sites/default/files/pdf/tpi_strategic_philanthropy_primer.pdf.

"Navigating the Territory: A Guide to Impact Investing for Donors," White Paper (Boston: The Philanthropic Initiative, 2014). Accessed at https://www.tpi.org/sites/default/files/pdf/tpi_impact_primer.pdf.

"10-Minute Impact Assessment: Explore How to Make the Most of Your Giving," white paper (Washington, DC: Exponent Philanthropy, 2013). Accessed at https://community.exponentphilanthropy.org/ProductDetail?id=01t150000059msRAAQ.

Laura Arrillaga-Andreessen, *Giving* 2.0: *Transform Your Giving and Our World* (San Francisco: Jossey-Bass, 2011).

Thomas Tierney and Joel Fleishman, *Give Smart*: *Philanthropy That Gets Results* (New York: Public Affairs, 2011). https://www.givingcompass.org.

【作者简介】

Ellen Remmer 是慈善动议组织（TPI）的高级合伙人，该组织致力于为个人、家族、基金会和企业提供慈善咨询，帮助其在更高层次上带来慈善影响，TPI 是波士顿基金会旗下一个独立运作的单元，面向本地、全国及全球的捐赠者。Ellen 自 1993 年起加入 TPI，2007—2012 年担任总裁和首席执行官。

她与众多家庭、企业、社区基金会展开直接合作，帮助其制定能产生社会影响的强有力战略以及有效的治理架构和实践。她发起过若干个捐赠教育动议和项目，旨在促进社区基金会和职业顾问更好服务捐赠者，曾就战略赠予、家族慈善、女性捐赠和影响投资相关议题发表过文章和演讲，也是 Remmer 家族基金会的总裁并为众多非营利理事会效力。

第 42 章　怎样在你的
家庭中鼓励慷慨？

Alasdair Haliday 和 Anne McClintock

　　拿一个碗装满水，然后放在桌上。用你的手敲打桌子，观察会发生什么，水会起伏——在杯子里。家族慈善也是同理。虽然第一次尝试慈善看起来只是引发了外部的变化——拯救，但你希望它带来其他影响——即同样带来内部效应，如增进家庭和谐向荣，且代代相传。

　　本章将聚焦那些慈善的内部效应，包括在家庭中塑造遗赠的观念、在家庭成员中鼓励合作和妥协、教会年轻一代感恩和信守承诺、激励家庭成员关注周遭和保持友好。

　　很多证据表明，家族慈善可有效实现所有这些目标，当然，是否如此是另外一个问题。在与哈佛社区的慈善家和教职工对话后，我们意识到家族慈善能否产生正面的内部效应取决于细节好坏，且最有益的影响其实很简单：捐赠让我们变得更加慷慨，而慷慨可以让我们在很多方面都变得更好，如管理家庭财富的能力。相反，如果家庭成员的大度只是给予外部而非对内，那么慈善可能只会演变为引发两败俱伤争吵的额外话题而已。

　　我曾见过最优雅、最昂贵的、一夜间崩溃的家庭企业，只因家庭成员间互相不理解。

　　　　　　　　　　——Kathy Wiseman，Working System Inc. 总裁

　　Kathy Wiseman 提醒我们，关系比架构重要，基金会只是舞台，只有演员都上台表演时才会成为真正的好舞台。那些想要在慈善领域跨

辈合作的家庭需要首先学会对彼此大度，为什么？因为这种合作往往触犯到他人领地——经济财富方面以及在家族角色和慈善事业中的阶层关系，如果缺少大度，这种领地冲突容易演化为零和游戏（他们若赢，我就输），而真正的大度可以与他人共享胜利，从而重塑家庭关系，减少其争议性，更富成效性。

家族慈善本身可以促使家庭成员更加慷慨大度吗？我们在哈佛项目中曾与之交谈的一个人，成长于美国南部一个富裕的银行家家庭，他告诉我们，他父母对外部频繁的慷慨解囊在他的记忆中占据很重要位置，我们问他，这些行为是否对家庭内部的关系产生了影响，他回答"当然了！为什么不呢？如果只对陌生人慷慨，而对自己的血缘家人默然，那会显得很奇怪。"事实上，我们已经听说了很多类似的故事，足以印证慷慨的精神是可以向内传递的，即使其一开始是向外部做出的。

这些引发了一个问题，如何在家庭中培育慷慨的精神。

哈佛商学院教授 Michael Norton 在与英国哥伦比亚大学教授 Elizabeth Dunn 共同研究合作中的慷慨行为时发现，培育慷慨文化的最有效途径是鼓励人们以一种能立即获得反馈的方式定期实践，这也是 Norton、Dunn 及其他学者描述的"友好和幸福感的正向反馈环"：我做了一些好事，感觉很好，我还想再做一次。

和其他的品质一样，最好是（尽管不是必需）尽早培养慷慨精神，Norton 教授强调，在孩子中培育慷慨不需要有"大的慈善行为"——一些友好的和慷慨的小举动足以产生作用。Norton 建议，可以定期鼓励孩子帮助筹备小弟弟小妹妹的生日聚会，或者跟感到受排挤的同学坐在一起午餐，他提到也可以加入一些和孩子相关的传统慈善活动，如一些网上的组织可以提供沃伦·巴菲特所谓的零售慈善机会——直接向一些个人的、有特定目的的机构捐赠礼物，如"花 43 美元购买美术用品捐献给密歇根 Kentwood 的三年级学生"。

Norton 还表示，在进行社会学家所谓的"有成本的赠予"时慷慨反馈环会发挥最大作用，即从你自身的资源中给予。若干年前，英国哥伦比亚大学的 Lara AKnin J. Kiley Hamlin 和 Dunn 教授开展了一项有趣的研究，他们指派一群受训过的观察员去度量各种情形下 2 岁以内孩子的反应，如向孩子推荐一个猴子木偶、给猴子一块糖并让孩子在一旁观察、让孩子自己给猴子糖，最后让孩子将自己的糖分给猴子。在所有四种情形中，孩子们在最后一种即唯一一个有成本赠予中表现出了最明显最大的喜悦。

总而言之，我们想要分享的有关家族慈善的一个观点是：将慷慨成为你的起点以及终极目标。在这过程中，随着慈善事业壮大，要考虑清楚在参与、管理以及首要赠予对象选择上所采用的架构、程序——有很多文献可以帮你厘清这些问题，以更好反映家庭的宗旨，但无论如何，以慷慨开始和结束，相信剩下的其他事情都会因此变得简单、变得更好。

我们以 Walter Isaacson 的故事来结束本章，他是哈佛学院的一名毕业生、阿斯彭研究所的前负责人，也是爱因斯坦、史蒂夫·乔布斯、莱昂纳多·达芬奇及其他畅销名人自传的作者。在 Walter 小的时候，他父母总是鼓励他和兄弟姐妹每年秋天向他们自己选择的慈善组织捐献，随后，在这些机构的感谢信送达时，父母会将信用绸缎捆绑起来放置在圣诞树下，在圣诞节的早上由孩子们来打开自己选择的慈善机构的信件。这个传统 Walter 现在在自身的家庭中仍在沿用，他清晰地记得父母总是用这种方式提醒他"赠予他人实际是在馈赠自己"。

这种精神——将自我关怀视为慷慨的一个表现——是家族慈善成功的最重要因素，它不仅对外部世界带来诸多影响，也会在家庭内部发生作用。幸福有赖于我们给予世界的以及我们从给予中得到的，树立这样的认识会令人豁然开朗，能更自如掌控命运的起伏，它会唤起我们内在的本能：不加判断地倾听、真心愿意理解其他家庭成员的观点、对世界上的美好事物都心怀感恩。最后，它还有助于我们理解马克·吐温晚年时的名言"生命如此短暂，没有时间去争吵、道歉、伤心、责备。只有时间去爱，并且是转瞬即逝的，所以为爱，说出来吧"。

供进一步思考的问题

1. 家庭财富积累的目的是什么？需要为谁、为什么服务？以何种方式？

2. 在培育自身及家庭健康的慷慨精神时遇到了什么阻碍？

3. 帮助他人是什么感受？

4. 赠予他人是否也是对自己的馈赠？

5. 我如何鼓励孩子们去做一些展现友好和慷慨的小举动？

6. 对家庭外部的慷慨是否会激发对内部的慷慨？

7. 现今我可以如何帮助他人？

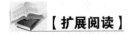 **【扩展阅读】**

Charles W. Collier, *Wealth in Families*, 3rd ed. （Cambridge, MA: Harvard University Press, 2012）.

Adam Grant, *Give and Take: Why Helping Others Drives Our Success* （New York: Penguin Books, 2013）.

Richard Weissbourd, *The Parents We Mean to Be* （New York: Houghton Mifflin Harcourt, 2010）.

Elizabeth Dunn and Michael Norton, *Happy Money* （New York: Simon & Schuster, 2013）.

Robert Kegan and Lisa Lahey, *Immunity to Change* （Boston: Harvard Business Press, 2009）.

Mo Willems, *Should I Share My Ice Cream?* （White Plains, NY: Disney Pubishing, 2011）.

【作者简介】

作为哈佛大学的慈善顾问，Alasdair Halliday 帮助众多哈佛家庭搭建慈善架构，指导其思考家庭财富带来的挑战和机遇，经常就家庭动态的主题发表演讲，尤其关注家庭成员间有关财富的对话。他在家族系统理论方面经验丰富，同慈善咨询领域的先驱 Charles Collier 有过多年共事。在 2004 年加入哈佛校友事务和发展办公室之前，Alasdair 是全球战略咨询公司摩立特集团的管理顾问，同全球 500 强客户共同解决了公司战略、兼并收购和财务方面的众多问题，并且在摩立特资产管理集团负责互联网和电信行业的股权分析。除此之外，Alasdair 曾为数个艺术、教育和财务计划领域的非营利组织效力。他拥有哈佛学院经济学学士学位。

Anne McClintock 是哈佛"大学规划捐赠"组织的执行总裁，作为慈善规划领域逾 30 年的专家，Anne 曾帮助众多捐赠者建立起对其自身、家庭成员、哈佛和其他机构最有利的捐赠计划，她受过家族系统理论的专业训练，乐于帮助个人处理财富、家庭和遗产方面的相关问题。加入哈佛前，Anne 是波士顿银行（现在美国银行的一部分）的一名信贷员，为企业提供一揽子融资服务，曾任新英格兰规划赠予组织的执行总裁，为众多非营利组织提供过咨询服务。目前，Anne 是 Lexington 蒙特梭利学校的董事会成员。她拥有史密斯学院的经济学学士学位。

第 43 章　如何让孩子以及孩子的孩子也加入到慈善事业中？

Lisa Parker

让孩子及孩子的孩子也加入到慈善大业中，这一想法是诱人的，也具备很好的理由。以一个家庭为整体去赠予不但要唤醒我们自身最高尚最慷慨的品质，也需要有志同道合的人共同去做出重要影响、去改变我们的社区，目前有诸多关于搭建捐赠载体（基金会、捐赠顾问基金、慈善信托、LLC）以及配套投资策略的法律和金融方面的专业知识可以借鉴。

但是，2009 年国家家族慈善中心发布的捐赠者调查结果显示，绝大部分人还仅停留在自己思考如何将家庭、尤其是孩子也纳入到慈善行列中，某些时候，他们感到会困惑、失望，因为下一代对慈善并不感兴趣，这些"下一代"年龄从 30 岁到 50 岁不等，那么如何才能成功将孩子及孩子的孩子也吸引到家族捐赠事业中呢？也许有很多方法可以激发下一代也成为理智、富有同情心的捐赠者，但若从很小的时候就开始有意培养其慈善意识，那么其接纳慈善的可能性就会显著增加。

我的故事

成立家族基金会（或其他载体）最普遍的理由包括改变所处社区、树立一个共同目标、滋养家庭关系以及存续家庭遗产，基金会的宗旨基于创立者从生活环境和成败经历中锤炼出的价值观，这些价值观是确立捐赠目标的依据。明确这些价值观以及那些塑造了你的故事有助于让你的孩子及孩子的孩子对家庭的核心价值取向有更好的理解。

我的祖父 Lawrence Welk 是一名电视明星和乐团团长，21 岁生日那天怀揣着一个梦想、一部手风琴，背上一些衣物，他离开了北卡罗来纳农场的家，随后的经历让他对那些奋力挣扎的人产生了强烈同理心，也激发了他为"年轻人"提供机会去做有意义事情的热情，在所有事物中，他最看重家庭，甚至将他的表演者视为"音乐之家"，源于这些价值观，Lawrence Welk 家庭基金会的宗旨正是去支持那些有意长期帮助贫困儿童和家庭的民间机构。这是我们家庭文化的信条，我们也因这个故事紧紧团结。只需要让家庭成员反思共同的价值取向往往就有助于实现你的家族慈善目标。

实地参观

让孩子加入慈善行列可以让他们更好感知你所关注的需求问题，激发孩子及孩子的孩子兴趣的最有效方法是带他们到你考虑捐赠的机构实地参观。在我 14 岁时，我的母亲带我到东洛杉矶一个小教区参观，那里有一个年轻的新来的牧师会在晚上打开教堂的门，让无家可归的人进来——穷困潦倒的人、蓝领穷人和移民工人，听他描述给予一个人栖身之地的尊严以及由此产生的深刻影响，我被深深撼动。后来，他向我们基金会申请在东洛杉矶援建一个黑帮烘焙店，现在这些敌对的帮派成员正站在一起肩并肩地做面包。

见证那些非营利组织领导人所做的事是震撼的，它可以重塑对金钱的认识，更可能激发孩子在未来成为赠予者。有些捐赠者不喜欢炫耀自己的财富或者吸引过多注意力到捐赠举动上，但若在你讨论捐赠时带上孩子到你所支持的机构实地参观，你会给他们一个"礼物"。事实上，一个针对年轻捐赠者（指每周至少做一次志愿者并积极参与募资的年轻人）的调查显示，84% 的受访者认为父母的捐赠和义工示范是影响其自身捐赠行为的最重要因素。

从小开始

父母和祖父母普遍都想向下一代传递慈善价值观、培育赠予天性，但往往疑惑何时开始，恰当的时机就是尽早开始！四岁的孩子就可以开始感知赠予，如可以简单组织一场晚餐基金会，拿一个瓦罐根据孩子们的喜好装饰成"捐献罐"，用来收集孩子们的零钱（或者大一点孩子的一部分资金），随后捐献给自己选择的对象。

要以与年龄匹配的、有意义的方式推进这件事需要首先询问孩子"什么让你感到开心？"几乎所有孩子都会以动物作为第一初衷。我女儿选择将其捐献罐中的零钱给 Arthur，她在本地宠物动物园结识的一只老鹿，我儿子特别喜欢观察我们家旁边乡间小路上的蜥蜴，因此他将捐献罐送给了附近的办公室，这样蜥蜴们就可以继续得到保护。这一原则对大一点的孩子同样适用，只要捐赠的动机与其相关。

对一个年轻人来说，赠予最重要的因素是这一过程带来的体验，捐献后你的感受如何？你是如何帮助小动物的？"捐赠者是兴奋的"这句话对于发现了自己能带来改变的小朋友而言尤其适用，在推进阶段应当注意到这些情绪，并且让这些强烈的情绪生根发芽，自然地，他们会想要复制这些感受。随着孩子长大，他们的关注点会拓展到自己的学校，甚至是更大群体的需求（尤其是流浪者），所有孩子都会经历一个对公平和正义的强烈关注阶段，晚餐基金会的模式可以相应演化。

青少年理事会

青少年理事会或顾问理事会可以让青少年或青年熟悉从而更理智看待捐赠事务，然而，邀请其加入的方式可能是正向促进，也可能起反向效果。习惯性短语如"得到的多，被期望也就大"，或者"你有反馈的责任和义务"等虽然有效，但听起来让人有负罪感，这些表达或许会弱化原本可能愉快的体验。

在我们家，第三代的十名成员被邀请进了一个青少年理事会，当时我们仅 12 岁到 24 岁不等，我们坐在理事会的圆桌旁同父母一道出席了基金会的理事会会议，我们被鼓励就不理解的理事会术语进行发问，还被邀请就捐赠对象的选择充分发表意见，我们拥有话语权，尽管没有正式的投票权。

此外，我们还召开自己的会议，并且得到捐赠预算的 10% 用来投向我们认为合适的领域。由于有了自由权去发现对我们个人以及我们的时代有意义的事情，去面对祖父辈可能永远不会预见的问题，我们开始为我们这个年代那些重要的事情思考。我们的父母只是顺其自然地邀请我们加入这一体验、鼓励我们去贡献、尊重我们的意见、赋予我们做决定的权利，但他们将我们"拉上了钩"。

家族的慈善大业无论是仅从事几年还是世代延续，创立者通常都很希望家族的几代人都能加入到赠予行列，但有必要认识到，在有一些阶段要邀请下一代参与并不容易。在我们这辈刚开始成年时，本应自动被邀请加入 Lawrence Welk 家族基金会，但时机并不合适，因为此时我们需要遵循自己的发展道路，完成研究生学业、开启职业生涯、组建家庭，要成为负责的、投入的、充分准备的理事会成员，赴全美各地参加会议，对我们而言显得麻烦、不适。

我采访过的家庭在发现其孩子对参与慈善兴趣不足甚至抗拒时无疑都显示出了挫败，这不但是令人失望的事情，还是对基金会完整性的一个实实在在的威胁，基金会内在的使命是为公众的最佳利益服务，不情愿的参与会阻碍这个使命的实现。为了绕过这个路障，我们以"选择"的形式取代了"义务"，最重要的是，不感兴趣真的没有关系。现在家庭成员可以根据意愿选择三年的理事会任期，那些将家族基金会延续到第四、五、六代的家族都预期到了也准备好了应对家庭成员兴趣的削减，在家庭聚会时安排基金会会议，通常可以在实现庆祝目的的同时，显示出对那些未参与基金会工作的成员出席会议的珍视。

相互间建立纽带是人类的基本需求，慈善将我们与那些也许本不会了解的事情和人联系起来，就像 Boyle 父亲和帮派成员们。几年前有一个客户来找我，他刚出售了企业，因此瞬间成为了亿万富翁，他和太太有两个正值青春期的女儿，想首先通过慈善的方式让女儿了解家庭的财富，他们共同回忆了自己是如何从他人的赠予中获益的，尽管有些此前并没有意识到，包括那些供他上大学的奖学金、私人资本兴建的操场以及镇上孩子们的博物馆，他人的慷慨使得他们的生活变得更好，而现在他们也想这么做。财富可能是独立的，但慈善可以将地球上不同地方的人以一种新的方式联系在一起。这位父亲认为这很重要，"因为我们只有在与他人建立纽带时才会变得更好。"

供进一步思考的问题

1. 在邀请孩子和孩子的孩子加入慈善行列的问题上你有何期望/希望？

2. 谁能最好地主导这件事？

3. 你的下一代有什么天赋？这些品质如何为基金会服务？

4. 新的潜在的基金理事会成员需要得到哪些训练或资源？

【扩展阅读】

National Center for Family Philanthropy. https：//www. ncfp. org.

Roy Williams and Vic Preisser, *Philanthropy Heirs and Values*（Bandon, OR：Robert D. Reed Publishers, 2005）.

Susan Crites Price, *The Giving Family*（Arlington, VA：Council on Foundations, 2005）.

Susan Crites Price, *Generous Genes*（Battle Ground, AV：Majestic Oak Press, 2015）.

Kelin Gersick, *Generations of Giving*：*Leaedrship and Continuity in Family Foundations*（Lanham, MD：Lexington Books, 2004）.

【作者简介】

Lisa Parker 用自己在慈善和非营利行业 30 年的经验服务于众多慈善家族，1997 年她成为 Lawrence Welk 家庭基金会的主席和执行总裁，带领基金会继续践行消除贫困、培养年轻人的宗旨，并且为家族的第四代人创设了年轻人慈善项目。2009 年，她发起设立了旧金山"家族圈顾问"组织，帮助各个家庭找寻捐赠的共同价值，最大化捐赠的影响。

Lisa 还是数个致力于构建和拓展慈善行业的组织的顾问及理事会成员，包括慈善和公共政策 USC 中心以及国家家族慈善中心。

第 44 章　如何理智地为你的
慈善事业建立一个长期战略?

Barnaby Marsh

1930 年大衰退的中期，经济学家 John Maynard Keynes 写了一篇文章探讨未来的人们所面对的经济前景，文章题目为"我们孙子辈拥有的经济可能性"，文章指出最具创造性、最为繁荣的未来正展现在我们面前。

Keynes 的洞察对于慈善规划和明确捐赠意图同样具有启发意义。人类具有无尽的创造力，会面对诸多机遇，这也意味着深处变化之中。近几年我们看到了层出不穷的慈善创意、方法、操作和途径，对解决世界上一些最棘手的问题发挥了有力支持。同时，与赠予相关的税收方面的法律法规也在更迭。在一个充满变化和创新的环境中，要探究未来的所有可能性是困难的，即使是对于那些在慈善规划和预测方面有丰富经验的人。

面对这些不可避免的变化，如何理智地确立长期慈善战略? 在游戏规则时刻变化、不同世代可能看到不同机遇、拥有不同兴趣以及社会的需求和可能性不断演变的背景下，如何审慎地进行慈善规划? 我们是否承认这过程中的路径可能尚不可知? 我们是否愿意允许别人或未来子孙来解决问题?

第一步是认识到尽管未来会有变化，但有些事物的初衷不变。几年前，一位知名的亿万富翁授意我就未来 50 年世界会变成什么样进行研究，彼时他正在为其慈善事业做长期规划，因此想要了解可能的社会发展潮流以指导规划。

慈善家还想了解预测是否准确以及为什么。他的研究小组查阅了成百上千有关预测未来的书籍和文献，仅仅翻看其中一部分就能获取大量信息，看到每代人对未来的希望和恐惧，以及人类美妙的想象力，从达芬奇对飞行物的奇异勾勒，到 20 世纪对宇宙空间的科学幻想，未来的可能性无穷无尽。然而，分析的结论是人类绝大部分的问题和需求是保持不变的，即便科技、医学、通信和其他领域的进步让这些需求不再那么急迫，正如我们研究小组里一名同事指出的，"在美国依然有贫困，尽管我们中最贫穷的人群现在也拥有了电视、微波炉和小车"——这些都是 20 世纪 50、60、70 年代人梦寐以求的奢侈品。

重要的一点是在思考未来时，一些事物改变得越多，另外一些事物尤其是人类的根基就越稳固。尽管苹果手表已经成为现实，但是 50 年代设想很快会实现的会飞的汽车、喷气背包和可对话手表仍然是少数古怪、富裕人群的向往，也许时间和科技会改变，但基本的人类经验异常恒定。即便在机器人最终到来时，我们仍然确信还有足够多的工作和问题需要由人类实地解决，而且人类对于动力、目标和成就感的需求仍然会和现在一样迫切。

回到慈善问题上。常有慈善家问我，如何最好地思考未来，当然没有普适性的答案，但这一简单问题引发的其他疑问和思考是至关重要的。你是否希望未来家族依然参与其中？如果是，如何让这些独一无二的个体加入并且满意？他们有多少灵活性和独立性？如何以创立者的初衷引领其发挥能量？

这些问题引出了第二个要点：假设未来可以自行判断哪些是好的、正确的、必需的。当你回顾历史会发现这点是有信服力的，首要的事是认识到预测长期可能性是不易的。一些有启发性的案例研究可以打开你的视野，帮助当今的慈善家更好思考未来的可能性，比如随着法律演变，社会的准则和期望也会随之巨变，回溯 100 年前的美国，我们可以看到最高联邦税率分布在 25% 到 94%，且法律对于慈善行为的定义不断调整，近期通过了一部有关大型大学捐赠的新法规，众多大型私营基金会的捐赠对象都已经背离初衷，因为员工甚至受托方关于如何更好使用资金有了自己的意见。

要很快看出风险和危害，没有清晰反映捐赠意图的慈善行为可能会在未来数十年引发严重的纠纷，而真正的受害者往往是慈善的受益方。有时，慈善主管机构在捐赠作出后的很长一段时间内希望拥有更多自主权，如 Roberson 家族的例子，在完成对普林斯顿大学的捐赠后，基金会的捐赠领域不断拓展，由最初希望支持公共服务领域的学生，到后来被运用于其他目的，也由此引发了长久的高成本诉讼。

要拥有一个独立的私人基金会并且配备专业员工从长远看并不总是容易的，专业员工往往有自身的职业规划，随着时间推移其利益可能会与创立者的初衷相冲突。例如，Henry Ford 二世决定退出福特基金会的理事会，因为身处 20 世纪 60 年代社会变革中的基金会运作方向已然有违其自身的基础世界观。

有些时候，甚至还未涉及调整方向和观念的问题，仅仅是解读过世者的慈善意图就已令人困扰。英国人 James Smithson 曾示意拿出大笔资金在华盛顿捐赠一所机构，致力于"增进和传播知识"，这一模糊的赠言让其基金的掌舵者困惑他的真正意图是什么：一所新学校？新大学？一个专注于发布和传播实用性知识和创意的中心？最终，一所新的公共图书馆被认为是最佳选择，但也许大多数看来并不一定是最贴切的选择，一家公共图书馆能满足 Smithson 的初衷？没有人知道。

我们能从那些被历史认为理智的慈善家身上学到什么？一个重要的经验是要为下一代的改革和建设留出空间，我们可以在诸多案例中看到这点，从 John Harvard 捐建新大学到 Andrew Carnegie 为成立社区图书馆提供资金。

成功的慈善行动（正如所有的进步）最终都取决于是否激发领导

者以及每一代变革者的能量和创造力，金钱和口号不足以成就最宏大的蓝图，除非掌舵者深刻且真正去拥抱并主导这一蓝图。在未来，包括创新、社会变革及其解决之道总是由那些能够激发和吸引他人的热情之士推动，而不会是那些局限于遵循既定规则的墨守成规者。

捐赠者勾勒出总蓝图是"什么"，随后授权一部分给他人去回答"如何做"，这种方法可以鼓励未来的创造性，因此行之有效。行行出状元，不论是发明家、先锋者或是那些引领社会变革的有识之士，慈善家基本都会有人协助其早早地锁定这些变革者，而后去支持他们，帮助他们最大限度地转化工作成果。从这一角度讲，长远的转变可期。

在实践过程中，这一结论对于慈善家族及其委托的掌舵者意味着什么？我们如何确定蓝图以及前进过程中指南针指向正确方向？巨额财富掌管者面临的一个棘手问题是如何避免蓄谋的攻击。慈善历史观察家 Martin Wooster 在其著作《伟大慈善家的捐赠意图和问题》中列举了诸多案例，阐释由于巨额财富的毒性，个人的创造力潜能如何被侵蚀以及私人基金会如何走向溃败。

如何谨慎、理智地规划未来？也许听起来有违直觉，但要激发出未来的最大潜能确实需要漫无边际地勾勒蓝图，且允许不同的想法并存甚至相互竞争。从短期上讲让各种主张并存是高成本的，因为会有重复的问题，且看似缺乏协同和重点，但正如在狂野的自然界以及复杂的经济市场上展现出的，这往往是确保长期繁荣而非仅仅是存活的最可靠途径。

投资大师 Sir John Templeton 是一位我曾密切合作过的亿万富翁，他最多的时候甚至同时创立了三个相互独立但拥有相同使命的大型基金会（在三个不同国家）。长期看，这样做可以实现成功概率最大化，即便在近期会产生很大的成本，且有些主张以失败告终。想要勾勒一幅较大的蓝图，需要有改变路径、重构核心挑战以及寻找全新解决方法的能力。

我们生活在一个欣欣向荣的年代，迎接一个会愈加繁荣的未来，我们应该拥抱而不是畏惧创新和改变，前瞻性地思考、理性地规划、再加上一些运气，我们的孙子辈将有可能去参与和实现一些我们目前尚无法预期的事情。如果历史是指引，那么今天最理智的决定是：设定高远的目标，同时给予一代代人开拓创新的机会。

供进一步思考的问题

1. 你的家庭成员是否能深入理解慈善的动机和意图？现在制定一些规则可以很大程度避免日后的纷争。

2. 通常认为未来属于创造它的人们，在这一背景下，你是否了解哪些领域的需求最迫切，也了解哪些领域的创新和变革最具前景？

3. 从长远考虑法律、体制甚至文化的变革，你的蓝图在概念上是否能预期到这些变化？

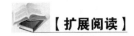【扩展阅读】

Martin Morse Wooster, *Great Philanthropic Mistakes* (Washington, DC: Hudson Institute, 2006).

Martin Mores Wooster, *The Great Philanthropists & * The Problem of Donor Intent (Washington, DC: Capital Research Center, 1998).

Jeffrey Cain, *Protecting Donor Intent*: *How to Define and Safeguard Your Philanthropic Principles* (Washington, DC: Philanthropy Roundtable, 2012).

【作者简介】

Barnaby Marsh 博士曾为数百位全球最慷慨的个人提供过私人咨询服务，帮助其实现更大的慈善影响。多年来，他同投资界先驱 Sir John Templeton 共同开创了慈善战略论，也是 30 亿美元 John Templeton 基金会的核心创始人。2015 年，他与人联合创立了顶尖慈善服务机构 Saint Partners，帮助富豪及其家庭制定长期慈善战略，包括发起、管理和慈善项目的孵化。他拥有康奈尔大学的硕士学位，取得了牛津大学的博士学位，同时是牛津大学的罗德学者。

第八部分 寻求合理建议

生活是复杂的，在财富增长时甚至更加复杂——尤其是当资产共有、架构更为烦琐、家庭成员增加且创立者有意向下一代让渡商业版图和金融或实物资产时。与此同时，我们所处的世界也正因投资、税收、监管和地缘政治等方面的快速变化而变得更加复杂。

你不可能擅长所有事情，因此不可避免地需要依赖一些掌握核心技能和实践经验的顾问，同样，由于通常在做重要决定时只有一次机会（如商业销售），你可能需要听取其他熟悉相关问题的人士的意见。

但是找到合适的顾问并不容易——尤其是一位正直、有良好风度、适合你、具备最佳技能和适当积极性的顾问，在本部分，我们的作者将帮助你思考关于寻找合适顾问的一些基本问题——如何选择、哪些问题最适合你的家庭、如何更好使用他们、如何评价他们以及何时替换他们。

我们以 Susan Massenzio 的随笔开始，她回答了"你应该考虑什么类型的顾问？"即便这不是一个简单的问题，因为选项可能包括了通才、专家、技师、导师、教练、辅助商、法律顾问甚至家庭成员，每个人都有不同的角色适配性。Susan 考察了所有可以提供咨询的人群类别以及其可以带来的特定帮助，还有你应当（不应当）期望从其身上得到的。她还提出了一系列问题，帮助你的家庭区分小麦和糠，找到可能为你的家庭带来正能量且能胜任咨询服务、拥有必要经验和良好善意的顾问。

Philip Marcovici 运用其典型的无废话、无拘无束的方式回答了"如何寻找值得信任的顾问?"为家庭财富提供法律咨询的多年经验让他能尖锐地辨识顾问的动机、动力和控制欲,他能提供有益建议,帮助减少顾问和客户间的利益冲突,增进共识,从而服务于家族利益。

当你认为你可能已经找到一个好顾问,但不特别确定时怎么办? 也许你可以将其区分为红色和黄色的阵营。Stephen Horan 和 Robert Dannhauser 关注这样一个问题:"如何避免下一个 Bernie Madoff?" 无耻的顾问和不合适的投资产品永远不会消失,但在一个复杂的投资环境,顾问成为必需品,Setpehn 和 Robert 的建议是前总统罗纳德·里根所言的"相信,但验证"。

部分家庭认为其或许可以从家族办公室的统一目标运作中获益,而这引发了另一个问题"你应当选择一个单家庭办公室还是多家庭办公室?"有多个因素需要纳入考虑,Kirby Rosplock 将带领我们深思熟虑地、理智地、结合自身需求地做出决定,她还会提供一些容易上手的评估工具来了解这些选择。

最后,Hartley Goldstone 将回答"如何选择一个好的托管人?"受托人为他人做决定,服务他人利益,其需要有专业技能、值得托付、经验丰富并且高情商。Hartley 将指导你寻找、评估和引入好的托管人,不但能执行好托管人该履行的技术环节,还能践行委托人的初衷,且像个普通人一样关怀受益人。

总之,一个好的顾问应当是值得托付的,而哪些人值得托付? 他们往往是可信任的(你可以借助他们了解一些事物)、可依靠的(他们做了他们说要做的事情)、可倾诉的(你知道他们会倾听并且为之保密),并且不会是自私的(你可以确保他们会专注于你的最佳利益,而不是他们自己的利益)[1]。

---

① David H. Maister, Charles H. Green, Robert M. Galford, The Trusted Advisor (New York: Simon & Schuster, 2000).

第 45 章　你应该考虑什么样的顾问？

Susan Massenzio

首先思考这些问题

家庭财富管理是一个需要"高信任度"的领域，这意味着寻求咨询的家庭并不总是清楚收益是如何取得的、如何或者应该如何去评价咨询的效果。如果一个牙医做错了一些事，你可能马上可以感觉到，但一个财富顾问的对错往往要在很久以后才可以评判。为此，绝大部分的客户是凭借信任（至少在一定程度上）与顾问接洽。

与顾问的关系是一个人际关系的范畴，本章的目标不是让你摒弃情绪，而是帮助你识别任何一个顾问所应具备的三个核心品质：胜任、经验和善意。

与一个新的潜在顾问会面或者检视一个已聘顾问的工作情况时，以下问题有助于引导讨论：

- 我将从（或已从）你身上得到什么服务？
- 谁将与我的家庭共事，发挥什么作用？
- 在该领域你与其他顾问有什么差异？

我将（已）得到哪些特定服务

一个首要问题是你期望从顾问身上得到什么服务。随着时间推移，家庭成员也许会和他们的顾问建立起亲密和谐的关系，但前提是需要从顾问处得到有形的服务，且大部分这种有形服务考验专业技能、需要消耗时间。

例如，许多投资顾问工作是资产配置以及选择合适的管理人或证券，此外，你可能还可以列举出其他服务，如税收规划、缴税准备、会计服务、家庭会议的筹备，等等，如果一个顾问能同时提供这些服务，那么你要确保理解每一项如何运作以及你是否需要它们。这一讨论将帮助你了解此顾问在哪些领域是真正胜任和有经验的，而在哪些领域并不十分擅长。

谁将与我的家庭共事，发挥什么作用？

这个问题涉及顾问的服务模式。大多数财务顾问以团队形式工作，这一模式有助于客户迅速获得统一、专业的意见，但也比较不易了解每个人做了什么事，询问清楚每一角色的定位。如果特定岗位上的人员不断变动，你不一定要紧张，应当理解团队的业务会不断拓展和调整，但是如果团队的核心成员离开或者辞职或者出现调整但没有事先通知你，你可能就需要撤离并且重新评估这段关系。

在该领域你与其他顾问有什么区别？

这一问题涉及识别此顾问区别于他人的特质。顾问往往会展现自己所长，无论在投资、规划还是家庭动力学领域，他们这么做时，很重要的是你应该提供现实例子。重申一遍，寻求理解这些顾问自我认定的核心优势是什么，至少观察两个标志：首先，其是否承诺能做所有事情；其次，其在谈论完成的某项工作时是否会提及其他团队成员。

报酬

没有免费的服务，作为客户，你的一部分任务是评估咨询服务的性价比。

为比较价格和价值，这里有一些问题可供你询问顾问或是潜在顾问：

- 考虑到你的业务会不断增长，你花百分之多少的时间在寻找新客户上？

- 你花百分之多少的时间直接与你的客户接洽、为你的客户服务？
- 你负最终责任的客户有多少？

前两个问题没有固定标准，往往取决于其所处的商业阶段。刚起步的顾问自然会花更多时间在市场营销上，这也是为什么你需要了解其承担终责的客户有多少，越少的客户不代表越好，越多的客户也不意味着越差，总的原则是作为客户你想寻找的是什么。

同样重要的是，询问顾问"你取得报酬的途径有哪些？"鉴于收入激励行为，顾问们会很自然地推介一些能给他们带来收益的产品或服务。

与任何人谈论金钱都不是一件易事，包括与顾问，最好是每年至少一次与顾问讨论费用的问题，并且在谈话中要占据主动，有一些原则和做法可以帮你提升谈话的效果：

- 确保费用方案清晰、留痕。
- 要求你的顾问在总体环境中说明费用，例如基于可得的市场数据，其费用相比其他顾问大致在什么位置？
- 观察顾问如何回应费用问题，其对这些问题或者在对话中的反应可以帮助评判其胜任度、经验和善意。

一个公平、顺畅的费用讨论可以融合顾问以及客户的诚意，而不至于令其南辕北辙，它可以帮助构建一个富有成效的关系。

"值得信任的人"

以上各点均适用于一个特殊的顾问群体，其帮助富豪家庭进一步扩张财富，一部分人称之为"值得信任的人"，另一部分人则简单称呼为受托顾问。很难将其划分入任何一个职业领域范畴，尽管其往往以律师、会计师、财务顾问或是心理咨询师起步。有时，这类顾问还会以朋友、老师、牧师、知识分子、姻亲或是经理人的身份出现，他们通常在富豪家庭中发挥核心支持作用（或是二号人物）。

尽管呈现的身份不一样，但这些"值得信任的人"具有一些共性：

• 对文化感兴趣。一个真正的二号人物认为，没有任何一个家庭领袖可以独自引领持续的变革，无论其多具权威，一个系统如一个家庭需要有共识和合力推动实现规划者的蓝图。

• 信仰循序渐进的演化。有时在很短的时间内会发生可见的变化，但大部分变革是以不可见、逐步的调整进程推进的，应该警惕那些承诺在一场会议上就可改变你的家庭文化的人。

• 坚持野心从属于更高的召唤。从定义而言，二号人物不是一号人物，有些人会对这种从属关系感到委屈，但有很多例子表明，真正二号人物的默默付出相比一号人物的醒目举动能给家族的长期繁荣带来更积极作用。

"值得信任的人"是一个有着良好声誉的称呼，其核心是这类顾问会在维护和经营家族财富过程中将整个家庭放在首位，定义其功能的是态度，而不是技能。问问你自己"在你所接触的顾问中有人具备这样的特质吗？"如果有，抓紧他或她，如果没有，着手寻找这么一个人。

咨询师、指导人和引导者

可以在你的家族财富管理中发挥很大作用的一类"值得信任的人"是咨询师、引导者或指导人，这些咨询师可以为你的生活或职业生涯建言献策，或者与整个家族协作筹备家族会议、讨论家族治理。多数咨询师和指导人经过严格训练，能卓有成效开展工作，但也有一些不能，对于这类咨询师所应发挥的作用没有通用的标准，因此如果你有意寻求咨询师或引导者，你需要先问自己一些问题：

• 你想改善个人或是家庭生活中的哪些方面？

• 这些顾虑是否主要来源于你的职业、家庭，或是你个人的生活？

• 你是否愿意花时间定期会面，并反思这些会谈？

• 你是否愿意与别人真诚地分享你自己、你的工作或者你的家庭关系中不满意的部分？

如果这些问题的答案表明你已经准备好寻求咨询，那么有一些问题或是标准可以供你在寻找合适的指导人或是咨询师时予以考虑：

- 这名潜在咨询师接受过何种职业训练？
- 这名潜在咨询师是否持有医学健康证明？
- 这名潜在咨询师的经验如何？包括所有工作经历以及咨询领域。
- 其经验是否能有效应对你所面临的挑战？

建立顾问关系通常需要一些信任，并且是双向的，但不一定是高尚纯洁的信仰。尝试与潜在咨询师进行两次会面，了解对方，评估你们的可能关系，如果两次会面后，双方都认为效果良好，那么你可以进入下一阶段的常规环节，如果不行，那么双方都无须再投入大量时间金钱在一段无法磨合的关系中。在起始的这两次会面上，你们还可以探寻共同努力的目标，即便没有后续发展，两次会面所收获的也有助于你继续踏上征程。

导师

在财富管理领域还有另一种形式的顾问，即导师。在今日，导师通常专注于指导某个项目或者某种调整，导师也许会在你上学、开始新工作或是职业生涯的任何时候出现，但是一名真正的导师不止帮助你调整，而应是帮助你完善。有丰厚资产或企业的家族往往会为家庭成长的一代寻找导师，帮助其走上独立自主的生活，无论其选择的人生道路是否与家族财富和家族企业相关。

真正的导师是稀有的，成为一名导师需要具备什么品质？首先，他是阅历丰富的，在大多数情况下，阅历意味着年长，但也有可能是在年轻时就有所积淀。其次，他是值得信任的，成为一名导师需要时间磨合熟悉度，再者，如上文提到的，导师不仅仅专注于一项任务或者调整。最后，成为导师需要智慧甚至是小心机，真诚固然是好的，但被教导者并不总是准备好了接受事实，导师需要知道有多少可以告知、在什么情况下告知。最后一点也意味着你可能会遇到一位导师——或者也许已经遇到了——但你并不自知。

"师生关系"不是一种强求得到的关系，毕竟，雅典娜，这位最初始的导师，是一位女神，她按照自己的意愿来或者走，也许你能做的只是敞开胸怀去拥抱未来的导师，当你的心灵做好了准备，导师也就到来了。

父亲的智慧

我想以大学同学 James Hughes 的导师建议来结束本章，这名导师是他的父亲 James Elliott Hughes Sr. ，他本身也是一名咨询师的典范。

任何事情的起点都远比我们所认为的晚

我们通常都只关注当下以及引发当下的事物，因此我们会认为我们正处在这段旅途的起点，或者正在旅途之中，但事实上，任何重要征程的起点——包括健全家族财富的征程——通常只有在消耗大量的时间、经历数次的失败后才会逐渐清晰。寻求一个值得信任的、有耐心帮你找到起点的顾问。

循序渐进处理最棘手的问题

大家族通常都希望优先处理棘手问题，鼓励这种做法的顾问可能会光鲜一时，但大问题的产生往往都有原因，需要花时间去理解一个家族稳固的文化根基，只有一步步推进才有可能达成这一目标。

供进一步思考的问题

1. 你的生活中，谁正在充当你的可信赖顾问？他/她具有什么特质？

2. 在你考虑本章所提的各类不同顾问时，你所在家庭的分歧是什么？

3. 你的配偶和孩子如何看待你所信赖的顾问？与你的观点是否一致？

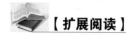【扩展阅读】

James Hughes, Susan Massenzio, and Keith Whitaker, *Complete Family Wealth*（New York：Bloomberg Presss, 2017）.

Niccolo Machiavelli, *The Prince*, trans. Harvey C. Mansfield（Chicago：University of Chicago Press, 1998）.

Herbert Goldhamer, *The Adviser*（New York：Elsevier, 1978）.

【作者简介】

Susan Massenzio 博士是 Wise 顾问研究协会主席。作为一名心理学家，她长期致力于为财富 500 强金融服务企业的高级管理层和领导团队提供咨询服务，帮助企业设计高效的组织架构、培养有潜力的管理者、筹划领导层接替，同时协助核心领导人履行新职责。作为管理领域的顾问，她有效帮助领导者更深刻考量自身的领导和管理方式，从而最大限度地提升影响。

Susan 在家族事务方面也有丰富的咨询经验。通过加强沟通、完善决策机制、培育下一代领导者及慈善事业，她帮助家族实现更积极的影响。Susan 是《The Cycle of the Gift》《The Voice of the Rising Generation》及《Complete Family Wealth》的联合作者，三本书均由彭博出版社发行。

Susan 还是 John Hancock 金融服务公司的高级心理学家、富国银行的高级副总裁以及西北大学的教授和项目主任。

Susan 拥有西北大学心理学的博士学位、西蒙学院社会学的学士学位，是家族兴盛协会的成员。

第 46 章　如何寻找值得信赖的顾问？

Philip Marcovici

顾问基本都是必要的。但很重要的是，拥有财富的家族需要了解顾问的作用，并以正确的方式管理好顾问。寻找合适的顾问需要家族了解自己需要什么、想要怎样的顾问，一个高效的顾问总是把客户的利益放在首位并且真正让自己成为一个值得信赖的人。

让顾问"绑架"继承过程是很危险的，但在当今复杂的世界，将重要事务放手给专家来完成似乎是很普遍的做法，毕竟财富是家族的财富——不是顾问的财富——但很多时候顾问会成为家族财富的看门人，用不属于自己的财富为自己谋利益。

律师和会计师

法律、税收和会计学科前沿日趋复杂多变，任何一个财富所有者几乎不可能在这些领域自主航行，而不需要合适顾问的协助。

核心的第一步是寻找到合适的顾问，这其中一个很大陷阱是去依靠那些不承认自己有所不能的律师或会计师。一个很普遍的情况是，一些财富所有者去寻求商业律师或会计师在资产继承和资产保护计划方面的协助，但最终发现这些顾问并不具备胜任的经验和知识，一个能力很强的商业律师可能并没有处理一份遗嘱和一份信托的经验和知识，但他会介入其中，最终将事情搞得一团糟，而一个好的、靠得住的顾问会很清楚地了解他们在哪些方面需要协作，对于家族最有益的长期律师或会计师应当是始终跟进，并且有效联合其他能真正实现家族所需的专家。

就我个人经验，在使用一名律师或会计师时，我会先确保使用了恰当的人——我会去了解这名律师或会计师是否具备我需要帮助的领域的经验和知识。

私人银行和信托公司

私人银行和财富管理是一项大规模的、全球性的业务，私人银行基本上都是从帮助顾客管理流动资产中获利，如按照所管理资产的一定比例收费（AUM）。

对于财富所有者来说，一定要严格审核银行的收费方式，在你的财富规模足以让你有议价权时，应当考虑给出自己的条件，并且要求顾问按照对家族有益的方式行事，而非直接签署银行摆在你面前的标准化文本。即使财富规模不足以向银行提出自己的条件，我的建议是写出你真正需要的服务，并且明确说明你的期望是什么。

当然，财富管理远不止是一家高效的私人银行所能够和应当提供的资产管理服务，财富所有家族需要一个值得信任的顾问，其不但可以驾驭流动资产管理，还可以辅助家族感兴趣的其他任何领域。可能在家族的版图中还会有一个家族企业，那么资产保护、继承计划、税负最小化等也一定会是家族感兴趣的议题，但如果私人银行只专注于AUM上，他真能满足家族其他领域的需求吗？

私人银行真正需要的客户是一名可信赖的家族顾问，并且保持双方的关系稳固，避免在当前行业现状下因职员的不断轮换家族需重新训练公关经理。

财富所有者需要了解行业真正的运作方式，认识到私人银行可能无法兼顾自身与客户的利益，但还是有一些能把事情做好的私人银行和信托公司，想要找到他们，财富所有者需要先了解自己想要寻找的是什么，并且正确地提问。

独立的资产管理人、家族办公室和家族企业顾问

私人银行的不足推动了独立资产管理人（IAMs）和多家族、单一家族办公室及其他同等功能载体的诞生，滥用定价、公关经理频繁变动、专注点偏离以及劣质服务促使众多家庭摒弃私人银行，转向能为其填补私人银行服务缺陷的个人。

我相信，无论单一家族或多家族办公室都是因财富管理行业无法满足家族的实际需求而产生。

定义家族办公室并不简单，因为存在多种互不重叠的家族办公室形态。如今，私人银行、法律事务所、会计师事务所、信托公司和其他市场化的家族办公室服务机构的存在，更进一步模糊了家族办公室的定义。

事实上，每个拥有财富的家族都有一个家族办公室，不管你是否意识到它的存在，且每个家族办公室都不一样，每个家族中都会有一个人发挥着与典型家族办公室一样的作用。拥有家族企业的家族可能还会有一个首席财务官，或者说一个掌管企业账簿的人，他同时会负责个人投资事务，可能还会同资产管理人一样为房地产投资提供资金，管理家族拥有的私人资产，在现实中，这个人就是家族办公室，只是其功能可能并没有以最有利于家族的形式发挥，而这取决于如何定位其作用。

较为正式的家族办公室形式是家族创设的单一家族办公室，其运作均围绕家族展开，当然，家族办公室没有一个模板，也无法定义哪种形式最佳。即将退休的家族企业的高级会计师可能会被任命为家族办公室的负责人，负责协调外部顾问为家族的资产管理、继承和资产保护事务提供支持，这是简化的家族办公室的雏形，即由一个人来协调相关各方。

对大多数家族来说，建立和运作单一家族办公室的成本催生了多家族办公室，这类家族办公室不仅为单一家庭提供服务，而是面向众多家庭。

在寻找能帮助家族建立合适治理框架如制定家族规章和章程的家族企业顾问时，财富所有者同样面临选择，理想情况是找到一个能协调整个家族顾问团队的人，这个人能帮助财富所有者真正践行已确定下来的框架，联合律师及其他专业人士共同起草持股协议、信托、合伙和其他对家族及家族资产、企业至关重要的法律协议。

利益冲突——每个人都有

典型的私人银行存在利益冲突较严重的情形，而这个行业目前面临的挑战之一是越来越多的客户意识到了这些利益冲突。如果我在私人银行开立一个账户，那么他们不但可以从管理我的资金中获利，还会引导我去投资一些产品，并从中获取收益，这可能是银行自身的产品，银行可以增加手续费收入，也可能是第三方的产品，银行可以得到诸如返还费等其他形式的收益。交易可以令银行增收，但也会"搅浑"你的账户。如果你倚仗私人银行旗下的信托公司，其是否也会依托银行开展 AUM，以提高整体收益呢？对于有些银行来说，信托团队甚至只是一个成本消耗中心，存在的目的是为银行拓展 AUM 业务。

如果我转向 IAM 或者独立的信托公司，或是独立的律师或会计师，我能否就免受利益冲突？在我看来，答案总是否定的，任何人都面临一定形式的利益冲突，对于财富所有者而言，最好的办法是接受这一现实，认识到利益冲突的存在，进而管理它。

即便真正了解顾问如何运作后，财富所有者及其家族也别无选择，财富所有者需要他们——但也需要管理他们、监督他们，确保得到了所支付的对等服务，并且事先清楚支付的项目和原因。

对于顾问而言，成为一名可信赖的家族顾问的核心要义是了解客户的真正需求，兼顾自身和客户的利益，一名可信赖顾问不是某类以市场表现为评价标准的专业人士，也不是商品，而是一个珍视坦诚并且将客户利益置于心中的人。[①]

供进一步思考的问题

1. 我们的家族是否了解家族顾问的薪酬水平及构成？这一薪酬协议是否考虑到了对利益冲突的管理？

2. 谁有权力替换家族事务的保护人、监护人、执行人和其他被任命人员？是否建立起了一个安全高效的框架来实施长期治理，是否存在家族的信誉或其他部分被任何个人"绑架"的风险？

3. 我们的家族是否有适合的顾问资源，可供考察我们认为必需的所有因素？好顾问的品质之一是勇于承认自己的短板，在一个复杂的世界里没有一个人能掌握所有问题的答案。我们是否有这样一个顾问，他知道该问什么问题，并且能帮我们找到能给出恰当答案的各行专家？

---

① 本文从 Philip Marcovici 的著作 The Destructive Power of Family Wealth（Hoboken，NJ：Wiley，2016）中做了适当摘录。

【扩展阅读】

Philip Marcovici, *The Destructive Power of Family Wealth*: *A Guide to Succession Planning*, *Asset Protection*, *Taxation and Wealth Management* (Chichester, UK: Wiley, 2016).

【作者简介】

退休前，Philip Marcovici 长期为政府、金融机构和全球各地的富豪家族提供税收、财富管理及其他领域的法律和咨询服务。目前，他是财富管理行业以及家族继承和慈善行业多个机构的理事会成员，也是新加坡管理学院和南洋理工大学的兼职教员，积极投入税收、财富管理和家族治理领域的教学工作。他还是香港科技大学陈江和亚洲家族企业和创业研究中心顾问委员会的成员，同时是剑桥贾奇商学院"负责任企业和财富所有者"执行教育项目的创立顾问，他的个人网站是www. marcoviciasia. com。

第 47 章　如何避免下一个 Bernie Madoff?

Stephen Horan 和 Robert Dannhauser

成为一名高效的财富管家意味着你要承担很多重要的责任和托付，但这一角色的复杂性远超一个人的能力范围，你不可能凭一己之力完成它，也不可能在资本市场、投资管理、税收、地产规划、慈善、企业管理、家庭动力学和构成成功财富管理的其他领域都具备充分的专业知识，你的任务是组建并且管理一个能实现你目标的专业团队。

谁值得信任？

所有的专家都会贡献自己相对无形的人力资本，这是你面对的机会和挑战，鉴于你不可能像踢轮胎一样去确认其质量及合适度，你就需要其他方面的标准来确保你选择了正确的顾问团队。聪明、技术精湛、有道德、忠诚的人是你要找的，依靠手头有的信息和直觉做出你所能做的最佳选择，然后相信这个团队能够在所有事务中都将你的利益牢记于心。

Bernie Madoff 毁了众多家庭领袖心中的形象，正如广为人知的，Madoff 利用其在社会和职业上的地位，践踏了成千上万投资者对他的信任，造成了数十亿美元的损失，尽管事后看来很多红色预警信号实际已经很清晰，但不难以理解那些家族掌门人将 Madoff 视为行业领导者、视为特定社会阶层的标志性人物甚至视为一个朋友。过度信任 Bernie Madoff 是个错误，面对这些损失的金钱和受创的生活，有五个重要教训需要吸取。

管家是一项技术活

友谊或者交往时的轻松不能替代对于顾问在投资和其他技术问题上做出职业判断的要求，该顾问是否对于开展的工作有一套哲学逻辑，并且这一逻辑保持稳定？同样，其行为和工作成效是否有持续的指引？该顾问及其雇佣是否在变化的时代坚持学习？

对于这些问题的探寻让你更清楚地判断你的顾问是否将聪明才智视为职业的必要条件而不仅仅是轻浮的天才，是否会坚持高标准的工作，这一判断结果的取得不应是受满口行话或术语的蛊惑，要警惕那些不能用你能理解的语言表达自己的顾问。

相信你的直觉

尽管听起来和第一个教训——不要以喜好评价一个顾问有所冲突，但如果你直觉认为这个顾问不能胜任，那么不应当忽略这种直觉。随着对你和你家族的状况有更深入了解后，好的顾问通常都会发展为挚友，但如果你意识到所相处的是一个有问题的顾问，就很难有这样的演变。更重要的一点是，如果你察觉到了一个人品格上的问题，那么可能预示着未来还会有更大的麻烦。

要建立一个高效的工作关系，你需要在社交能力和专业技能——如 CFA 上对顾问都有所要求，不要心血来潮对一些非凡的天才放低条件，在顾问行业有很多聪明的人，错过一个或两个并不会给你的家族带来多少不利影响。

坚持遵循战略

在管理家族资产时你需要采取一个战略性的方法。制定一份可与家族成员、顾问和其他相关利益方共享的投资政策说明是一个途径，在说明中列示你的投资目标、容忍度、问责安排和投资管理过程。起草这样一份说明可能较具挑战性，它需要给定一些假设条件，并且对投资决策建立战略性视角。

但是制定一份投资政策说明（IPS）可以避免在市场低迷时因情绪上升导致战略目标出现偏离，IPS 还可以体现投资治理的制衡机制，避免出现 Madoff 所利用的漏洞，可以白纸黑字向顾问指明目标、约束，便于其及时纠偏不当操作。CFA 协会网站上提供了一个关于 IPS 的要素框架，可供个人或机构起草 IPS 时做参考（http://www.cfainstitute.org/en/advocay/policy-positions/elements-of-an-investment-policy-statement-for-individual-investors）。

信任但需检验

正如前美国总统罗纳德·里根引用的俄罗斯谚语"信任但需检验"，决定信任一名顾问后，你仍应当警觉、持续地关注一些能证明决定对错的信号，暂时撇开投资政策说明中的职责是得到账户状况客观汇报的一个重要途径。但密切关注投资结果是另一个问题：CFA 协会有一个完整的计算和解读投资结果的职业项目（注册投资结果管理资格证书（CIPM）），你可以先掌握一些要领，如关注那些与市场走势不符的投资结果，或是在长时间里异常稳定的结果，或是顾问无法做出令你信服解释的结果。注意，并不是总要有好的投资结果——每种投资策略都有自己的周期性，即便你期望长期有最佳表现，但几个月甚至几年内的短期结果可能并不令人满意，投资结果的计算和报告应遵循行业标准（全球投资表现标准 - GIPS）。你应当学会把投资组合的收益拆解来看，如哪些归因于市场和行业因素，哪些得益于证券的选择，还有哪些与顾问的投资策略相关，如果你发现投资组合的收益与你测算的广义收益差异较大，记下来。

做一个好客户

投资政策说明有助于明确顾问的责任，这是重要的第一步。尽管你可以（也应当）对投资收益有所要求，但你也应当对收益的大小以及取得收益的时间持现实态度，应当尽早与顾问沟通，以检验你对这些问题的假设。要承认自己有所不能，在你不理解的时候坦诚告诉顾问，他们理应以你能理解的语言给予清晰、考虑周全的解释。不要害怕会因一些你认为幼稚或事先没有准备的问题而尴尬，足够自信地询问顾问他们所遵从的职业行为准则是什么。

好的顾问会感激你的参与以及对他们工作的肯定，虽然对其职责的微观管理不能满足所有人的利益，但对其战略以及战略实施过程中的主要挑战和机遇有清晰了解是至关重要的。即使是最好的顾问，可能有时也会被你的问题问倒，财富管理的博大范畴和复杂程度超出了任何一个顾问的知识界限，你应当完全接受"我不知道"这样的答复，只要后续对方能采取必要的行动去寻找答案。

Madoff是恶劣的，他篡改了记录，欺骗了客户，其造成的伤害是尤为痛苦的，因为众多家族选择依靠一个他们认为可信任的人甚至是"他们中的一员"。你的顾问有知识和才能帮你实现家族目标，你同样也应有能力做一个积极的对手方，去最优化你的顾问关系，规避可能出现的欺骗，最重要的一个教训也许是掌管财富需要的不只是信任。

供进一步思考的问题

1. 你家族的财富治理机制是否对与顾问互动的频率和质量有所要求，以便更好判断其职责是否恰当履行？

2. 除了合同协议外，是否有其他的机制或文本可供顾问参考，以便其能更好地遵照你的目标、约束和偏好开展工作？

3. 你最后一次听到顾问做一些你不理解的阐述是什么时候？如果你做出了一些异样的回应，你的顾问会有何反应？

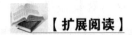

【扩展阅读】

Ron Rimkus, *Bernard L. Madoff Investment Securities*, CFA Institute Econ Crises, 2017, https：//www. econcrises. org/2017/04/20/bernard-l-madoff-investment-securities-2008-2009.

CFA Institute, "CIPM Course of Study," https：//www. cfainstitute. org/programs/cipm/courseofstudy/Pages/index. aspx.

CFA Institute, *CIPS Standards*, 2010, https：//www. cfainstitute. org/eb/ethics/codes/about-gips-standards.

CFA Institute, "Elements of an Investment Policy Statement for Individual Investors," https：//www. cfainstitute. org/eb/advocacy/policy-positions/elements-of-an-investment-policy-statement-for-individual-investors.

CFA Institute, "Elements of an Investment Policy Statement for Institutional Investors," https：//www. chaistitute. org/en/advocacy/policy-positions/elements-of-an-investment-policy-statement-for-institutional-investors.

CFA Institute, "The Portfolio Management Process and the Investment Policy Statement（2018），" https：//www. cfainstituteHorg/en/membership/profess-ional-development/refresher-readings/2018/the-portfolio-management-process-and-the-investment-policy-statement.

【作者简介】

Stephen Horan 是 CFA 协会教育项目的发起人之一，包括全球知名的 CFA 项目及其出版物。

他是多本著作的作者和联合作者，包括《The New Wealth Management：A Financial Advisers Guide to Managing and Investing Client Assets》《Forbes/CFA Institute Investment Course》，还是《Private Wealth：Wealth Management in Practice》的编辑，他在多本前沿杂志上发表过文章，如

Financial Analysts Journal, Harvard Business Review Latin America, Journal of Financial Research, Journal of Wealth Management, Financial Services Review。他的研究得到诸多肯定，包括 2012 年格林翰和多德读者选择奖。

他的获奖研究刊登于领先的行业出版物，包括 CFA Digest 和 Barron's，以及广受欢迎的出版物，包括 Chicago Tribune 和 Baltimore Sun。他经常作为金融时报的专栏作家，并且常常被媒体所引用，包括华尔街日报、纽约时报、CNBC、Investment News 和 Money Magazine。

Stephen 目前是 Journal of Wealth Management 和 Financial Services Review 的编辑委员会成员。

Stephen 拥有纽约州立大学布法罗分校金融学博士学位，以及圣·博纳文图大学金融学的学士学位。

Robert Dannhauser 是 CFA 协会私人财富管理项目的负责人。此前，他是协会全球资本市场政策团队和实践标准团队的负责人，在 2007 年加入 CFA 协会之前，他在顶尖投资管理机构负责销售、客户管理和营销等事务。

Robert 拥有 CFA 证书，取得了金融风险经理人（FRM）和注册投资分析师的资格认证，拥有佐治亚华盛顿大学政治科学的学士学位、康奈尔大学约翰管理研究院金融学的 MBA 学位以及罗格斯大学健康政策学的 MPH 学位。

第 48 章　你应当选择单一家族办公室 还是多家族办公室？

Kirby Rosplock

一个家族在选择是建立自己的家族办公室（单一家族办公室 SFO）还是从多家族办公室（MFO）购买相关服务时，应遵循什么样的标准呢？本章将探讨这两种不同方式，比较在建立程序、提供的服务、成本、模式、优势上的异同。

什么是 SFO、MFO，有何差异？分别提供什么服务？

财富管理行业通常将家族办公室定义为专门服务于富有个人或家族的组织，提供金融、财产、税收、投资、财务、会计等方面以及满足家族内部需要的一系列服务。而我认为家族办公室的范畴可以更广，它是一家特殊的家族企业，旨在为家族提供定制化的、综合性的财富管理解决方案，同时促进家族地位和价值观的巩固和提升。

家族办公室能提供一个架构，以帮助家族维护四种资本：（1）商业，（2）财务，（3）家族，（4）社会影响和慈善。家族办公室还是一家特殊的家族企业，为家族提供全面、定制化的财富管理方案，并且提升和维护家族的地位及价值观。

一个家族或一家企业为什么要设立家族办公室？通常的目的是积累家族资本；组织、简化、向家族成员分配财富管理服务；牵头家族企业、财富移交计划，确保连续性；在不同世代间促进财富保值增值；管理风险、隐私性和安全性；维护家族价值观，强化家族凝聚力。还有一些特定的需求，包括但不限于财务计划、税收计划、收入保护、生活规划、退休计划、财产规划、投资计划和资本计划。

但是，想要成立家族办公室的家族应该了解，家族办公室就像一家企业一样，需要从最基础起步，并且应当存续一段时间，它需要正式的商业计划、法律架构、目标说明、战略计划、组织架构以及相关的管理和人力资源。

SFO 为满足家族的特定需求而设，因此众多服务可以在"家里"提供，也由此，家族可以享有高层级的管控、定制化和专一的服务、隐私，以及本家族优先的导向性。资产超过 2.5 亿美元的家族通常都需要建立一个 SFO，一些资产较少的家族也会选择建立办公室，但更像一个协调机构，其可能仅需要一本账簿或一名会计就可以运作，因此可以完全掌控其日常开支[1]，表 48.1 列出了成立 SFO 的 SWOT 分析（优势、劣势、机会、挑战）。

表 48.1　　　　　　　　单一家族办公室 SWOT 分析

优势	劣势
可掌控性	吸引/留住人才
定制化的、专一的服务	成本控制
保护隐私和匿名性	产品/服务的获得性
协同和完整性	运作效率
没有其他 SFO 的竞争	服务层级不足
耐心资本	维护家族连续性
财富保值增值	战略计划的紧迫性
家族优先	
机遇	挑战
开放的结构	管理的范围
共同投资	控制成本
一流服务	薪酬挑战
协作性	代际运算
分担/流水线的成本	家族冲突
同行交流	继承计划
SFO 最佳实践信息/研究	让全家族参与

资料来源：Kirby Rosplock, The Complete Family Office Handbook（纽约：彭博社，2014）。

---

[1] Thomas J. Handler, "Twenty-first Century Family Office Structures"，由家族办公室协会提供，2017。

相较之下，MFO 是一家商业企业，它能充分利用所管理资产的规模优势，并吸收来自互不关联家庭的意见，根据客户需求提供比一般零售私人银行、财富管理或中介机构更广泛的服务，这些服务可能包括投资管理和监控、经理人选择、尽职调查、风险管理、合并报告、家族教育、家族治理、资本充足性分析、礼宾服务、账单支付、税收和其他法律咨询服务。MFO 面向多个不关联家族，有一个研究发现，每个 MFO 平均向 83 个客户提供服务，每个客户净资产在 5 000 万美元左右[①]。通过将不同家族的资产进行集合运作，MFO 客户可以获得规模效益，得到更全面、综合的服务，相比创建自己的家族办公室也更有机会接触到高层次的专业人士。

但规模更大的 MFO 也有缺点，包括更明显的官僚主义、缺乏个性化可为客户量身定制的服务，因为制度化的服务会更加严格，无法根据实际需求灵活调整，表 48.2 提供了 MFO 的 SWOT 分析。

表 48.2　　　　　　　　　　多家族办公室 SWOT 分析

优势	劣势
规模 综合性服务 流水线和高效 完整 资源广阔 高层次人才和低流失率 中心化的数据管理	客户/顾问众多 制度化的服务 产品/服务的可获得性 团队智慧 个性化服务 官僚主义
机遇	挑战
付出多得到少 学习曲线 开放式结构 一站式服务 特定服务的成本分担 投资经理、产品和研究的可获得性 思想引领和创新	大而不能倒 保持密切关系 过度承诺 人才流失和更迭 所有权和领导权的整合 企业文化

资料来源：Kirby Rosplock, The Complete Family Office Handbook（纽约：彭博社，2014）。

---

① Family Office Exchange, "2012 FOX Multi-Family Office and Wealth Advisor Benchmarking Study," 芝加哥伊利诺伊州，2012。

建立 SFO：动因是什么？耗费多少？

建立一个 SFO 工程浩大，可能会持续几个月甚至几年时间，具体取决于家族、企业和流动性方面的考虑。SFO 的创立通常由一些触发事件推动，包括出售一家公司、退出大额和流动性差的持仓如出售房地产项目、家族领导人过世或其他无法胜任原因、家族资产所有权的代际交接等。大多数家族或企业一开始都用倚仗顾问团队或已有企业中的管理人员来完成家族办公室的设立事务，但是依靠一个非正式的运作模式可能导致利益冲突，在主要职员离职或者在一个更大的商业架构里承担过多职责也会带来一些问题。

设立一个正式的 SFO 需要做好一系列规划，包括适当的业务范围、设计、雏形、测试以及启动，通常家族办公室的顾问在这过程中会提供专业引导、建议，采取最佳实践以确保结果符合家族需求。一项研究表明，运作一个 SFO 平均耗费家族管理资产的 64 个基点也就是 0.64%，这些固定费用通常包括职工工资和福利、办公室运营成本、内部投资管理成本、内部监管成本、信息沟通成本和科技成本[1]，在测算整个家族财富管理的费用时，外部投资和顾问的咨询成本也应当量化纳入考虑。

MFO 服务选择：谁来决定加入 MFO，成本多少，谁是 MFO 的典型客户？

选择成为 MFO 的客户在近 25 年成为主流，目前有诸多不同类型的 MFO，从专司投资管理的"外部首席投资官（CIOs），到实质未提供投资服务功能的专业化服务平台，如律师事务所、会计师事务所和介于两者间的机构，如有一些原先提供会计服务的 MFO，现在主要服务领域扩展到了会计、账单支付、税收管理和生活规划。

---

[1]　The Cost of Complexity, Understanding Family Office Costs, Expanding to Include Investment Cost Data, Family Office Exchange, 2011.

但是，绝大多数 MFO 还是同时提供投资管理和其他全面服务的全能机构。MFO 的典型客户是净资产在 1 500 万至 5 亿美元的个人，其需要 MFO 为其管理小至 1 000 万美元大至其所有可投资净资产的银行账户。MFO 客户往往希望独立于财富运作，倾向于授权专家或者一个 MFO 财富顾问团队管理其投资及其相关事务，尤其是在一个家族的财富所有者面临代际交接且无明确的家族领导者或运营者来管理家族财富时，MFO 会是一个珍贵的合作者。有些 MFO 管理的账户金额可小到 500 万至 1 000 万美元，但其受托财产越多，其所提供的定价就越优。其他 MFO 管理的账户资金最低门槛是 2 500 万到 5 000 万美元，这些 MFO 只愿意服务于大额客户，以溢价为其提供更广泛全面的服务。不涉足资产管理的专业服务公司可提供按小时计费的服务、基于费用的服务或者基于项目的服务。再次强调，在选择 MFO 服务提供商时，很重要的一点是要综合评估其服务与费用结构。

一个案例①

班宁顿家族是一个企业家族，已进入三四代，有三个主要的家族分支，超过 60 个家族成员，家族的财富和商业史可追溯至 20 世纪初，家族兄弟从草根起步，建立起了一个有望发展成为拥有众多子公司和信托基金的大型复合型家族企业。

从 20 世纪 90 年代后期以来，家族第二代领导人的过世促使家族成员思考集体式家族企业的长期可存续性和流动性问题。20 世纪初，家族决定从几个核心的家族控股项目中退出，包括房地产、农业及其他领域，这一举措给家族带来了丰裕的流动资金，也引发了对更审慎的财富管理、更综合全面的税收规划和状态考虑、更广泛的多代家族成员教育、规划和预备的更迫切需求，班宁顿家族处在了十字路口。

---

① 这是一个真实的家族办公室案例，但出于保护家族隐私的考虑隐去了相关名称，并且增加了一些虚构数据，以模糊其真实身份。

虽然家族对外而言仍是一个"闭环"，通过对几家超过百年尚在运营的公司的共同所有权紧密相连，但家族意识到了在涉及财富、财产规划、慈善和投资计划时，不同家族分支有着不同的需求。

其中一个家庭，在此我们称之为分支 A，决定将资金再投资于一些直接投资项目，如商务大楼、房地产合伙、制药，等等，他们有较激进的投资策略，并且想深度介入投资管理中。此外，他们有指定的家庭成员在家庭中担任领导角色，在评估了几个 MFO、进行了一些商业项目分析、了解了家族办公室的边界后，他们决定建立自己的 SFO。

分支 B 的财富分布及商业所有权较分散，并且他们意识到每个子家庭有不同的生活方式、投资目标和风险偏好，他们考虑了加入分支 A 的 SFO 的可能性，但发现其投资策略、提供的服务与本分支的需求以及遗产目标不相匹配。

分支 B 对家族办公室做了一个与 A 相似的评估，认为其家族成员没有足够的协同性来建立自己的家族办公室，最后，其从不同的 MFO 中选择了契合自身需求的服务提供商。分支 B 中的一些子家庭还决定将各自资金汇集起来运用，以增加资金规模获得更大的议价权和更多服务。同时，MFO 的伞形架构可以确保每个子家庭的事务得到独立管理，从而在不同子家庭间隔离隐私。

分支 C 采取了与分支 A 和 B 略不同的策略，他们选择了一家类似 MFO 但专职于会计事务的服务提供商，其得到了合并报告服务、信托会计服务、纳税准备和管理、税收规划、报告服务，并与财务、投资、信托顾问保持协作。分支 C 在财富管理上的策略较为传统和保守，选择将财富的大部分交由家族世代服务的遗产管理机构托管，这些机构可以弥补上述 MFO 在财务和银行服务之外未能提供的非投资相关服务，也帮助强化了家族的纽带。

最终，每个家族分支根据自己的需求找到了最合适的解决之道，其中的核心经验是应当明确财富管理的长期目标、投资的哲学以及风险偏好，要了解建立 SFO 在可掌控性和隐私保护方面的代价，并与 MFO 平台所能提供的规模效应、聚集性、完整性进行权衡。

最后，他们看到了什么能在家族的多个世代间带来最大程度的和谐和凝聚力，意识到了给予家族成员自主权去选择合适的财富管理方案——无论是 SFO、MFO 还是这两类的变异形式——能更好巩固家族关系和信任，而不是让家族成员受制于并不一致的目标、需求和长期价值观之下。

结论

终究在家族办公室的选择上没有正确、错误之分，尽管每种形式都有利弊，你应当去真正了解家族的需求和期望，找到最合适的方案。

供进一步思考的问题

1. 你认为你的家族有能力和实力去很好运作一家家族办公室吗？家族成员中是否有人有兴趣、技能和经验去承担领导者的角色？

2. 你在多大程度上在意掌控力、隐私以及定制化服务这些事务？你是否愿意为这些事务多支付成本？

3. 你的家族关系有多和谐？建立一个 SFO 是会引发利益冲突还是会强化凝聚力和延续性？

4. 你的家族对于费用或者价格的敏感度如何？家族的几代是否都可以接受建立和运营一个家族办公室的成本？

5. 你认为一个 MFO 平台能提供哪些更广泛的服务、更完整的财富管理、投资建议，以及/或者如何确保家族的延续性？

【扩展阅读】

Kirby Rosplock, *The Complete Family Office Handbook: A Guide for Affluent Families and the Advisors Who Serve Them* (New York: Bloomberg Press, 2014).

Kirby Rosplock, *The Complete Direct Investing Handbook: A Guide for Family Offices, Qualifived Purchasers, and Accredited Investors* (New York: Bloomberg Press, 2017).

EY Family Office Guide, 2016.

【作者简介】

Kirby Rosplock 博士在家族企业和家族办公室领域是一位享有盛名的顾问、研究员、创新者、导师、作者、引导者和演讲人，是家族办公室咨询公司 Tamarind Partners 的创立者和负责人。

Kirby 在一个拥有家族企业的家族长大，是第四代家族成员、受益人、受托人、理事会成员，也是家族基金会的托管人。近十年时间里，她还是 GenSpring 家族办公室研究发展部门的负责人。

Kirby 在明德学院取得了学士学位，在马凯特大学取得了 MBA 学位，从赛布鲁克大学获得了博士学位，她的毕业论文是 "Women's Interest, Attitudes, and Involvement with their wealth" (2007)。她还是 The Complete Family Office Handbook, A Guide for Affluent Families and the Advisors Who Serve Them (Wiley/Bloomberg, 2014 年 1 月), The Complete Direct Investing Handbook, A Guide for Family Offices, Accredited Investors and Qualified Purchasers (Wiley/Bloomberg, 2017 年 5 月) 的作者。

Kirby 是目的规划研究所（PPI）家族办公室的主任、家族企业研究所（FFI）的研究员和教员，还是 Merton Venture 慈善基金会顾问理事会的成员。

第 49 章　如何选择一个好的受托人？

Hartley Goldstone

持续的指引，加之受托人的友善和同理心改变了我的生活。它帮助我在成年后的低谷时期走出困境。

——一位信托受益人①

十年前我试图解开一个谜题：为什么家族信托通常仅局限于维护家族的金融资产，而无法拓展到维护家族和信任本身。

良好的投资和税收管理技巧诚然是重要的，但同时我的经验是，那些很好使用了信托的家族通常都意识到长期的成功有赖于在信托中创造的个人关系。

沿着这一思路，我想：（1）说明受托人和受益人间的关系对于实现家族更广博的愿景至关重要，如让受益人过上有意义、有成效的生活；（2）为如何选择受托人提供一些指引。

信托文书所不能解决的问题

为解开上述谜题，有必要先了解一个信托文书基本上无法解决的重要问题。

回溯祖父母的时代。多年前，祖父与祖母萌生了一个前景光明的想法，在认真工作、技能卓越、一个有天赋的团队以及运气的加持下，这

---

① 本文中出现的引述从最早出现于 Hartley Goldstone 和 Kathy Wiseman 著作 TrustWorthy-New Angles on Trusts from Beneficiaries and Trustees（Trustscape LLC，2012）中的故事摘录而来。

个想法给他们带来了财富。

祖父母十分爱他们的孙儿，因思考其财富会如何影响孙辈，他们数夜未眠。

祖父母的最大心愿是，财富可以助力孙辈去建立自我认知、接受良好教育，从而追求自己的人生目标。

他们最大的顾虑——令其思绪不安的是，大额财富是否会损毁孙辈的成长，令其生活不愉悦，甚至更糟。

为此，祖父母约见了一名因卓越的财产规划战略闻名的顶尖税务律师，并带回了厚厚一叠致力于解决资产保值增值问题的信托文书，遗憾的是没有一份文书可以回应祖父母对于孙辈的期望和担忧。

可以看出，绝大部分的信托文书都未关注到信托中延续终生的受托人和受益人的关系问题——这是关系到祖父母对其受益孙辈的期望是达成还是破灭的问题，但实际上，就像我们马上要讲到的，受托人是可以解决这个问题的。

你可以考虑采取以下措施：简单记下你的最大期望，以及你对于财富可能给所爱人造成影响的担忧，在你与潜在受托人对话时将此清单带在身边。

好的受托人做的事情远超资产管理

受托人总倾向于将受益关系作为一种法定关系来处理，"我是受托人，你是受益人，我们的'合作共舞'通常会显得机械而尴尬，不妨独立的、有目的地去解决问题就好。"

> 一次会议上一位四十多岁的女士叫住了我，她说，"从大部分标准看我的生活都是成功的，我是常春藤大学的终身教授，有一个出色的丈夫和孩子，我在数个非营利组织担任理事，最近还被任命为家族基金会的主席。我唯一被当成孩子看待的是在与我的受托人会面时，尽管就此我已经妥协了，但我不希望我的孩子们也有这样的经历。"

最好是寻求一个受托人，他能将受托人/受益人关系视为需全心全意维护的人际关系，有此基础，祖父母的最大希望——信托能为其所爱人的生活加分——就比较容易实现。

有个受益人对成年人生活上瘾，其祖父创设的信托基金为其购置了一套公寓以支持他的生活所需，并且为未来几年的娱乐项目提前埋单，他父亲对其行为伤透了脑筋，挫败不已，这令他时而怜悯、时而敌对、时而疏远。但是，受益人、父亲和受托人会定期电话联系，并且不定期召开"危机会议"。慢慢地，这个孩子变得节制，生活逐步恢复活力，父亲和孩子也和好如初，他们与受托人一起畅聊家庭信托如何促进家庭的和谐。

选择一个受托人：需要考虑的问题

选择受托人时通常需考虑好以下问题：

- 你的目标是什么？你想要受托人做什么？
- 你偏好一家机构还是个人？或是二者的结合？
- 地理位置的重要性如何？年龄呢？
- 对信托中特定资产的熟悉程度如何？
- 你在以下几项中会如何排序：投资的知识储备、税收和信托管理的胜任力、与受益人互动的意愿？
- 选择一名家族成员是帮助还是障碍？
- 选择家族的朋友如何？
- 产生受托人成本的因素有哪些？
- 你想要受益人在受托人选择中发表意见吗？

受托人是否会在履行法律和管理职责之外与受益人互动？

若只关注量化结果，受托人不可能与受益人建立一个范式关系——无论结构多好，只有在定性问题上花费足够的时间和精力，才可能创造恒久的关系。

一个八岁的男孩在其祖父逝世后成为受益人，但直到有一天他才知道信托的存在，在此之前多年，受托人都会定期到家里探望孩子，这一简单的行动令两人建立起了毕生友谊。"在我的孩童时代，作为成年人的受托人经常的关心对于培养我们间的关系至关重要。"现在，受益人已过不惑之年，他对于祖父为其精心选择了一位在过去30年时间里成为导师和朋友的受托人满怀感激。

信托受益人尤其是新手，往往会在与受托人互动初期感觉被压制，焦虑、恐惧、困惑是自然的，这也会令受益人充满防御性和对抗性。

面对这种复杂的关系和天然的紧张，受托人该如何处理？唯有通过对话针对性地化解挑战，并且相信每一段信托关系都有向好的巨大潜力。有时，需要深入地倾听，并且提出有价值的问题；有时，需要创造跟信托相关的学习机会；还有些时候，需要和受益人一起做出最佳的决定。受托人需要寻求受益人的意见，并且开诚布公地讨论自己的想法。

受托人是否会将每一个受益人视为不同个体？

信托创设人通常不会意识到许多受托人会将一份信托中的所有受益人一致对待，即便有时是授意于顾问。那些拥有良好信托关系的受益人都有一个共性，即受托人会花时间了解他们的兴趣、梦想和需求，他们愿意倾听，怀有同理心，即使有时不认同受益人。

一位受益人曾经总结道，"我的受托人真正花时间去了解我做的事情以及做事的方法，当问题出现，我们就一起讨论，一同寻找处理问题的最佳途径。很庆幸看到，信托可以支持不同类型的人、投资和努力。"

另一位受托人认为，"即使受益人有一点与众不同，从我的角度讲也不会影响到什么。我可能不总是认同，但这也说明他们不是在被动接受我的观点，我享受给予和反馈的过程。"

你的受托人会积极地履行分配的职责吗？

受托人的分配职责关系到能否与受益人建立起向上的关系，好的受托人总是积极主动的。

受托人有三个使命：管理、投资和分配，分配是被理解得最不到位的一项。

受托人通常会花大致 90% 的时间和精力在管理及投资事务上，仅有 10% 在分配上。

很多情况下，受托人将分配视为一种事后操作，只有在受益人提出资金需求后才会处理，在接收到请求后，受托人便开始行动。

这种被动型的做法会让受益人觉得自己不被理解，而受托人往往会因为害怕出错而过度谨慎。

相比之下，一个主动型的受托人会意识到有必要花费充分的时间和精力去与受益人建立一段牢固的关系。

面对一个资金需求，主动的受托人会询问受益人："你希望利用此资金实现什么？""为什么它对你如此重要？"随后，受托人和受益人会为达成受益人的目标"头脑风暴"，最后——受托人决定是否会同意请求，如果不，是否有其他途径实现受益人的目标——一条可以获得受托人同意的路径？

> 最近一位大学校友希望能在其第一个商业计划上得到帮助，我们的对话涉及信托如何支持她的梦想、她需要做什么来获得资金支持、在回答完这些问题后，她发现此前的设想并不理想，因此她重新回到了绘图板上将商业计划推倒重来。

类似这样的经历有助于建立信任，而这种关系是互相成就的，所以会令所有人获益。

你的受托人是否会尊重信托创设人的意愿？

受托人和受益人的事例无数次告诉我们，了解信托创设人的意图有多重要。受托人即便需严格遵循信托合同，依然认为了解创设人的想法会为其决策提供很有价值的指引。而受益人，了解创设人的意图有助于其理解信托不仅仅为其提供资金来源，更有利于改善其生活。

> 一位受益人曾表示，"正是那些我个人需要知道的信息，让我理解信托这件事是如何以及为什么会发生在我身上的！"

你的受托人是否会将家族利益置于首位？

在现代社会，商业受托人需要面对各种各样的要求，有些是机构性的（如风险管理、盈利、新客户），还有一些是私人的（如职业晋升、增加报酬、地位），家族成员都有各自的偏好。然而，只要你成为受托人就应当摒弃个人的倾向。

> 受益人 James 拥有两个共同受托人：一个是其家族成员，另一个是信托公司。
>
> James 与其家族受托人有着一段久远的不友好的历史，在30多岁时，James 生活在巴黎，根据其家族受托人的说法，他经常变着法子从信托基金索取金钱。
>
> James 知道受托人不喜欢也不信任自己，因此当 James 试图向其提出资金需求以完成 Sorbonne 大学的研究生学业从而得以成为老师时，该受托人无法预料到 James 已经改变了。
>
> 他当时的反应是："绝对不可能！我们怎么知道他将这笔钱真正花在了学业上？"
>
> 然而，信托公司的员工有着不同的看法："因为我不像其家族受托人那么了解 James，我和 James 之间没有过不友好的回忆，在仔细考量了我所认识的 James 后，我相信他在这件事情上是认真的。"
>
> 这名受托人和 James 共同制订了一项计划，包括要求 James 进行报告的条款，随后受托人进行了支付。James 回到学校，认真对待教育事业，变成了另一个人。

你的家族是否可以说，"在过去 30 年共事的时间里，从未怀疑受托人是在为了家族的利益行事，即便是由信托公司付给他报酬？"

最后的发问

如果上述五个问题，你的答案都是肯定的。那么……

对于信托创设人有什么不一样？对于受益人呢？对于家族的下一代呢？

供进一步思考的问题

1. 你对于目前的信托体系有什么担忧？如果有，你想要改变什么？
2. 你理想的受托人是谁？什么样的？为什么？
3. 你能做什么来让现实慢慢接近理想？

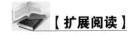【扩展阅读】

Hartley Goldstone and Kathy Wiseman, *TrustWorthy：New Angles on Trusts from Beneficiaries and Trustees：A Positive Story Project Showcasing Beneficiaries and Trustees*（Trustscape LLC，2012）.

Hartley Goldstone, Jamen Hughes, and Keith Whitaker, *Family Trusts – A Guide for Beneficiaries, Trustees, Trust Protectors, and Trust Creators*（Hoboken, NJ：Wiley, 2016）.

【作者简介】

Hartley Goldstone 是一位法律博士，长期服务于作为受托人和成年受益人的执行导师和顾问，指导过很多客户如何发挥核心作用，并且深化对信托关系和相关职责的理解。这些人目前都很好地运作了信托。

客户雇佣 Hartley 帮助其建立新视角和行为方式，从中其学习到了实用的技能，收获了自信，从而能积极地为代际财富传递的长期成功作出贡献。

Hartley 提供的私密、客户定制化的课程，可通过电话、视频会议形式一对一开展，因此没有地域的限制。

第九部分　面向未来

棒球界的哲学家 Yogi Berra 很好地描述过："很难去做预测，尤其是关于未来。"

这个世界的瞬息万变是不可避免的，有一些变化对我们有利，有些则是有害的，每个家庭都会思考他们将如何应对、需要拥抱什么、应当如何调整、如何让自身做足准备。

回答这些问题没有捷径，思考未来时一个很好的出发点是牢记家族的核心价值观，有必要回到这本书第一部分中提出的问题——思考什么是最重要的——来提醒自己那些无论未来如何变化都有助于保持稳定和持续性的基本信念及原则。

但对于富有家族来说，同样很重要的是要关注那些可能影响他们的全球趋势，以及家族和所在社区内部一些潜在的变化，本部分的作者将为这些议题提供一些有趣的启发。

James Hughes 以他的长期经验和独特视角回答了"未来对于拥有大额财富的家族而言意味着什么"，他看到了一些可能即刻要到来的变化，包括家族对于自身的定义、家族领袖的更换、女性领袖和女性财富所有人的必要性。他还探讨了中国对于所有人、所有事的影响，以及将大部分家族资产进行信托管理的意义。

对于"如何规划自己的道路，无论别人认为你应该做的是什么"这个问题，Fernando del Pino 以一个继承人和财富所有者的角度给出了自己的回答。他探讨了很多敏感的议题，包括父母的偏袒、顾问的不安全因素、所有者日益模糊的地位以及财富带来的负担和责任，他还为创始人及其继承人提供了关乎未来的理智建议。

James Grubman 同样对富裕家族如何面对未来的诸多挑战提供了他的建议，包括在同代人及不同辈之间，以及如何在一个快速变化的世界保持稳定和韧性，以一个灵活调整的态度迎接挑战是决定家族能否保持长期和谐繁荣的最主要因素。

最后，我们在经 IMF 前总裁克里斯蒂娜·拉加德许可后，以其在 2015 年的一个演讲压缩版结束本部分的讨论。在这个题为"让小船扬帆起航"的演讲中，拉加德女士认为目前（和未来）全球面临的一个核心问题是经济不平等——以及由此引发的不稳定和失衡问题。对于全球富裕家族，这是一个无限繁荣的时代，但还有一部分人（其他国家和本地的）会感觉被发展浪潮甩在身后，他们认为整个系统是被操纵的、不公平的。拉加德女士以其独特视角，引发政策制定者和富裕、权势家族去思考如何让"小船"扬帆起航——即提升中下阶层的生活水平和经济抱负，从而造福所有人。这是一个引人深思的问题。

无疑，在商业和投资领域，最危险的一句话是"时代不同了"，面对未来意味着认清现在和过去。换言之，环境变了，策略也要跟着变化——即便目标是维持现状。从这一角度看，拥有长远目光的家族甚至和那些小国家一样，正如中世纪政治哲学家所言，"第二任立法者在制定法律时应区别于前任——即便他想要做相同的事。"传统本身源于也依赖创新。

第 50 章　未来对于拥有大额财富的家族而言意味着什么？

James Hughes

　　我认为大额财富家族应当关注的一个未来趋势是家庭形式的变化。在发达国家，几乎所有家族都越来越倾向于将自己定义为拥有密切关系的集体，而非仅仅因血缘组建的家庭。当然，所有家庭都由两个拥有不同姓名的人起源，家庭的众多新定义都是在此基础上演变而来，丈夫/妻子仍是诸多选择中的一种。

　　如果他们想在家族中正视那些新出现的社会和文化方面的现实，包容是家族必须选择的道路，以包容的方式思考、以现实的方式实践会给家族潜在的下一代带来积极的吸引力，这种思考和实践可以为其创造个人自由和成长的空间，引导其加入家族的旅程，从而令家族长盛不衰。

　　另一个考虑是，家族越来越需要发展成学习型组织以保持成功，甚至是在家族中引入首席学习官（CLOs）。教育是一个教诲的过程，在这个无形资产取代有形资产成为财富基础的强大经济体中，只有学习才能直面挑战，无形资产体现在人力、智力和精神资本中，最终融合为优秀的社会资本，帮助家族在应对未来的挑战中共同决策。

　　所有希望保持昌盛的家族都应当理解和拥抱这个日益强大的经济体及其创新事物，最成功的家族会将其家族办公室和/或职业顾问的职能定位从管理财务损失风险调整为通过定性评估成就每个家族成员、发展和培养每个家族成员的天赋同时弥补其不足。

为此，我看到越来越多的家族像几乎所有成功的营利和非营利组织一样，在家族中引入了 CLOs，这些 CLOs 取代了家族办公室执行官和外部专业人士实质所发挥的首席风险官的作用。CLOs 往往具备最高的专业完备性、高超的情商、高水平的智商，对于家族为何能在至少 100 年里保持资产有充分的理解和经历，对于人和家族体系为何以及如何保持繁荣有深入持久的研究兴趣，他们还需要了解如何帮助家族领导人成长，包括那些在前排引领每只家族船舶驶向繁荣的人，以及那些更重要的在后排确保没有船舶沉没、所有船舶都扬帆起航的人，对于这些 CLOs，只有一个评价标准："是不是家族中的每条船舶都浮起，从而整个家族都浮起？"

第三个我认为对于富裕家族以及全世界都至关重要的趋势是，发达国家正在转变财产分配和控制权的性别配比，包括有形的和无形的财产。

生育控制、教育、就业机会以及家庭定义的转变都促使财产控制权和所有权在性别间的重分配，而由于那些控制财产的人决定了社会的基本道德、价值观和方向，因此社会自身也发生了根本性变化。今天在发达国家，女性基本上与其兄弟平等继承，可以自主控制继承的遗产，甚至在上大学、接受研究生教育的比例上超过男性，在很多家庭，女性的收入超过了兄弟，在世界的很多地方，甚至超过了丈夫。如果能够认识到并且愿意讨论这些在性别和财产分配控制领域出现的新现实，家庭就能保持繁荣。

第四个趋势有关于中国。未来世界中的任何事物都会受中国的影响，14 亿人的觉醒会产生巨大的效应，尤其是当这些人中的绝大部分都接受了教育，并且受到久远、深刻的传统文化的滋养。其中，家族领导人应尤为关注的一个是中国的独生子女政策，该政策导致人口的迅速老龄化，也造成多数家庭只有一个继承人（通常是女性继承人），一个是刚刚开始的大规模的财富代际转移，还有一个是众多独生子女、独生孙子女在深受中国文化和哲学影响的同时被送往西方接受中学、大学和研究生教育，在中国现代和新兴经济、社会、文化发展的任何阶段，这些孩子都将成为中国新的领导阶层。

由此衍生的另一个趋势是家族的逆转，在这个问题上中国最有说服力。目前在发达国家，只有极少数的女性会拥有两个以上的孩子——大部分只有一个，甚至没有如日本，其结果是大部分权贵家族在未来50年会遭遇家族逆转，甚至是所有分支的终结。多数家族规划基于的假设是，当新的孩子出生、有更多张嘴需要喂养时，家族财富需要分散普惠，而家族逆转的趋势或将这些规划全盘推翻。同时，它还会违背多数投资专家所建议的，为满足家族人口增长可能产生的马尔萨斯问题，提高风险偏好以促进财富增长。展望未来，人口学家认为在家族逆转成为主导之时所有理论也均需翻转。

最后一个我认为会影响富裕家族未来的趋势是在英美法系国家，如英国、加拿大、澳大利亚、新西兰和美国，几乎所有家族的第三代都将其财富的90%置于信托管理。我们往往认为通过创设信托可以规避大部分财政风险，但是我们不知道和没被告知的是，80%的信托受益人视信托为负担而非福赐，这并不是因为受益人没有得到应有权利，或者不会感恩，而是由于其意识到了信托对于其个人而言什么都不是。

不幸的是，这些受益人的想法基本是正确的。受托人通常会将90%的时间花在信托管理和投资上，而仅花少之又少的时间（更不用说兴趣）去寻求如何增进受益人的生活，这样的信托有悖核心，往往导致家族的没落。只有越来越多的受益人将信托视为福赐，信托才有未来，CLOs正是致力于践行这一原则的一群人。遵循此原则，信托创设人可以在拟定信托合同时以这两句话作为开头（在所有"开场白"之前）："这份信托是一份爱的礼物，其创设的目的是改善受益人的生活。"这样做的话，创设人就很有可能将信托发展成为增进家族人力、智力、社会和精神资本的载体，并且当创设人以此为前提和指引，那么所寻找的受托人也会出现。

供进一步思考的问题

1. 家族中的女性和男性是否已准备好迎接财政不平等的调整？

2. 你的高级顾问是否理解强大经济可能带来的冲击，是否指导家族准备好应对这些冲击？

3. 你会如何在家族信托中融入对人性的关注，让信托成为福赐而不是给潜在受益人造成负担？

【扩展阅读】

James E. Hughes, Susan E. Massenzio and Keith Whitaker, *The Cycle of the Gift* (New York：Bloomberg Press, 2014).

James E. Hughes and Susan E. Massenzio, *Voice of the Rising Generation* (New York：Bloomberg Press, 2015).

Hartley Goldstone, James E. Hughes, and Keith Whitaker, *Family Trusts* (Hoboken, NJ：Wiley, 2016).

James E. Hughes, Susan E. Massenzio, and Keith Whitaker, *Complete Family Wealth* (New York：Bloomberg Press, 2018).

【作者简介】

James Hughes 居住在科罗拉多阿斯彭地区，是《Family Wealth：Keeping It in the Family》以及《Family-The Compact Among Generations》的作者，与 Susan Massenzio、Keith Whitaker 共同完成著作《The Cycle of the Gift：Family Wealth and Wisdom》《The Voice of the Rising Generation》及《Complete Faith Wealth》，与 Harley Goldstone、Keith Whitaker 共同完成著作《Family Trusts：A Guide to Trustees, Beneficiaries, Advisors and Protectors》。

James 曾是纽约市一家律师事务所的创始人，私人客户遍布全球。目前他是波士顿智库 Wise Counsel Research（www.wisecounselresearch.org）的成员，也是 Collaboration for Family Flourishing 的创设成员。他先后毕业于远溪学校、Pingry 学校、普林斯顿大学和哥伦比亚法学院。他担任 Family Office Exchange 的顾问，得到过该组织创始人的嘉奖，也获得过私人资产管理终身成就奖、Ackerman Institute 家族合伙人奖和财富管理终身成就奖。

第 51 章　如何规划自己的道路，无论别人认为你该做什么？

Fernando del Pino

我曾经附属于一家家族企业。我的父亲 Rafael del Pino 创立了 Ferrovial，并且将其从图纸公司发展到了如今大型基础设施建设企业。1999 年，Ferrovial 公开上市，我从大通曼哈顿银行辞职，加入家族办公室，帮助筹备 IPO 事宜，同时我加入了 Ferrovial 的董事会和执行委员会。

2007 年，在经过深思熟虑并且得到父亲的支持后，我做了一个改变命运的决定——"单干"。我出售了在公司的股份，离开董事会，开始独立运作自己的资本。曾经作为股东和家族企业董事会成员以及全球投资者的经历，加之从马德里家族企业协会（大概 20 年前我与他人合作成立）其他家族企业身上学习到的经验，让我开启了一段有趣的发现之旅，这是一个从理论和理想到实践和现实、从传统观点到常识的转变过程，"理论上，理论和实践不会有区别；但实践中，二者存在差异。"

本章中，我将提炼出一些我所学到的东西。

认清现实：创始人和继承人

家族企业创始人往往会在企业中注入自己的人格，企业不单是其毕业努力的成果，也是其自身的延续，是其选择的孩子。事实上，可以说"家族"企业很少以"家族"的形式存在，它们是个人成立、拥有和运行的企业，只不过这个创始人正好有家庭。基于一些现实目的，这个企业是创始人的企业，而不是家族的企业，他拥有企业，且更重要的是企业同等地拥有他。因此，当需要在牺牲企业和牺牲家庭做出选择时（相信我，这种两难终会出现），绝大部分的创设人会选择牺牲家庭，因为牺牲企业对其而言无异于某种类型的心理自杀，通常这种想法也使其无法从容地离开位置，平稳地完成代际移交。

许多创始人都有一个控制的天性，希望在过世后依然掌控后代的生活，有时甚至是好几代人，而这是律师、顾问和金融服务提供商们乐意看到的，他们有时会帮助搭建一个严格复杂的公司治理架构，剥夺子孙尝试成功和失败的自由，并且给其传递一个不信任的令人挫败的信号。

一个好的办法是传授给孩子一些基本的金融和商业的技能，帮助其在情感上、心理上成为真正的所有者和成熟的成年人，教会他们承担起所有人的责任，同时信任他们，并且允许他们主导自己的生活，无论往好还是往坏的方向发展。

家族成员应当记住，一个企业从员工开始会对许多家庭产生影响。因此，企业所有者不能轻视其责任，也不能以此要挟家族的下一代走一条非自愿的道路，这样做对于每个人都会是灾难的先兆——包括所有人本想极力维护的企业。

家族企业创设人的继位往往不容易，尤其是 CEO 的继位，其中的权力和金钱利益会造成手足间的竞争，情感因素更会令此问题复杂化：成为"被选中的那个"意味着你受到了父母/创始人特别的关爱，毕竟世界上的所有孩子都希望得到父母的爱（尤其是已经离开的父母——而这是大多数创始人的情况）。

一个家族的手足可能有的是作家、有的是音乐家、有的是怀揣顾问梦想且有过顶级公司工作经验的常春藤 MBA，现实是这些兄弟姐妹通常有相同的教育、背景、能力，更重要的是相同的激情，这种激情一旦被挫伤会带来不可避免且持续时间长的后果，想要从其身上期望或者要求什么也就变得不现实且不公平。

也许听起来很愚蠢，但鉴于代际移交天然存在的利益冲突，若想维持和平，在每一代更迭时都应当出售家族企业，除非有极端充足的理由不这么做，所有顾问都应该建议如此，除非他确信真的看到了有违此规律的情况。

而如果确要保留家族企业，那么建立一个可流动的系统是必要的，只有这样股东才会是自愿的股东，而不是被囚禁在一个金光闪闪的笼子里，迟早出现问题。可行的话，一个完美的解决方案是允许定期出售股份，但必须以一个事先认可、客观、机械化定价的方式（如倍数法比漂亮的现金流折现模型好，因为后者被操纵的风险大）。

银行家、顾问和律师

家族企业在金钱等方面的利益冲突吸引了各类的服务提供方，正如花朵吸引蜜蜂一般。律师、顾问和私人银行家会在家族的财富管理上分一杯羹，Ross Johnson 在《门口的野蛮人》中饰演的角色曾打趣道，"我唯一想从银行家那得到的东西是每年一本新年历，而对于律师，我只在乎在太阳升起前其能否回到棺材里面去。"这也许有点夸张，但并不完全没道理，一个可信的、理智的律师会是一项有益资产，但是多数律师不会理会他人的冲突，而且有动机让这些冲突持续下去。从这个角度讲，家族企业对其而言是一个很好的选择。

一个重要建议是尽可能远离法律冲突。内心的平和是一笔财富，生命短暂，不确定性总是存在，一个中庸的协议好于长时间诉讼后的有利判决。记住，金钱、权力和威望与内心的平静相比一文不值，被法律冲突冲毁的桥梁不太可能再重建，那些今天看来很重要的事情随着时间的推移会变得微不足道，就让微风轻轻地带走吧。

我认识世界各地那些所谓最好的家族企业顾问，尽管我不否认他们中的一部分是无害甚至是有用的，但他们很少能成为游戏的改变者，这是因为一些根深蒂固的问题已经存在很久，正如受到魔法一般，久远的历史问题不可能被化解，刻意回避那些存在的问题而勉强写下的家族协议无异于一张废纸。

顾问同样不会是中立的，因为无论向他支付支票的人是谁，他们都只有一个客户，不是"家族"或是企业，而是个人，抑或是创始人抑或是被选定（或有望成为的）继任人。如果需要在冒着失去业务的风险来告知事实以及默默支持客户（有时是隐蔽的）的既定行程中进行选择的话，绝大部分的顾问（家族企业的或是其他的）会选择后者，这是人性所决定的。最后，需要注意的是，介入到家族企业冲突的顾问会获得巨大的势力，因为家族成员都向其敞开心扉，从而变得极端脆弱，如果顾问缺乏正直，灾难就将降临。

当意识到即将成为落后者后，金融服务提供商跑得跟路跑选手一样快（如IPO）。对于那些利用自己的商业天赋已经变得很富有的市场敏感创始人而言，在金融问题上完全迷失是很常有的事，金融服务提供商存在的天然价值是依托大机构的优势以及那群穿着光鲜的私人银行家。

然而，除了很少很少的特例，整个华尔街都充斥着利益冲突，提供的也无非是有着惊人包装、高收费和普通收益的产品服务。事实上，大多数私人银行家的工作是悄悄地、迅速地将钱从你的钱包转移到他们的钱包，炒作出来的"策略师"只是一群欠缺预测分析能力但非常擅长在事情发生后解释为什么会发生的销售员。

一个比较好的途径是雇佣独立的、坚持价值导向的经理人，或是一个坚守三个基本信条——价值投资、举债厌恶和简单化的家族办公室CIO。面对税收、通胀、普通收益的强势挑战以及冠冕堂皇的举债项目和非凡奢侈的诱惑，要为下一代保持财富有时和创造这些财富一样困难，不要低估挑战。

董事会：所有者参与的重要性

教会所有财富继承人价值投资的基本技能（尤其是 Benjamin Graham 著作《智慧投资者》中的观点），在我看来是确保财富向下一代顺利移交的最有效途径，价值投资的原则不但在家族办公室中起决定性作用，还将很大助力继承人在董事会中发挥应有功能。

今日的企业文化抹杀了所有者的概念，造成了不良的资本配置决策、短期主义，以及对 CEO 的制衡不足。这种趋势的一个表现是在过去 40 年里全美 CEO 去通胀后的薪酬发生 10 倍的增长，及其被神化的地位。与此同时，一个较为独立的观点指出，大多数 CEO 缺乏资本配置的技能，习惯于遵循不对称的风险—收益动机，因此往往陷入追求没有收益的增长、筑高台、不审慎地杠杆运用等可能将企业拖入困境的运作模式。

除此之外，由 CEO 推选出的董事会成员中有相当部分是永恒的"赞成者"以及关联人员，在这种情况下，所谓的独立董事会很难保持独立，尤其在欧洲大陆。（事实上在我看来，真正的独立董事应当是参与到游戏中的、共同承担了不利风险的真正合伙人。）如果所有者能够坐镇董事会，这些事情就一般不会发生。家族企业应当充分利用那些有着良好教育、动机、价值意识和长期导向的所有者加入董事会的竞争优势。

财富、意义和自我

亲爱的继承人：财富带来了舒适、财务独立，为智力和精神领域的个人发展提供了广阔的空间，而无须为日常生活奔命。但在财务独立之后，财富的好处开始下降，正如收益下降的对数定理一样，财富让你可以帮助别人，因为给予的快乐大于得到，但是财富也肩负着对下一代的信托责任，并且当你将其视为一种缺乏自尊、否定自我价值、罪恶的不劳而获时，财富会变成你的负担，社会压力还会使这种状况进一步恶化。

很矛盾的是，在资本主义、自由和私有制的摇篮——美国，将你的所有留给所爱的人这一最基本的致富途径之一，已经不被富人所接受，其已经被迫很公开地表示只会留一点点财富给孩子。但是在欧洲、亚洲，继承文化仍是最自然不过的事物。

相比赋予自由，财富可能会将你禁锢在自豪、极度奢靡、野心、妒忌和道德败坏的囚笼中，别忘了幸福的核心是遵循黄金法则，过上一种正直的生活——谦逊、自尊、禁欲、节制，并且优雅地接受自己的处境。对我而言，基督教的信仰是无价的精神食粮。

存在的方式比拥有更为重要，拥有你自己的生活，确保你的决定出于本意。找到自己，成为自己，依照自己的节奏，设定生活的优先序，让自己被真爱包围。不要羡慕金钱、过度消费或者聚敛金钱，因为它只是一个没有生命的工具，不要让别人根据你的资本来定义你。你值得拥有更多。

祝愿你们在生活的美好旅程中顺风顺水。

供进一步思考的问题

对于创始人

1. 你认为你的企业多大程度上"拥有"你？在家族和平面临危机时你是否准备好出售企业？

2. 你是否在解决家族问题和企业问题上投注同等的兴趣、精力和资源？

对于继承人

1. 你确定你的决定真正出自本意吗？你是否对决定真正拥有自主权？

2. 你如何定义成功和失败？其与你父母的定义是否相冲突？

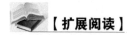 **【扩展阅读】**

企业和投资方面：

Benjamin Graham，*The Intelligent Investor*（New York：Harper Business，1949）.

Fred Schwed，*Where Are the Customers' Yachts?*（New York：Simon & Schuster，1940）.

Warren Buffett and Lawrence Cunningham，"The Essays of Warren Buffett," *Cardozo Law Review* 19，No. 5（1997）.

生活方面：

Edward Garesché，*How to Live Nobly and Well*（Manchester，NH：Sophia Institute Press，1999）.

Richard Foster，*Freedom of Simplicity*（New York：HarperOne，1981）.

【作者简介】

Fernando del Pino 是 Myway Investment 的 CEO/CIO。在此之前他就职于 Del Pion 家族办公室（1998—2004）和大通曼哈顿银行，曾是 Ferrovial 董事会和执行、审计委员会的成员（1999—2007），也是 Rafael del Pino 基金会理事会的成员（2000—2012）。他同时是马德里家族企业协会的联合创始人、主席，随后留任其理事会（2000—2015），还是 Magallanes Value Investors 顾问理事会的成员和 Altum Faithful Investing 道德委员会的成员。2011 年以后，他为西班牙顶尖金融杂志撰写月度专栏（同时发表于双语博客，www. fpcs. es）。目前，他与妻子和四个孩子居住于西班牙马德里。

第 52 章　你如何平衡家族稳定和代际间的韧性?

James Grubman

财务成功的家族在本代和跨代间都会面临诸多挑战。保持一种弹性的、适应性的态度最有助于确保家族的长期和谐和繁荣。面对快速变化的世界,你的家族该如何保持稳定和韧性?

记住,第一代人如何过渡到富裕阶段是家族需要面对的第一个挑战。要如何去使用赠予、如何做父母,以及如何在财富问题上做好沟通,有许许多多的选择,哪一个选择都关系到第二、三代以何种姿态进入成年阶段。如果第一代愿意灵活地看待其过去和现在,家族就能为下一代的成长和理智的家族决策创造良好空间。相反,父母辈如果墨守成规且追求财富的方式过于激进,那么家族未来发展的根基可能就会受到削弱。

随着家族的后代逐步进入成年,那些由家族财富抚养长大(财富的"主人",而第一代是财富的"移民")的家族成员会继而影响这些继承的遗产,而如何影响取决于其是否愿意适应变化的环境,这也是家族面临的第二大挑战。固守过往会令家族陷入困境,过于遵循以往通往物质主义的道路,家族会逐步偏离自身的价值根基。

在一定意义上,家族应当如古罗马的开端、过渡、转折之神 Janus一样(1月的英文单词源于此),Janus 拥有两面性,一面回溯历史,一面展望未来。如 Janus 一般,家族应当汲取家族创始人从匮乏和不利的环境中建立培养起来的价值观及技能,同时确保这些价值观和技能不断适应条件的变化，如在迎接家族新成员、对抗新的财务和企业问题、化解不可预期的社会压力时。

为了在稳定和韧性间保持平衡，有必要关注以下三个核心问题：

1. 从那些对我们有益的遗产中我们应当保留的是什么？

2. 应当摒弃哪些对我们不再有益的？

3. 应当采纳哪些对我们未来有益的新做法和新想法？

对于第一个问题，回忆一下那些构成家族根基的传统、仪式、价值观和技能，其可能帮助家族（或者企业）度过了困难的时期，信仰、精神、社会承诺方面的一些元素也许是这些价值观的重要组成部分，审慎的财务管理、对奢侈的控制可能是核心技能。另外，在节日、过渡期和周年纪念日时，可能会有一些家族仪式让家族成员聚集在一起，加强沟通联系，应当认识到这些传统、价值观和技能是令家族独一无二、持续繁荣的因素，摒弃这些家族身份会随之变得模糊。

关于第二个问题，坦诚地思考一下家族遗产中那些恋旧的、情绪化的、绑定于过去的时间或空间的因素，这些事情也许对于家族的某些人能起到重要的抚慰作用，但其背后的技能或教训已经不再适用于当前或者未来的世界。例如，许多家庭会珍藏早年那些勤俭朴素的回忆，或是如何使用机智的、有风险的策略化解了企业的重大瓶颈，这些都是在通往成功和财富路上的珍贵回忆，但是时代已经改变，过往的策略已经无法全盘复制到当下，或者其已经被更复杂的策略所取代。就像寓言一般，记着这些精彩的故事，并且愿意把它们留在过去。

最后，以当下的视角深入讨论家族问题。谁现在是家族的一部分，但过去没有预期到的？你是否比家族的父辈所能预期的更加多样化、分散化、多元化？家族是否以一种远离传统根基的方式生活？如果是，你有必要接受那些比继承遗产时所预期的更广博的观点、经历、调整和机遇，如 Janus 一般往前看。目前家族有哪些资源或网络可以在未来面临困境时使用？家族如何以新的生活经验、价值观和技能适应现代世界？

这些答案都有助于在家族的遗产和传统之外构筑家族目前和未来的韧性。

在你为提高家族适应力而考虑兼容过去、现在和未来时，可以思考以下例子：

- 一个南欧食品生产家族一直有着男性掌舵的传统，但正慢慢过渡到由女性掌管的家族委员会模式，并且始终骄傲地延续着民族遗产、身份和仪式。

- 北美汽车产业的一家家族企业想在三个大陆地区授予经销权，并计划对企业进行全面改革。在家族内部，他们对来自新的工厂和分公司所在地的姻亲持开放态度，并且每两年在中西部组织三天的家族聚会和烧烤。

- 一个存续了五代人的家族企业像其他多数家族一样，就如何适应新时代进行了沟通和合作，一个拥有企业家才能的家族年轻成员开发了一个可供安全、简便沟通的科技平台，并且发现这一运用在其他类似的家族企业有着商业潜力。随后，一家新的初创企业诞生，与家族传统产业相伴而行。

在日常生活压力之下，尤其对于富裕家族，要平衡好稳定和韧性并不简单。如果家族不断重温过往熟悉的历史，不赋予它新的成功事例和精神力量，那么家族就会从现在开始朝着历史的方向不断枯萎，从而需要花时间去重新评估家族承担风险、发展新企业、支持有抱负个人的意愿。

另外，如果家族沉迷于追逐未来的趋势而迷失了聚焦点，那么也需要花时间重新组织、做战略规划、寻找核心，同时需要花时间确立新的仪式来强化家族的纽带。时间和距离可能已经弱化了家族持续繁荣所需要的联系，重新建立家族的核心价值观、仪式和传统可以有助于重新构筑家族凝聚力。

家族中没有任何一个人可单独完成过去、现在和未来的串联，尽管某些家族成员或家族领袖可能清楚需要做什么，但保持家族韧性需要代际间和不同家族分支间的对话。上文提到的三个问题需要提出来讨论，倾听不同立场，找到共识，要在遗产继承和调整适应间寻得平衡需要家族持有共同的目标。

正如 Janus 兼顾传统和未来，兴旺的家族都会面临财富相伴而来的独有的挑战，但总会以那些珍视的同时灵活调整的价值观去化解。

供进一步思考的问题

1. 你的家族所珍视的传统是什么？哪些已经被逐渐遗忘或忽视？应当如何以一种新鲜的、与家族年轻成员尤为相关的方式重新激活它们？

2. 你在多大程度上能接受以家族年轻成员的角度去调整家族价值观？你能否组织一个对话去探寻如何激发他们的能量和投入？

3. 回看那些不断变化的沟通形式，找到其中的共同点，也许会有比你能想象的更强的关联。是否可以在弘扬传统价值观的同时允许新的喜好存在？

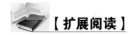
【扩展阅读】

Starting or renewing a family-meeting process is often the first step in working together on the blending of tradition and adaptation. For help with family-meeting planning and facilitation, see the following white paper:

Dennis Jaffe and Stacy Allred, "Talking It Through: A Guide to Conducting Effective Multi-generational Family Meetings about Business and Wealth," dennisjaffe.com, 2014.

For more Discussion on the adjustments needed as families move from the wealth-creating generation to subsequent generations, ess the following book:

James Grubman, *Strangers in Paradise: How Families Adapt to Wealth Across Generations* (Boston: Family Wealth Consulting, 2013).

【作者简介】

James Grubman 博士长期作为多代家族的顾问，为财富相关问题提供咨询服务。他帮助这些家族建立了健康的沟通、治理模式，帮助扶持下一代的成功。他是著名的《Strangers in Paradise: How Families Adapt to Wealth Across Generations》的作者，是《Cross Cultures: How Global Families Navigate Change Across Generations》的联合作者（同 Dennis T. Jaffe 博士合作）。他的文章被《华尔街日报》、《纽约时报》、CNBC 和其他媒体，以及 Malcolm Gladwell 2013 年的著作 David and Goliath 等广泛刊发和转载。

James 是家族企业研究所和目的规划研究所的研究员，是美国和全球多家财产规划组织的成员，他在财产管理相关的神经心理学和法律问题上有浓厚兴趣，他的全球资讯机构 Family Wealth Consulting 位于马萨诸塞州。

第 53 章　如何"让小船扬帆起航"？

Christine Lagarde

近来的某天早上，在看到一份顶尖商业报刊的头版时，我差点被自己的酸奶呛到。这是一个关于全球最高薪酬的对冲基金经理的故事，其中收入最高的一位能赚到 15 亿美元。一个人，15 亿美元！

加起来，25 位收入最高的对冲基金经理累计能取得 109 亿美元的收入，即便其行业遭遇了大范围的投资不景气。

这让我想起了华尔街的一个著名笑话，讲的是一个到纽约的访客如何羡慕那些富有银行家和经纪人的金碧辉煌的游艇，在长时间、专注地凝视了这些漂亮的船只后，这位访客嘲笑般问道，"消费者的游艇在哪里？"显然，消费者供应不起这些游艇，即便他们忠实地遵循了银行家和经纪人的投资建议。

为什么现在关注这个？因为发展和过度不平等现象不仅存在于大标题，它已经成为经济增长和发展中的一个问题，我想从经济的视角来看待这一状况，我不会专注于超级富豪的游艇，这些人已成为新的镀金年代的标志，分享别人的财务成功并非不道德。

但我想带来的讨论是我称之为的"小船"即贫穷和中产阶级的生活水平及经济抱负问题。

在众多国家，经济发展程度无法让这些小船扬帆起航，而另一面壮观的游艇正在自己的航行中乘风破浪。在很多情况下，贫困和中产阶层已经意识到努力工作和决心本身不足以让他们"浮起来"。

他们中的大部分人认为这个社会体系是受操纵的，运气站在了他们的对立面，这也不会奇怪，政治家、商业领袖、顶级经济学家和银行家会讨论财富和收入的过度不平等问题，这些顾虑在政治领域被频繁提及。

我想说的核心意思是：减小过度不平等——让小船扬帆起航——不但是道德正确、政治正确，而且具有良好的经济效应。

你没有必要以一种利他的姿态支持那些旨在提高中下阶层收入的政策，因为这些政策对于创造更快、更包容、更可持续的增长是必需的，每个人都可以从中受益。

换言之，如果你想看到更持久的增长，你就需要创造更平等的增长，以此为原则，我想聚焦在两个问题：

1. 过度不平等的原因和后果。

2. 创造更强、更包容、更可持续增长所需的政策。

过度不平等的原因和后果

想象一下，将世界人口从最贫穷到最富有排队，每个人站在一堆代表他或她年收入的钱币后面。

你会发现世界是一个非常不平等的地方，在最富有和最贫穷的人之间存在一个巨大的深渊，但是如果你观察这条队列的变化趋势，会注意到全球的收入不平等即不同国家间的不平等在过去数十年里稳步下降（改善）。

为什么？因为新兴市场国家，如中国和印度的平均收入水平比富裕国家更快增长，这显示出国际贸易和投资所具有的变革性的能量，产品、服务、人员、知识和想法大规模的全球流动对于增进全球收入平等是有益的——我们需要更多这样的流动，来进一步压缩国别间的缺口。

但是——一个很大的"但是"——我们也可以看到一国内部的收入不平等在扩大，在过去二十年，绝大多数发达国家和新兴市场国家收入不平等的状况显著恶化，尤其是在亚洲和东欧。

例如，发达国家 1% 的人口大约获取了总收入的 10%，以财富衡量时，贫富差距进一步扩大。Oxfam 估算，全球前 1% 最富有阶层的财富相当于余下 99% 人群的累计财富。在美国，超过三分之一的财富由 1% 的人口持有。如果你合起来看，会发现积极的全球趋势与负面的单国趋势间存在很明显的分歧。

以中国为例，其在两条趋势中均位于陡端。由于在过去三十年里帮助超过 6 亿人口脱贫，中国对全球收入不平等的改善作出了卓越贡献，但在这过程中，中国也成了全球最不平等的国家——因为许多农村地区依然处在贫困之中，而城市人口和顶层社会的收入和财富却快速增长。

事实上，诸如中国和印度这样的经济体很好地诠释了一个传统哲理，即极度不平等是经济增长所能接受的代价。

一些证据

但是有越来越多的证据表明，国家不应当接受这种浮士德式的取舍，如我的 IMF 同事发现[1]，过度的收入不平等事实上拖累了经济增长率，削弱了经济增长的可持续性。

另一个 IMF 研究[2]表明，需要让那些小船扬帆起航来创造更强劲和持久的经济增长。

上述报告指出，如果提高低下阶层收入份额的 1%，未来五年 GDP 增长率会上升 0.38 个百分点。反之，如果提高富裕阶层收入份额的 1%，GDP 增长率会下降 0.08 个百分点。一个可能的原因是富裕阶层将收入中拿出来花销的比例较小，因而会减小总需求，削弱经济增长。

---

[1] Jonathan D. Ostry, Andrew Berg and Charalambos G. Tsangarides, "Redistribution, Inequality, and Growth," IMF Staff Discussion Note SDN/14/02, February 2014, http：//www. imf. org/external/pubs/ft/sdn/2014/sdn 1402. pdf.

[2] Era Dabla-Norris, Kalpana Kochhar, Nujin Suphaphiphat, Frantisek Ricka, and Evridiki Tsounta, "Causes and Consequences of Income Inequality：A Global Perspective," IMF Staff Discuss Note SDN/15/13, June 2015, https：//www. imf. org/external/pubs/ft/sdn/2015/sdn1513. pdf.

换句话，我们的研究表明不同于传统认知，提高收入的效应是向上的，而非向下，中下阶层是经济增长的主要动力，只不过不幸的是这个引擎停滞了。

经合组织（OECD）最近的研究显示，发达国家中下阶层的生活水准相较其他人群有所下降，这种不平等阻碍了经济增长，因为它弱化了技能和人力资本投资的动力，进而制约了大部分产业生产率的提高。

过度不平等的产生原因

因此，过度不平等的后果越来越清晰了——但是它的成因是什么呢？

造成极度不平等的两个最重要因素众所皆知——科技进步和金融全球化[①]，这两个因素加大了高技能和低技能人群的收入差距，尤其在发达国家。

造成美国、日本等大国收入不平等的另一个因素是对金融的过度依赖。当然，金融——尤其是信用——对于任何一个繁荣社会都是必不可少的，但越来越多的研究——包括 IMF 雇员的研究发现[②]，过度金融化会扭曲收入分配、损害政治进程、削弱经济稳定和增长。

在新兴和发展中经济体，极度收入不平等很大程度上是由教育、医疗保健和金融服务可获得性的不平等造成，我来举一些例子：

- 非洲亚撒哈拉地区最贫穷的年轻人中 60% 的人上学时间少于 4 年。

- 发展中经济体贫穷人口中将近 70% 在生育时没有借助医生或护士的帮助。

---

① 这两个因素在学术文献和公开讨论中都被认为是最重要的因素，我们最新关于收入不平等的原因和影响的研究报告也得到了这一结论（Dabla-Norris, Kochhar, Suphaphiphat, Ricka, Evridiki Tsounta, "Causes and Consequences of Income Inequality: A Global Perspective"）。

② IMF 最近一份关于重新思考金融深化问题的研究报告表明，在某个点之后，金融发展会损害经济增长。详见 Sahay et al., "Rethinking Financial Deepening: Stability and Growth in Emerging Markets", IMF Staff Discussion Note SDN/15/08, May 2015, http://www.imf.org/external/pubs/ft/sdn/2015/sdn 1508.pdf. IMF 一篇工作报告和 BIS 最新研究报告指出，有可能目前存在金融过度的情况。

- 发展中经济体贫穷人口中超过 80% 没有银行账户。

当然，另一个主要因素是低迷的社会流动性。最近的研究显示，那些代际流动性较差的发达经济体往往有较严重的收入不平等问题，在这些国家，父母的收入是孩子收入的主要决定因素，这意味着如果你想进入社会上层，你就需要在对的家庭中长大，这听起来并不公平。

更强劲、更包容、更可持续增长所需的政策

在我们看来，政策制定者（以及至少在民主体制里，那些有投票权利的公民）可以在这些小船的船首下制造膨胀感，所有国家都有促进更强劲、更包容、更可持续增长的"处方"。

第一要务——清单上的第一项——是确保宏观经济稳定。如果你没有采取合适的货币政策，没有约束财政纪律，而是允许公共债务不断扩张，那么你即将看到经济增速下滑、不平等加剧、经济和社会不稳定恶化。

良好的宏观经济政策是贫困的最好伙伴——好的治理也是，例如，地方性的腐败很可能导致社会和经济的深度不平等。

第二要务是确保审慎性。我们都知道需要采取措施缓解过度不平等问题，但我们也知道，适当程度的不平等是健康有益的，它可以激发人们去竞争、创新、投资、把握机会——去升级技能、创立新企业、干一番事业。

最好的情况是企业家们有着经济学家 John Maynard Keynes 所谓的"动物精神"——有时对自己创造未来特有能力的无限自信，换言之，"鹤立鸡群"是走向美好未来的根本推动力。

第三要务是根据造成不平等的政治、文化、体制等国别因素调整政策。没有普适性的政策，只有灵活的——可能改变游戏的——能扭转不平等趋势的政策。

灵活的财政政策

一个潜在的游戏改变者是灵活的财政政策，挑战是制定最不会削弱工作、储蓄和投资动力的税收和支出措施，目标是增进平等的同时提高效率。

这意味着可以通过打击逃税行为、减少富人获益更大的税收优惠项目来扩大税基[①]。在许多欧洲国家，还可以降低高企的劳工税，包括降低雇主的社会保障分担额度，这可以鼓励企业家创造更多工作和全职岗位，控制兼职和临时性工作的增长，而后者加剧了收入不平等问题。

在支出方面，可以扩大教育和医疗保健的受益面。在诸多新兴和发展中经济体，可以减少高价低效的能源补贴，利用腾出来的资源增加教育和培育、构建更稳固的安全网。

促进平等和高效还可以借助所谓的有条件的现金转移，这一工具在对抗贫困上取得了巨大成功，显著缓解了巴西、智利、墨西哥等国的收入不平等。

我最近一次去巴西时，有机会探访了当地一个贫民窟，亲身见证了所谓的 Bolsa Familia 项目，该项目向贫困家庭提供预付借记卡——但前提是其子女必须上学，并且参与到政府的疫苗接种项目。

结构性改革

除了灵活的财政政策外，还有另一个潜在的游戏改变者——教育、医疗保健、劳动力市场、基础设施和金融包容性领域的灵活改革，这些结构性改革对于在中期提振潜在经济增长、提高收入和生活水平至关重要。

如果你要选出有助于降低过度收入不平等的三个最重要工具，那会是教育、教育、教育。无论你在利马还是拉各斯，在上海还是芝加

[①]　有一半的发达国家允许其居民将按揭贷款的利息支出从应纳税所得额中扣除。

哥，在布鲁塞尔还是布宜诺斯艾利斯，你的潜在收入取决于你的技能以及你在全球化世界中应对科技变革的能力。

另一个重要的工具是劳动力市场改革。精心制定最低工资水平，出台政策，鼓励求职和技能匹配，发起改革保护劳动者而不是职位。例如在北欧国家，劳动者只受到有限的工作保护，但其在积极寻找工作的前提下享有优厚的失业保险，这一模式①让劳动力市场更富弹性，这对经济增长是有益的，对于保障劳动者的权益也有好处。

劳动力市场改革有一个重要的维度——性别。全球范围内，女性都处在三倍的劣势之中，相比男性，她们较难获得一份有报酬的工作，尤其在中东和北非，如果其找到了有报酬的工作，那么更可能在一个非正式的行业，而如果其最终在正式行业找到了工作，那么其收入只会是男性的四分之三——即便拥有同等的教育水平并在同一个职位。

从全球看，大概有 8.65 亿女性拥有更全面贡献社会的潜力，因此我想表达得很清楚：如果你想拥有一个更繁荣普惠的未来，你就需要释放女性的经济能量。

此外，你需要培育更广的金融包容性，尤其在发展中经济体。试着考虑那些可以让贫穷人群——大部分是女性转变为成功微型企业家的微信贷动议、那些为没有银行账户的人群建立信用记录的动议以及那些手机银行的改革性影响，尤其在非洲的亚撒哈拉地区。

结论

所有这些政策和改革都需要领导力、勇气和合作。政治家、政策制定者、商业领袖以及我们中的所有人都需要将好的动机转化为大胆和

---

① 关于 Nordic 模式，详见 Olivier Blanchard, Florence Jaumotte, and Prakash Loungani, "Labor Market Policies and IMF Advice in Advanced Economies During the Great Recession," IMF Discussion Note SDN/13/02, March 2013, http://www.imf.org/external/pubs/ft/sdn/2013/sdn 1302. pdf and "Jobs and Growth: Analytical and Operational Considerations for the Fund", IMF, March 14, 2013。

持久的行动。

有许多批评的声音质疑在这些领域采取行动的必要性，或者在战斗开始前就已经宣告失败，我们应当去证明这些批评是错误的——通过集中精力、构筑合力并且设立准确的目标。

在这些议题上，IMF 可以发挥重要作用，我们的核心使命是促进全球经济和金融的稳定，这也是为什么我们要深度介入到发展问题中——通过帮助 188 个成员国制定和执行相关政策，在困难时期向其发放贷款，帮助其重新回到正轨。

我们通常认为，评估一个社会健康与否不应当是自上而下，而应当是自下而上地进行。让中小阶层的小船扬帆起航，我们可以建设一个更公平的社会、更强劲的经济。一起行动起来，我们可以创造一个更繁荣的、惠及所有人的未来。

以上是国际货币基金组织（IMF）执行总裁克里斯蒂娜·拉加德于 2015 年 6 月 17 日在布鲁塞尔天主教大会演讲"让小船扬帆起航"的压缩版，发表已经其许可。

供进一步思考的问题

1. 追求一个更快、更包容、更可持续的增长是否是一个好的目标？

2. 如果让小船也顺应潮涌扬帆起航，世界是否会变得更好、更安全？过度的不平等是否会对其造成威胁？

3. 在你所在区域或世界其他地区有哪些"小船"的存在？我们可以做什么，来确保全球增长让所有人受益？

【作者简介】

克里斯蒂娜·拉加德出生于 1956 年，在法国勒阿弗尔完成高中学业，进入美国马里兰州贝赛斯达的 Holton Arms 学校，毕业于巴黎第十大学法学院，并从法国埃克斯政治学院取得硕士学位。

在成为 Paris Bar 律师协会的一名律师后，拉加德加入贝克和麦坚时国际律师事务所，专职于劳工、反垄断和并购方面的法律事务。拉加德于 1995 年成为贝克和麦坚时事务所执行委员会成员，1999 年成为全球执行委员会主席，2004 年成为全球战略委员会主席。

2005 年，拉加德步入法国政界，出任法国外贸部长。在短暂担任农业和渔业部长后，2007 年 6 月她成为七国集团国家第一位女财政部长。2008 年 7 月至 12 月，她还担任经济与金融事务理事会主席（该理事会由欧盟各国的经济和财政部长组成，旨在协助制定金融监管方面的国际政策，强化全球经济治理）。2011 年法国成为 G20 轮值主席国，拉加德作为主席启动了国际货币体系改革的广泛工作议程。

2011 年 7 月 5 日，拉加德成为 IMF 执行总裁，是该职位的首位女性。2016 年 2 月 19 日，IMF 执行董事会选举其连任总裁，第二个任期从 2016 年 7 月 5 日起。

2012 年 4 月拉加德被授予法国荣誉军团军衔。

她还是法国国家花样游泳队的前成员，两个儿子的母亲。

结　语

我们希望你们可以从这本书中发现一些有价值的问题和答案，可以引发思考和讨论，可以拓展你的思维，或许甚至挑战长期存在的认知。我们也希望这些建议具有实用性，可以帮助化解尖锐的问题，或者至少带来可期的解决之道。

我们感谢那些足够勇敢提出问题的家族，那些意识到家族面临的重要问题的顾问，当然还有那些以其在财富管理中的经验分享了新的思考方式和有价值建议的作者。这本书是一项集体工程，大家一起汇集资源，交流想法。没有一个人有所有的解决方案，没有一个家族会存在所有的问题。但聚集在一起，我们可以找到那些核心问题的答案。

最重要的是，我们希望授予你独自思考这些问题的方式，因为你今天面临的问题，10年后可能已经完全不同。

基于这个原因，我们希望伴随着家族更替、企业发展、世界变化，你可以不时地重新翻看这本书，浏览一下目录，找出对你最重要的问题，翻看那些你始终认为重要的章节——看看你自己的想法是否已经改变。想象你与这些作者在对话——想象他们不是独白的专家，而是试图清晰地考虑这些复杂问题的智者。

重新浏览时，你可以问自己这些简单问题，来帮助思考和学习：

在家族和财富领域：

- 哪些是你想要继续做的事情？
- 哪些做法和决定已经不能很好满足需求，你想要停止？
- 哪些想法和实践有美好前景，你想要开始尝试？

　　最后，我们想再强调一个问题，某种程度上，这是个贯穿整本书以及家族和财富管理全过程的问题——它的答案决定了其他的一切是否值得去做："你的真正财富是什么？"给自己一点时间思考下这个问题的答案，无论是有形的财富还是无形的资产，都应该是适合你的，因为它将指引你如何去运用从这本书中学到的所有。

关于本书作者

Tom McCullough 是 Northwood 家族办公室的总裁和 CEO，长期从事高净值家族的咨询服务，在家族办公室/财富管理领域深耕 35 年。这一背景加之其自身家族对于真正全面、客观和个性化服务的需求，促使其在 2003 年创立了 Northwood 家族办公室，随后该办公室成为该领域的领头羊，长期占据 Euromoney 全球私人银行调查中加拿大家族办公室排名的榜首。成立 Northwood 之前，Tom 是 RBC 财富管理公司的高级执行官、执行委员会成员，经常就家族办公室和家族财富管理相关问题发表演讲，是个积极的倡议者。他是私人财富管理学院的助理教授、多伦多大学 Rotman 管理学院 MBA 项目和专为家族成员开设的 Rotman 家族财富管理项目的讲师，是 John Wiley & Sons 2013 年出版的《家族财富管理》的联名作者。Tom 还是西安大略大学 Ivey 商学院的驻校企业家，是财富管理杂志编辑理事会的成员，以及家族企业研究院的研究员。此外，他是 Wigmore 协会 CEO 团队的主席（http：//wigmoreassociation.com），这是一个由全球八个独立家族办公室组成的合作组织。Tom 从约克大学 Schulich 商学院获得 MBA 学位，取得了注册投资经理（CIM）和注册国际财富经理（CIWM）的认证。他已婚，育有两个已成年孩子，投身于众多慈善事业中。

Tom 的个人电子邮箱是 tm@ northwoodfamilyoffice. com。

Keith Whitaker 博士是 Wise Counsel Research 的主席。这是一家专注于高财富家族的智库和咨询机构。他有多年家族企业的顾问经验，帮助其策划继任问题、培育下一代人才、安排财产规划的沟通，加之在教育和慈善领域的背景，他能帮助家族领导人更好理解家族价值观和目标，从而能对周遭世界产生积极影响。Family Wealth Report 授予 Keith 2015年 "财富管理思想领导力杰出贡献者"。Keith 曾任职富国银行家族财富部门总经理、范德堡大学管理学的助理教授、波士顿学院哲学的助理教授以及一家私人基金会的主席，还是波士顿大学校长的特别助理。他的随笔和评论广泛发表于《华尔街日报》、《纽约时报》、《金融时报》、Claremont Review of Books 以及 Philanthropy Magazine，他的著作《财富和上帝的意志》由印第安纳大学于 2010 年出版，同时，他是 *The Cycle of the Gift*：*Family Wealth & Wisdom*、*The Voice of the Rising Generation*、*Family Trusts*：*A Guide for Beneficiaries*、*Trustees*、*Trust Protectors and Trust Creators*、*Complete Family Wealth* 的联合作者，上述著作均由彭博出版社出版。Keith 拥有芝加哥大学社会思想的博士学位、波士顿大学古典哲学的学士和硕士学位。目前，他是国家学者协会理事会成员。

　　Keith 的个人电子邮箱是 keith@ wisecounselresearch. org。